# 基于大数据技术的
# 环境可持续发展保护研究

胡 雁 著

云南出版集团公司
云 南 科 技 出 版 社
·昆 明·

图书在版编目（CIP）数据

基于大数据技术的环境可持续发展保护研究 / 胡雁著. -- 昆明 : 云南科技出版社, 2018.5 (2021.4重印)
ISBN 978-7-5587-1376-7

Ⅰ. ①基… Ⅱ. ①胡… Ⅲ. ①环境保护—研究 Ⅳ. ①X

中国版本图书馆CIP数据核字(2018)第114579号

基于大数据技术的环境可持续发展保护研究
胡 雁 著

---

责任编辑：王建明　蒋朋美
责任校对：张舒园
责任印制：蒋丽芬
装帧设计：庞甜甜

书　号：978-7-5587-1376-7
印　刷：廊坊市海涛印刷有限公司
开　本：880mm×1230mm　1/16
印　张：16.5
字　数：1500千字
版　次：2020年7月第1版　2021年4月第2次印刷
定　价：99.00元

出版发行：云南出版集团公司云南科技出版社
地址：昆明市环城西路609号
网址：http://www.ynkjph.com/
电话：0871-64190889

---

随着大数据时代的到来和大数据技术的迅猛发展，生态环境大数据的建设和应用已初露端倪。并且，将大数据技术应用于生态环保领域也是大势所趋。因为随着人类社会的发展，生态环境保护已经变得越来越重要，几乎每一个国家都把生态环境保护提上了日程。我国作为当今世界上有着重要话语权的国家，在生态环境保护领域，自然有着义不容辞的责任，而且近年来，我国在国际生态环境保护领域起着越来越重要的作用，多次提出新的理念与新的技术手段，使生态环境保护研究迈向新的高度。

因此，为全面推进生态环境大数据的建设和应用，本文综述了生态环境大数据在解决生态环境问题中的机遇和优势，并分析了生态环境大数据在应用中所面临的挑战。总结和概括了大数据的概念与特征，又结合生态环境领域的特点，分析了生态环境大数据的特殊性和复杂性。并且也结合可持续发展战略，通过对当下生态环境保护手段和理念的研究，重点阐述了生态环境大数据在减缓环境污染、生态退化和气候变化中的机遇，主要从数据存储、处理、分析、解释和展示等方面阐述生态环境大数据相较于传统数据的优势，通过这些优势说明生态环境大数据将有助于全面提高生态环境治理的综合决策水平。

当然，2018年可以说是大数据时代元年，大数据技术才刚刚起步，因此，对于还没有发展成熟的大数据技术来说，虽然生态环境大数据的应用前景广阔，但也面临着重重挑战，在数据共享和开放、应用创新、数据管理、技术创新和落地、专业人才培养和资金投入等方面还存在着许多问题和困难，可以说是任务非常艰巨。在以上分析的基础上，本文融合云南省当前环境保护与可持续发展的现状，提出了生态环境大数据的发展方向，包括各类生态环境数据的标准化、建设生态环境大数据存储与处理分析平台和推动国内外生态环境大数据平台的对接，希望对读者有所帮助。

# 第一章　生态环境简介

# 第一节 生态环境简述

## 一、生态环境的定义

生态环境（ecological environment）就是“由生态关系组成的环境”的简称，是指与人类密切相关的，影响人类生活和生产活动的各种自然（包括人工干预下形成的第二自然）力量（物质和能量）或作用的总和。

生态环境是指影响人类生存与发展的水资源、土地资源、生物资源以及气候资源数量与质量的总称，是关系社会和经济持续发展的复合生态系统。生态环境问题是指人类为其自身生存和发展，在利用和改造自然的过程中，对自然环境破坏和污染所产生的危害人类生存的各种负反馈效应。

生态是指生物（原核生物、原生生物、动物、真菌、植物五大类）之间和生物与周围环境之间的相互联系、相互作用。当代环境概念泛指地理环境，是围绕人类的自然现象总体，可分为自然环境、经济环境和社会文化环境。当代环境科学是研究环境及其与人类的相互关系的综合性科学。生态与环境虽然是两个相对独立的概念，但两者又紧密联系、“水乳交融”、相互交织，因而出现了“生态环境”这个新概念。它是指生物及其生存繁衍的各种自然因素、条件的总和，是一个大系统，是由生态系统和环境系统中的各个元素共同组成。生态环境与自然环境在含义上十分相近，有时人们将其混用，但严格说来，生态环境并不等同于自然环境。自然环境的外延比较广，各种天然因素的总体都可以说是自然环境，但只有具有一定生态关系构成的系统整体才能称为生态环境。仅有非生物因素组成的整体，虽然可以称为自然环境，但并不能叫作生态环境。

## 二、生态环境的内涵

生态环境是使用较多的科技名词之一，但是对这一名词的涵义却存在许多不同的理解和认识。从国内的情况看，大致有4方面的理解：一是认为生态不能修饰环境，通常说的生态环境应该理解为生态与环境；二是认为当某事物、某问题与生态、环境都有关，或分不太清是生态问题还是环境问题时，就用生态环境，即理解为生态或环境；三是把生态作为褒义词修饰环境，把生态环境理解为不包括污染和其他问题的、较符合人类理念的环境；四是生态环境就是环境，污染和其他的环境问题都应该包括在内，不应该分开。

应该说，上述四种理解都有其依据和合理性，但是作为一个科技名词，不能长期存在太大的歧义。从科学研究与创新、信息和知识的交流与传播、科学教育与普及3方面看，都需要尽快将其规范化。

生态环境是生态和环境两个名词的组合。生态一词源于古希腊，原来是指一切生物的状态，以及不同生物个体之间、生物与环境之间的关系。德国生物学家E·海克尔1869年提出生态学的概念，认为它是研究动物与植物之间、动植物及环境之间相互影响的一门学科。但是提及生态术语时所涉及的范畴越来越广，特别在国内常用生态表征一种理想状态，出现了生态城市、生态乡村、生态食品、生态旅游等提法。

环境总是相对于某一中心事物而言的。人类社会以自身为中心，认为环境可以理解为人类生活的外在载体或围绕着人类的外部世界。用科学术语表述就是指人类赖以生存和发展的物质条件的综合体，实际上是人类的环境。

人类环境一般可以分为自然环境和社会环境。自然环境又称为地理环境，即人类周围的自然界。包括大气、水、土壤、生物和岩石等。地理学把构成自然环境总体的因素划分为大气圈、水圈、生物圈、土壤圈和岩石圈五个自然圈。社会环境指人类在自然环境的基础上，为不断提高物质文明和精神文明，在生存和发展的基础上逐步形成的人工环境，如城市、乡村、工矿区等。《《中华人民共和国环境保护法》》则从法学角度对环境下了定义："本法所称环境是指影响人类生存和发展的各种天然的和经过人工改造的自然因素的总体，包括大气、水、海洋、土地、矿藏、森林、草原、野生生物、自然遗迹，人文遗迹、风景名胜区、自然保护区、城市和乡村等。"

可以看出，生态与环境既有区别又有联系。生态偏重于生物与其周边环境的相互关系，更多地体现系统性、整体性、关联性，而环境更强调以人类生存发展为中心的外部因素，更多地体现为人类社会的生产和生活提供的广泛空间、充裕资源和必要条件。

生态环境最早组合成为一个词需要追溯到1982年五届人大五次会议。会议在讨论我国第四部宪法（草案）和当年的政府工作报告（讨论稿）时均使用了当时比较流行的保护生态平衡的提法。时任全国人大常委、我国科学院地理研究所所长黄秉维院士在讨论过程中指出平衡是动态的，自然界总是不断打破旧的平衡，建立新的平衡，所以用保护生态平衡不妥，应以保护生态环境替代保护生态平衡。会议接受了这一提法，最后形成了宪法第二十六条：国家保护和改善生活环境和生态环境，防治污染和其他公害。政府工作报告也采用了相似的表述。由于在宪法和政府工作报告中使用了这一提法，"生态环境"一词一直沿用至今。由于当时的宪法和政府工作报告都没有对名词做出解释，所以对其涵义也一直争议至今。

黄秉维院士在提出生态环境一词后查阅了大量的国外文献，发现国外学术界很少使用这一名词。全国政协前副主席钱正英院士等发表于《科技术语研究》杂志的《建议逐步改正“生态环境建设”一词的提法》一文中，转述了黄秉维院士后来的看法，即“顾名思义，生态环境就是环境，污染和其他的环境问题都应该包括在内，不应该分开，所以我这个提法是错误的。”进而提出：“我觉得我国自然科学名词委员会应该考虑这个问题，它有权改变这个东西。”

我国科学院地理科学与资源研究所研究员、博士生导师陈百明认为，要表达生态与环境、生态或环境，还是要加上“与”和“或”，避免产生不同的理解。而把生态环境等同于环境已不太适宜。当前应准确定义“生态环境”这一科技名词，并规定其内涵和外延。最后通过宪法名词解释或自然科学名词委员会确认。

根据对1982年宪法第二十六条中关于生态环境涵义的解读，以及这些年来使用生态表征人类追求的理想状态，经常被作为褒义形容词的实际情况，陈百明认为生态环境应定义为：不包括污染和其他重大问题的、较符合人类理念的环境，或者说是适宜人类生存和发展的物质条件的综合体。

## 三、生态因子及其作用

### （一）概念

生态因子（Ecological Factor）指对生物有影响的各种环境因子。常直接作用于个体和群体，主要影响个体生存和繁殖、种群分布和数量、群落结构和功能等。各个生态因子不仅本身起作用，而且相互发生作用，既受周围其他因子的影响，反过来又影响其他因子。

### （二）生态因子的分类

生态因子分为非生物因子、生物因子和人为因子三大类。非生物因子主要包括气候因子（如光照、温度等）、水分因子和土壤因子等。生物因子主要指生物之间的机械作用，共生、寄生、附生，动物对植物的摄食、传粉和践踏等。人为因子包括人类的垦殖、放牧和采伐、环境污染等，是一类非常特殊的因子。上述三种生态因子根据生态因子的性质，可分为以下五类。

1.气候因子

气候因子也称地理因子，包括光、温度、水分、空气等。根据各因子的特点和性质，还可再细分为若干因子。如光因子可分为光强、光质和光周期等，温度因子可分为平均温度、积温、节律性变温和非节律性变温等。

2.土壤因子

土壤是气候因子和生物因子共同作用的产物，土壤因子包括土壤结构、土壤的理化性质、土壤肥力和土壤生物等。

3.地形因子

地形因子如地面的起伏、坡度、坡向、阴坡和阳坡等，通过影响气候和土壤，间接地影响植物的生长和分布。

4.生物因子

生物因子包括生物之间的各种相互关系，如捕食、寄生、竞争和互惠共生等。

5.人为因子

把人为因子从生物因子中分离出来是为强调人的作用的特殊性和重要性。人类活动对自然界的影响越来越大、越来越带有全球性，分布在地球各地的生物都直接或间接受到人类活动的巨大影响。

生态因子的划分是人为的，其目的只是为研究或叙述的方便。实际上，在环境中，各种生态因子的作用并不是单独的，而是相互联系并共同对生物产生影响，因此，一方面在进行生态因子分析时，不能只片面地注意到某一生态因子，而忽略其他因子。另一方面，各种生态因子也存在着相互补偿或增强作用的相互影响。生态因子在影响生物的生存和生活的同时，生物体也在改变生态因子的状况。

**（三）主要生态因子的生态作用**

1.温度

温度可直接影响动物新陈代谢过程的强度和特点、有机体的生长和发育速度、繁殖、行为、数量和分布等。另外温度影响气流、降水，从而间接影响了动植物的生存条件。如热岛效应对整个生态系统的非生物因子和生物成员。

2.光和辐射

生物生活所需要的全部能量直接或间接地来源于太阳光；植物利用太阳能进行光合作用，制造有机物，动物直接或间接从植物中获取营养；生物的昼夜节律和季节性节律都与光周期有着直接的联系。

3.水

水是一切生命活动和生化过程的基本物质，是光合作用的底物，是植物营养运输和动物消耗等的介质；水与大气之间的循环支持生物的气候，并帮助调节全球能量平衡，水能够决定生物群落的类型和动物行为；水还在岩石风化中起重要作用，也是成土的重要因素。

4.空气

大气中的二氧化碳是植物光合作用的原料，氧气是大多数动物呼吸的基本物质；大气中的水和二氧化碳对调查生物系统物质运动和大气温度起着重要的作用，氧和二氧化碳的平衡是生态系统能否进行正常运转的主要因素、大气流动产生对如花粉传播等移动产生推动作用，也可对动植物产生不良影响，如强风使植物倒伏、折断等。

5.土壤

是动植物生长和栖息、活动的场所。生态系统中的如固氮作用等基本功能过程是在土壤中进行的。土壤能对外来的各种物质分解、转化和改造等进行净化。

### （四）生态因子的特征

1.综合作用

各种环境因子都不是孤立存在的，而且彼此联系、相互促进、相互制约的。如温度是植物春化阶段中起决定作用的因子，但是如果空气不足、湿度不适、萌发的种子仍不能通过春化阶段。

2.主导因子作用

在诸多环境因子中，常有一个生态因子对生物起着决定性的作用，如对水热条件较好的区域，土壤是决定植物分布类型的主要因子。

3.直接作用和间接作用

有些因子对生物影响是直接的，如水、光和温度等；有些是间接的，它通过坡向、坡度、海拔等影响光、水和温等因子分布，从而间接影响生物生长发育。

4.阶段性

由于生物生长的不同阶段对环境因子的需求不同，因此因子对生物的作用具有阶段性。如洄游性鱼类，在产卵期和生长期要求不同的水质条件。

5.不可代替性和补偿性

环境中各因子对生物各具其重要性，尤其是主导因子。任何因子的缺少都会影响生物的正常发育，甚至导致生物死亡。从总体上说，生态因子是不能代替的，但局部是可以补偿的。就植物光合作用来说，光照不足，可以通过增加二氧化碳的浓度来补偿。

6.最低量率

每种植物所能适应的生态因子的范围都有一定的限度，超过这个限度，植物的生长、发育和繁殖等一系列的生命活动就会受到影响，甚至引起死亡。如玉米生长发育所需要的温度最低不能低于9.4摄氏度，不能高于46.1摄氏度。所谓最低量率就是在不可缺少的有效养分中，数量上接近于临界最低的一个限制植物的产量。这一规律是由德国人李比希（Lie big）发现的。他在作物栽培实践中观察到，作物需要一定种类和数量的矿物养分，当某种矿物养分处于其临界最低值时，它对作物的产量影响最大。

7.空间差异性

生态因子在空间上不是均质的。不同生态因子在空间分布上的差异性直接影响植物的空间分布。随着任一生态因子在空间上按顺序增强或者减弱，不同生态类型的植物按顺序排列的现象称为生态序列。如北京附近的一些水体，在水体中间水深较大的地方出现金鱼藻等挺水植物，水稍浅时出现荇菜等浮水植物，接近岸边出现香蒲等挺水植物，上岸后首先出现苔草等湿生植物，随着地形部位的变化出现中生植物甚至中旱生植物，这就是一个随水分条件控制的生态序列。

**（五）生态因子的作用方式**

1.拮抗：各因子联合作用时，一种因子能抑制或影响另一种因子的作用。如青霉素产生的青霉素能抑制革兰氏阳性菌和部分革兰氏阴性菌的生长。

2.协同：两种或多种化合物共同作用时，总毒性等于或超过化合物单独作用时的毒性。

3.增强：一种无毒性的化合物与另一种化合物共同作用时，使后者毒性增强。

4.叠加：毒性为各化合物单独作用时的总和。

5.净化：利用物理、化学、生物等方法消除水、气、土壤中有害物质的作用。自然净化作用有物理净化，如烟尘通过扩散、重力沉降和雨水的淋洗作用等得到净化；化学净化，如氧化还原、化学与分解、吸附、凝聚、交换和络合等作用使某些物质毒性降低的过程；生物净化则使生物对污染物的吸收、降解作用，使污染物浓度降低或毒性减少的作用，如进入土壤或河流的某些污染物经过一段时间的自然净化后，可以得到恢复。

**（六）生态因子的作用规律**

1.最小因子规律

植物所需的营养物质降低到该植物的最小处在需要量时。该营养物质就会影响该植物的生长。当在诸多的生态因子中，只有处于最小量的因子或接近耐受极限的因子对生物的生长发育起主要限制作用，甚至因该因子的超低量导致生物的死亡，把这个因子叫限制因子。例如各种生态因子如何影响作物生长过程中，作物的产量往往不是受其大量需要的营养物质（如二氧化碳和水）所限制，而是取决于那些在土壤中极为稀少，而且又是植物所需要的营养物质，如硼、镁、铁、磷等。其中，磷的缺乏常常是限制作物生长的因子。

2.耐受性定律

每个环境因子都有一个生态上的适应范围大小，称之为生态幅。即有一个最低和最高点，两者之间的幅度为耐性限度。当因子过少或过量都会成为限制因子。如鱼类往往在温度适应下，种群个体数目多，但当温度过高，高出耐受上限时，无生物。当温度低于耐受下限时，也无生物。

## 四、生态环境与生态系统

**（一）生态系统的概念**

生态系统（Ecosystem）简称ECO，指在自然界的一定空间内，生物与环境构成的统一整体，在这个统一整体中，生物与环境之间相互影响、相互制约，并在一定时期内处于相对稳定的动态平衡状态。生态系统的范围可大可小，相互交错，太阳系就是一个生态系统，太阳就像一台发动机，源源不断给太阳系提供能量。地球最大的生态系统是生物圈；最为复杂的生态系统是热带雨林生态系统，人类主要生活在以城市和农田为主的人工生态系统中。生态系统是开放系统，为维系自身的稳定，生态系统需要不断输入能量，否则就有崩溃的危险；许多基础物质在生态系统中不断循环，其中碳循环与全球温室效应密切相关，生态系统是生态学领域的一个主要结构和功能单位，属于生态学研究的最高层次。想要对生态环境保护的课题进行研究，那么研究生态系统是必不可少的。

### （二）生态系统的组成成分

生态系统由无机环境和生物群落两部分组成，具体的组成成分分为非生物的物质和能量、生产者、消费者、分解者。其中，无机环境是一个生态系统的基础，其条件的好坏直接决定生态系统的复杂程度和生物群落的丰富度；生物群落反作用于无机环境，生物群落在生态系统中既在适应环境，又在改变着周边环境的面貌，各种基础物质将生物群落与无机环境紧密联系在一起，而生物群落的初生演替甚至可以把一片荒凉的裸地变为水草丰美的绿洲。生态系统各个成分的紧密联系，这使生态系统成为具有一定功能的有机整体。

1.无机环境

无机环境是生态系统的非生物组成部分，包含阳光以及其他所有构成生态系统的基础物质：水、无机盐、空气、有机质、岩石等。阳光是绝大多数生态系统直接的能量来源，水、空气、无机盐与有机质都是生物不可或缺的物质基础。

2.生物群落

一个生态系统只需生产者和分解者就可以维持运作，数量众多的消费者在生态系统中起加快能量流动和物质循环的作用，可以看成是一种“催化剂”。

（1）生产者（Producer）

生产者在生物学分类上主要是各种绿色植物，也包括化能合成细菌与光合细菌，它们都是自养生物，植物与光合细菌利用太阳能进行光合作用合成有机物，化能合成细菌利用某些物质氧化还原反应释放的能量合成有机物，比如，硝化细菌通过将氨氧化为硝酸盐的方式利用化学能合成有机物。

生产者在生物群落中起基础性作用，它们将无机环境中的能量同化，同化量就是输入生态系统的总能量，维系着整个生态系统的稳定，其中，各种绿色植物还能为各种生物提供栖息、繁殖的场所。生产者是生态系统的主要成分。

生产者是连接无机环境和生物群落的桥梁。

（2）分解者（Decomposer）

分解者又称“还原者”，它们是一类异养生物，以各种细菌（寄生的细菌属于消费者，腐生的细菌是分解者）和真菌为主，也包含屎壳郎、蚯蚓等腐生动物。

分解者可以将生态系统中的各种无生命的复杂有机质（尸体、粪便等）分解成水、二氧化碳、铵盐等可以被生产者重新利用的物质，完成物质的循环，因此分解者、生产者与无机环境就可以构成一个简单的生态系统。分解者是生态系统的必要成分。

分解者是连接生物群落和无机环境的桥梁。

（3）消费者（Consumer）

消费者指以动植物为食的异养生物，消费者的范围非常广，包括了几乎所有动物和部分微生物（主要有真细菌），它们通过捕食和寄生关系在生态系统中传递能量，其中，以生产者为食的消费者被称为初级消费者，以初级消费者为食的被称为次级消费者，其后还有三级消费者与四级消费者，同一种消费者在一个复杂的生态系统中可能充当多个级别，杂食性动物尤为如此，它们可能既吃植物（充当初级消费者）又吃各种食草动物（充当次级消费者），有的生物所充当的消费者级别还会随季节而变化。

## 第二节 生态系统的分类

地球上的生态系统种类繁多，结构复杂。一般来说，常见的生态系统有森林生态系统、草原生态系统、海洋生态系统、淡水生态系统（分为湖泊生态系统、池塘生态系统、河流生态系统等）、农田生态系统、冻原生态系统、湿地生态系统、城市生态系统。

### 一、森林生态系统

#### （一）定义

森林生态系统（Forest Ecosystem）是以乔木为主体的生物群落（包括植物、动物和微生物）及其非生物环境（光、热、水、气、土壤等）综合组成的生态系统。森林生态系统是森林群落与其环境在功能流的作用下形成一定结构、功能和自调控的自然综合体，是陆地生态系统中面积最多、最重要的自然生态系统。

#### （二）详解

森林生态系统分布在湿润或较湿润的地区，其主要特点是动物种类繁多，群落的结构复杂，种群的密度和群落的结构能够长期处于稳定的状态。

森林中的植物以乔木为主，也有少量灌木和草本植物。森林中还有种类繁多的动物。森林中的动物由于在树上容易找到丰富的食物和栖息场所，因而营树栖和攀缘生活的种类特别多，如犀鸟、避役、树蛙、松鼠、貂、蜂猴、眼镜猴和长臂猿等。

森林不仅能够为人类提供大量的木材和各种林副产品，而且在维持生物圈的稳定、改善生态环境等方面起着重要的作用。例如，森林植物通过光合作用，每天都消耗大量的二氧化碳，释放出大量的氧，这对于维持大气中二氧化碳和氧含量的平衡具有重要意义。又如，在降雨时，乔木层、灌木层和草本植物层都能够截留一部分雨水，大大减缓雨水对地面的冲刷，最大限度地减少地表径流。枯枝落叶层就像一层厚厚的海绵，能够吸收和贮存大量雨水。因此，森林在涵养水源、保持水土方面起着重要作用，有“绿色水库”之称。

### （三）生态过程

1.碳循环过程

大气中二氧化碳浓度升高的直接作用和气候变化的间接作用表现在两个方面。一般认为，二氧化碳浓度上升对植物起着“施肥效应”作用。因为在植物的光合作用过程中，二氧化碳作为植物生长所必须的资源，其浓度的增加有利于植物光合作用的增强，从而促进植物和生态系统的生长和发育。目前，大部分在人工控制环境下的模拟实验结果也表明，二氧化碳浓度上升将使植物生长的速度加快，从而对植物生长和生物量的增加起着促进作用，增益变幅为10%—70%。但是，二氧化碳浓度升高对植物的影响根据其所在的生物群区、光合作用和生长方式的不同而存在着较大的差异。一般认为，二氧化碳浓度升高对森林生长和生物量的增加在短期内能起到促进作用，但是不能保证其长期持续地增加。

2.养分循环过程

在生态系统中，养分的数量并非是固定不变的，因为生态系统在不断地获得养分，同时也在不断地输出养分。森林生态系统的养分在系统内部和系统之间不断进行着交换。每年都有一定的养分随降雨、降雪和灰尘进入生态系统。森林中的大量叶片有助于养分的吸取，岩石的化学风化也能增加生态系统的养分数量。活的植物体能够产生酸，而死的植物体的分解过程中也能产生酸，这些酸性物质能溶解土壤的小石子以及下层的岩石。当岩石被溶化时，各种各样的养分元素得到了释放并有可能被植物吸收。这些酸性物质在土壤的形成过程中起到了关键的作用。山体上坡的雨水通过土壤渗漏也可以为下坡的生态系统带来养分。多种微生物依靠自身或与固氮植物结合可获取空气中的游离氮（这种氮不能被植物直接吸收利用），并把它转化成有机氮为植物所利用。

一般地说，在一个充满活力的森林生态系统中，地球化学物质的输出量小于输入量，生态系统随时间而积聚养分。当生态系统受到火灾、虫害、病害、风害或采伐等干扰后，其形势发生了逆向变化，地球化学物质的输出量大大超过了其输入量，减少了生态系统内的养分积累，但这种情况往往只能持续一两年，因为干扰后其再生植被可重建生态系统保存和积累养分的能力。当然，如果再生植被的生长受到抑制，那么养分丢失的时间和数量将进一步加剧。如果森林在足够长的时间内未受干扰，使得树木、小型植物及土壤中的有机物质停止了积累，养分贮存也随之结束，那么此时地球化学物质的输入量与输出量达到了一个平衡。在老龄林中，不存在有机物质的净积累，因此它与幼龄林及生长旺盛的森林相比贮存的地球化学物质要少。地球化学物质的输出与输入平衡在维持生态系统长期持续稳定方面起到了很重要的作用。

3.水文过程

蒸散一般是森林生态系统的最大水分支出，蒸散研究目前已进入水分能态学和SPAC或SVAT阶段。森林蒸发散受树种、林龄、海拔、降水量等生物和非生物因子的共同作用。随纬度降低，降水量增加，森林的实际蒸散值呈现略有增加的趋势，但相对蒸散率（蒸发散占同期降水量之比）随降水量的增加而减少，其变化在40%—90%。

森林对水质的影响在欧美研究较多，主要包括两个方面：一是森林本身对天然降水中某些化学成分的吸收和溶滤作用，使天然降水中化学成分的组成和含量发生变化；二是森林变化对河流水质的影响。20世纪七八十年代，酸雨成为影响河流水质和森林生态系统健康的主要环境问题。为定量评价大气污染对森林生态系统物质循环的影响，森林水质研究受到了广泛的重视。随着点源和非点源污染引起水质退化成为影响社会经济可持续发展的重大环境问题，建立不同时间和空间尺度上化学物质运动的模拟模型，成为当前评价森林水质影响研究的主要任务，当然需要首先合理布设水化学剖面来确定化学物质循环的路径。

20世纪80年代以来，地理要素的空间异质性对水文过程的影响逐渐得到重视，并开展了以此为基础的分布式水文模型的研究。现有的分布式水文模型主要有短时间尺度模型（ANSWERS）和长时间尺度模型（FLATWOODS）两大类型。这些模型的模拟结果表明，预测值与观测值吻合较好。分布式模型考虑了空间异质性，但是没有对空间异质性本身的内在规律进行探讨，在实际操作中存在着主观性。基本空间单元的大小是研究中首先解决的问题，然而，研究者多根据研究区域的大小和资料的空间分辨率来确定其大小，这就给模拟结果带来了不准确性。目前，随着3S技术的发展，分布式模型正逐步成为流域和水资源管理的重要手段。在此基础上，分布式水文模型有望解决森林水文学中长期面临的尺度转换问题。

森林生态水文学未来研究的重点是需要突出森林植被作为水文景观的动态要素，将森林植被的结构、生长过程、物候的季相变化（植被冠层叶面积指数和植被根系生长动态）耦合到分布式生态水文模型中，全面客观地阐明森林植被与水分相互作用以及参与流域水文调节过程与机制；在森林大流域水文过程研究方面，从流域集总式水文模型向分布式水文模型研究发展，同时强调森林植被的生态水文过程与自然地质水文过程有机结合，既考虑森林植被参与的生态水文过程，又考虑流域内的时空异质性变化和水文的物理传输过程，藉以更有效地预测和评价流域内的自然、人为因素对水文过程的影响，从而科学指导森林植被的建设和可持续经营。

4.能量过程

能量流动是生态系统的主要功能之一。能量在系统中具有转化、做功、消耗等动态规律，其流动主要通过两个途径实现：其一是光合作用和有机成分的输入，其二是呼吸的热消耗和有机物的输出。在生态系统中，没有能量流动就没有生命，就没有生态系统；能量是生态系统的动力，是一切生命活动的基础。

生态系统最初的能量来源于太阳，绿色植物通过光合作用吸收和固定太阳能，将太阳能变为化学能，一方面满足自身生命活动的需要，另一方面供给异养生物生命活动的需要。太阳能进入生态系统，并作为化学能，沿着生态系统中生产者、消费者、分解者流动，这种生物与生物间、生物与环境间能量传递和转换的过程，称为生态系统的能量流动。在生态系统中，能量流动服从于热力学第一定律和第二定律。

生态系统中能量流动特征，可归纳为两个方面，一是能量流动沿生产者和各级消费者顺序逐步被减少；二是能量流动是单一方向，不可逆的。能量在流动过程中，一部分用于维持新陈代谢活动而被消耗，一部分在呼吸中以热的形式散发到环境中，只有一小部分做功，用于形成新组织或作为潜能贮存。由此可见，在生态系统中能量传递效率是较低的，能量愈流愈细。一般来说，能量沿绿色植物向草食动物再向肉食动物逐级流动，通常后者获得的能量大约只为前者所含能量的10%，即1/10，故称为“十分之一定律”。这种能量的逐级递减是生态系统中能量流动的一个显著特点。

目前森林能量过程的研究多以干物质量作为指标，这对深入了解生态系统的功能、生态效率等具有一定的局限性。研究生态系统中的能量过程最好是测定组成群落主要种类的热值或者是构成群落各成分的热值。能量值的测定比干物质测定能更好地评价物质在生态系统内各组分间转移过程中质和量的变化规律；同时，热值测定对计算生态系统中的生态效率是必需的。

5.生物过程

在生物多样性与生态系统功能方面，张全国教授等将多样性对生态系统功能作用机制的有关假说分为统计学与生物学两大类：前者从统计学角度来解释观察到的多样性—系统功能模式，包括抽样效应、统计均衡效应等；而后者是基于多样性的生物学效应给出的，包括生态位互补、种间正相互作用、保险效应等。这方面还需要深入研究的关键问题包括生物多样性怎样影响生态系统抵御不利环境的能力；景观的改变如何通过影响不同水平生物多样性的变化而影响生态系统功能；物种之间相互关系怎样影响生态过程；生态系统的关键种及其作用等。植物多样性的测度与取样尺度密切相关，植物多样性随不同取样尺度的明显变化存在着复杂的作用机制。不是某一种过程决定各种不同尺度上物种丰富度变化，而可能是不同的过程决定着不同的空间尺度下的植物多样性，这需要深入地了解在小尺度上的物种共存机制和景观大尺度上依距离变化的物种组成的替代机制。森林生物多样性形成机制与古植物区系的形成与演变、地球变迁与古环境演化有密切关系；现代生境条件包括地形、地貌、坡向和海拔高度所引起的水、热、养分资源与环境梯度变化对森林群落多样性的景观结构与格局产生影响，从而形成异质性的森林群落空间格局与物种多样性变化；自然和人为干扰体系与森林植物生活史特性相互作用是热带森林多物种长期共存、森林生物多样性维持及森林动态稳定的重要机制。

森林采伐一般对生物多样性产生影响。对森林采伐后树种多样性随不同时空尺度的变化及其生态保护的意义存在争议。人类活动引起的全球环境变化正在导致全球生物多样性以空前的速度和规模产生巨大的变化，而且生物多样性的变化被认为是全球变化的一个重要方面。在全球尺度上影响生物多样性的主要因素包括土地利用变化、大气二氧化碳浓度、氮沉降、酸雨、气候变化和生物交换（有意或无意地向生态系统引入外来动植物种）。对于陆地生态系统而言，土地利用变化可能对生物多样性产生最大的影响，其次是气候变化、氮沉降、生物交换和大气二氧化碳浓度增加。其中，热带森林区和南部的温带森林区生物多样性将产生较大的变化；而北方的温带森林区由于已经经历了较大的土地利用变化，所以其生物多样性产生的变化不大。

### （四）特点

在地球陆地上，森林生态系统是最大的生态系统。与陆地其他生态系统相比，森林生态系统有着最复杂的组成，最完整的结构，能量转换和物质循环最旺盛，因而生物生产力最高，生态效应最强。具体地说，它具有以下一些特点和优势。

1.森林占据空间大，林木寿命延续时间长。森林在占据空间方面的优势表现在3个方面，一是水平分布面积广，我国北起大兴安岭，南到南海诸岛，东起台湾省，西到喜马拉雅山，在广阔的国土上都有森林分布，森林占有广大的空间。二是森林垂直分布高度，一般可以达到终年积雪的下限，在低纬度地区分布可以高达4200—4300米。三是森林群落高度高于其他植物群落。生长稳定的森林，森林群落高度一般在30米左右，热带雨林和环境优越的针叶林，其高度可达70—80米。有些单株树木，高度甚至可以达100多米。而草原群落高度一般只有20—200厘米，农田群落高度多数在50—100厘米之间。相比之下可以看到，森林有最大的利用空间的能力。

森林的主要组成是树木，树木生长期长，有些树种的寿命很长。在我国，千年古树，屡见不鲜。据资料记载，苹果树能活到100—200年，梨树能活300年，核桃树能活300—400年，榆树能活500年，桦树能活600年，樟树、栎树能活800年，松、柏树的寿命可超过1000年。树木生长期长，从收获的角度看，好像不如农作物的贡献大。但从生态的角度看，却能够长期地起到覆盖地面、改善环境的作用。正因为森林生态系统在空间和时间上具有这样的优势，所以森林对环境的影响面大，持续期长，防护作用强大，效益显著。

2.森林是物种宝库，生物生产量高。森林分布广，垂直上下4000多米。在这样广大的森林环境里，繁生着众多的森林植物种类和动物种类。有关资料说明，地球陆地植物有90%以上存在于森林中，或起源于森林；森林中的动物种类和数量，也远远大于其他陆地生态系统。而且森林植物种类越多，发育越充分，动物的种类和数量也就越多。多层林、混交林内的动物种类和数量，比单纯林要多得多；成熟林比中、幼林又多。研究资料表明，在海拔高度基本相同的山地森林中，混交林比单纯林的鸟类种类要多70—100%；成熟林中的鸟类种类要比幼林多1倍以上，其数量却要多4到6倍。

在森林分布地区的土壤中，也有着极为丰富的动物和微生物。主要的生物种类有：藻类、细菌、真菌、放线菌、原生动物、线形虫、环节动物、节足动物、哺乳动物等。据统计，1平方米表土中，有数百万个细菌和真菌，数千只线形虫。在稍深的土层中，1立方米土体就有蚯蚓数百条以至上千条。

森林有很高的生产力，加之森林生长期长，又经过多年的积累，它的生物量比其他任何生态系统都高。因此，森林除了是丰富的物种宝库，还是最大的能量和物质的贮存库。

3.森林是可以更新的资源，繁殖能力强。老龄林可以通过自然繁殖进行天然更新，或者通过人工造林进行人工更新。森林只要不受人为或自然灾害的破坏，在林下和林缘不断生长幼龄林木，形成下一代新林，并且能够世代延续演替下去，不断扩展。在合理采伐的森林迹地和宜林荒山荒地上，通过人工播种造林或植苗造林，可以使原有森林恢复，生长成新的森林。

森林的多种树木，繁殖更新能力很强，而且繁殖的方式随着树种的不同而有多种多样。有用种子繁殖的，叫有性繁殖；用根茎繁殖的，叫无性繁殖。树木种子还长成各种形态和具备多种有利于它的传播繁殖的功能，如有的种子带翅，有的外披绒毛，甚至还有被称之为“胎生”的。

## 二、草原生态系统

### （一）定义

草原生态系统是草原地区生物（植物、动物、微生物）和草原地区非生物环境构成的，进行物质循环与能量交换的基本机能单位。草原生态系统在其结构、功能过程等方面与森林生态系统，农田生态系统具有完全不同的特点，它不仅是重要的畜牧业生产基地，而且是重要的生态屏障。

### （二）详解

草原生态系统（Grassland Ecosystem）是以各种草本植物为主体的生物群落与其环境构成的功能统一体。草原生态学（Grassland Ecology）的主要研究对象是以经营草食动物生产，获取动物产品为目标的草原生态系统。它是随现代畜牧业的发展而产生的，其核心是研究并阐明草原生态系统的结构、功能及各个亚系统之间的生态关系和调控途径，为充分发挥草原资源的生产潜力和建立优化生产体系提供依据。

我国的草原生态系统是欧亚大陆温带草原生态系统的重要组成部分。它的主体是东北—内蒙古的温带草原。根据自然条件和生态学区系的差异，大致可将我国的草原生态系统分为三个类型：草甸草原、典型草原、荒漠草原。

草原生态系统分布在干旱地区，这里年降雨量很少。与森林生态系统相比，草原生态系统的动植物种类要少得多，群落的结构也不如前者复杂。在不同的季节或年份，降雨量很不均匀，因此，种群和群落的结构也常常发生剧烈变化。由于过度放牧以及鼠害、虫害等原因，我国的草原面积正在不断减少，有些牧场正面临着沙漠化的威胁。因此，必须加强对草原的合理利用和保护。

草原上的植物以草本植物为主，有的草原上有少量的灌木丛。由于降雨稀少，乔木非常少见。那里的动物与草原上的生活相适应，大多数具有挖洞或快速奔跑的行为特点。草原上啮齿目动物特别多，它们几乎都过着地下穴居的生活。瞪羚、黄羊、高鼻羚羊、跳鼠、狐等善于奔跑的动物，都生活在草原上。由于缺水，在草原生态系统中，两栖类和水生动物非常少见。

草原是畜牧业的重要生产基地。在我国广阔的草原上，饲养着大量的家畜，如新疆细毛羊、伊犁马、三河马、滩羊、库车高皮羊等。这些家畜能为人们提供大量的肉、奶和毛皮。此外，草原还能调节气候，防止土地风沙侵蚀。

### （三）特点

世界草原的总面积为45亿公顷，约占陆地面积的24%，仅次于森林生态系统。在生物圈固定能量的比例中，草原生态系统约为11.6%，也居陆地生态系统的第二位。草原生态系统所处地区的气候大陆性较强、降水量较少，年降水量一般都在250—450毫米，而且变化幅度较大。蒸发量往往都超过降水量。另外，这些地区的晴朗天气多，太阳辐射总量较多。这种气候条件，使草原生态系统各组分的构成上表现出了一些与之适应的特点。

初级生产者的组成主体为草本植物，这些草本植物大多都具有适应干旱气候的构造，如叶片缩小，有蜡层和毛层，借以减少蒸腾，防止水分过度损耗。草原生态系统空间垂直结构通常分为三层：草本层、地面层和根层。各层的结构比较简单，没有形成森林生态系统中那样复杂多样的小生境。

草原生态系统的消费者主要是适宜于奔跑的大型草食动物，如野驴和黄羊。小型种类如草兔、蝗虫的数量很多。另外还有许多营洞穴生活的啮齿类，如田鼠、黄鼠、旱獭、鼠兔和鼢鼠等。肉食动物有沙狐、鼬和狼。肉食性的鸟类有鹰、隼和鹞等，除此之外的鸟类主要是云雀、百灵、毛腿沙鸡和地鹬，它们中有的也栖居于穴洞之中。

草原也是我国主要的自然生态系统类型之一。据《我国统计年鉴》提供资料，我国可利用的草原面积为3.365亿公顷，占世界草原总面积的7.1%左右。我国草原的类型较多，从整体上看，内蒙古草原以多年生、旱生低温草本植物占优势，建群植物主要是禾本科草类，其中以针茅和羊草最有代表性。前者为丛生禾草，后者为根茎禾草，根茎发达，对防风固沙起着重要作用；我国中部为稀疏草原，以大针茅为主；西部为荒漠草原，以丛生戈壁针茅为主。

草原对大自然保护有很大作用，它不仅是重要的地理屏障，而且也是阻止沙漠蔓延的天然防线，起着生态屏障作用。另外，它也是人类发展畜牧业的天然基地。

从总体情况看，草原生态系统的物种多样性远不如森林生态系统，但食物网的结构也很复杂。对光能的利用率不如森林生态系统高，通常为0.1—1.4%。前苏联的草甸草原可达1.32%，而我国和其他一些荒漠草原尚不及0.1%。水常常是草原生态系统初级生产力的决定因素。据统计，全世界草原生态系统的净初级生产力的均值为500g/m2，但水分不足的温带干旱地区却只有100—400g/$m^2$，水分较充足的亚热带草原，可提高到600—1500g/$m^2$。草原生态系统净初级生产力的最高水平可达3000—4500g/$m^2$。草原生态系统的初级生产力中，地下部分的生物量所占的比例较大。一般地讲，草原初级生产力在所有陆地生态系统中属于中等或中下等水平。初级生产量通过食物链转入草食动物和肉食动物各营养级之间的转化效率为1%—20%。以牛为例，一头牛所采食的植物能中，约有48%因维持正常生理活动而消耗掉，43%的能量以粪便形式排出，只有9%用于躯体组织的建造。但不同种类或不同品系之间，能量的转化效率差别很大。选择适宜的动物种类，组建合理的食物链以提高初级生产的转化效率，是草原生态学所研究的主要课题之一。

### 三、海洋生态系统

**（一）定义**

海洋生态系统是海洋中由生物群落及其环境相互作用所构成的自然系统，广义而言，全球海洋是一个大生态系统，其中包含许多不同等级的次级生态系统。每个次级生态系统占据一定的空间，由相互作用的生物和非生物，通过能量流和物质流形成具有一定结构和功能的统一体。海洋生态系统分类，目前无定论，按海区划分，一般分为沿岸生态系统、大洋生态系统、上升流生态系统等；按生物群落划分，一般分为红树林生态系统、珊瑚礁生态系统、藻类生态系统等。

**（二）详解**

由海洋生物群落和海洋环境两大部分组成，每一部分又包括有众多的要素。这些要素主要有六类，自养生物为生产者，主要是具有绿色素的能进行光合作用的植物，包括浮游藻类、底栖藻类和海洋种子植物；能进行光合作用的细菌；异养生物为消费者，包括各类海洋动物；分解者包括海洋细菌和海洋真菌；有机碎屑物质包括生物死亡后分解成的有机碎屑和陆地输入的有机碎屑等，以及大量溶解有机物和其聚集物；参加物质循环的无机物质，如碳、氮、硫、磷、二氧化碳、水等；水文物理状况，如温度、海流等。

1.生产者

主要指那些具有绿色素的自养植物，包括生活在真光层的浮游藻类、浅海区的底栖藻类和海洋种子植物。浮游植物最能适应海洋环境，它们直接从海水中摄取无机营养物质；有不下沉或减缓下沉的功能，可停留在真光层内进行光合作用；有快速的繁殖能力和很低的代谢消耗，以保证种群的数量和生存。这是由于它们具有小的体型和对悬浮的适应性。

海洋中的自养性细菌，包括利用光能和化学能的许多种类，也是生产者。如在加拉帕戈斯群岛附近海域等处发现的海底热泉周围的一些动物，由寄生或共生体内的硫磺细菌提供有机物质和能源。硫磺细菌从海底热泉喷出的硫化氢等物质中摄取能量把无机物质转化为有机物质。此处所构成的独特的生态系，完全以化学能替代日光能而存在。

2.消费者

主要是一些异养的动物。以营养层次划分，可分为初级消费者和次级消费者。

（1）初级消费者，又称一级消费者，即植食性动物。如同大多数初级生产者一样，大多数初级消费者的体型也不大，而且也多是营浮游生活的。这些浮游动物多数属于小型浮游生物，体型都在1毫米左右或以下，如一些小型甲壳动物、小型被囊动物和一些海洋动物的幼体。有一些初级消费者属于微型浮游生物，如一些很小的原生动物。初级消费者与初级生产者同居在上层海水中，它们之间有较高的转换效率，一般初级消费者和初级生产者的生物量往往属于同一数量级。这是与陆地生态系很不同的一个特点。

（2）次级消费者，包括二级、三级消费者等，即肉食性动物。它们包含有较多的营养层次。较低层的次级消费者一般体型仍很小，约为数毫米至数厘米，大多营浮游生活，属大型浮游生物或巨型浮游生物。不过，它们的分布已不限于上层海水，许多种类可以栖息在较深处，并且往往具有昼夜垂直移动的习性，如一些较大型的甲壳动物、箭虫、水母和栉水母等。较高层的次级消费者，如鱼类，则具有较强的游泳动力，属于另一生态群，即游泳动物。游泳动物的垂直分布范围更广，从表层到最深海都有一些种类生活。

在海洋次级消费者中，还包括一些杂食性浮游动物（兼食浮游植物和小浮游动物），它们有调节初级生产者和初级消费者数量变动的作用。

3.有机碎屑物质

海洋中有机碎屑物质的量很大，一般要比浮游植物现存量多一位数字，所起的作用也很大。这是海洋生态系不同于陆地生态系和又一个重要特点。它们来源于生物体死亡后被细菌分解过程中的中间产物（最后阶段是无机化），未完全被摄食和消化的食物残余，浮游植物在光合作用过程中产生的分泌在细胞外的低分子有机物，以及陆地生态系输入的颗粒性有机物。另外，海洋中还有比颗粒有机物多好几倍的有机溶解物，以及其聚集物。它们在水层中和底部都可以作为食物，直接为动物所利用。在海洋生态系统中，除了一个以初级生产者为起点的植食食物链和食物网以外，还存在一个以有机碎屑为起点的碎屑食物链和食物网（见海洋食物链）。许多研究结果表明，后者的作用不亚于前者。因此，在海洋生态系统的结构和功能分析中，应当把有机碎屑物质作为一个重要组分，它们是联结生物和非生物之间的一项要素。

4.分解者

包括海洋中异养的细菌和真菌。它们能分解生物尸体内的各种复杂物质，成为可供生产者和消费者吸收、利用的有机物和无机物。因而，它们在海洋有机和无机营养再生产的过程中起着一定的作用（如海洋细菌）。而且，它们本身也是许多动物的直接食物。以细菌为基础的食物链为第三类食物链，称为腐食食物链。

**（三）特点**

世界海洋是一个连接的整体。虽然人们把世界海洋划分为几大洋和一些附属海，但是它们之间并没有相互隔离。海水的运动（海流、海洋潮汐等），使各海区的水团互相混合和影响，这是与陆地生态系不同的一个特点。

大洋环流和水团结构是海洋的一个重要特性，是决定某海域状况的主要因素。由此形成各海域的温度分布带——热带、亚热带、温带、近极区（亚极区）和极区等海域，暖流和寒流海域，水团的混合，水团的垂直分布和移动，上升流海域等，都对海洋生物的组成、分布和数量有重要影响。

太阳光线在水中的穿透能力比在空气中小得多，日光射入海水以后，衰减比较快。因此在海洋中，只有在最上层海水才能有足够强的光照保证植物的光合作用过程。在某一深度处，光照的强度减弱到可使植物光合作用生产的有机物质仅能补偿其自身的呼吸作用消耗。这一深度被称为补偿深度。在补偿深度以上的水层被称为真光层。真光层的深度（即补偿深度）主要取决于海域的纬度、季节和海水的混浊度。在某些透明度较大的热带海区，深度可达200米以上。在比较混浊的近岸水域，深度有时仅有数米。

海水的比热比空气大得多，导热性能差。因此，海洋中海水温度的年变化范围不大。两极海域全年温度变化幅度约为5摄氏度，热带海区小于5摄氏度，温带海区一般为10—15摄氏度。在热带海区和温带海区的温暖季节，表层水温较高，但往下到达一定深度时，水温急剧下降，很快达到深层的低温。这一水层被称为温跃层。温跃层以上叫作混合层，因为这一层的海水可以有上下混合。温跃层以下的海水则十分稳定。

海水含盐量比陆地水高，约为35‰，且比较稳定。海平面下200公尺以上称为浅海区，大型藻类以及浮游植物能进行光合作用，构成这个复杂生态系统的基础，小型的浮游动物以这些生产者为食物，而一些小型的甲壳类、节肢动物又以这些浮游动物为食。超过200公尺甚至最深可达4000公尺，这里的鱼都有着独特的生存方式，阳光无法射入，阳光越少温度也越低，压力也会随之增加。因阳光无法射入，一些藻类也无法生存。

## 四、淡水生态系统

### （一）定义

淡水生态系统是在淡水中由生物群落及其环境相互作用所构成的自然系统，分为静水的和流动水的两种类型。

1.流水生态系统

包括江河、溪流和水渠等，在河流的上游，水的流速较快，下游流速较慢。急流中的生产者大多是由藻类构成的附石植物群，消费者大多是具有特殊器官的昆虫和体型较小的鱼类。缓流与急流相比，含氧量较少，但是营养物质丰富，因此，缓流中的动植物种类也较多。缓流中的生产者主要是浮游植物及岸边的高等植物，此外，从陆地上随雨水等进入河中的叶片碎屑等，也是水生生物的重要营养来源。缓流中的消费者有穴居昆虫和各种鱼类，此外，虾、蟹、贝类等动物也较多。

2.静水生态系统

包括湖泊、池塘和水库等，其中的植物一般分布在浅水区和水的上层，包括挺水植物如芦苇、香蒲和荷花等，浮水植物如睡莲等，以及沉水植物。在水体的上层，有大量的浮游植物，其中单细胞的藻类最多，这些藻类在春季大量繁殖，能使湖水呈现绿色或形成

“水华”。湖泊中的动物分布在不同的水层。浮游动物在水体的上层摄食浮游植物。以浮游植物或浮游动物为食的鱼通常栖息在水体的上层，如鲢鱼、鳙鱼等。以水草为食的鱼通常栖息在水体的中下层，如草鱼等。螺蛳、蚬等软体动物栖息在水的底层，以这些软体动物为食的鱼通常也在水体的底层生活，如青鱼等。

### （二）详解

淡水生态系统的基本组成可概括为非生物和生物两大成分，生物成分又分为生产者、消费者和分解者。按照营养关系来分，淡水生态系统的生物成分包括生产者、消费者和分解者。

1.非生物成分

非生物成分主要包括能源和各种非生命因子，如太阳辐射、无机物质和有机物质。非生物成分为生物提供生存的场所和空间，具备生物生存所必需的物质条件，是生态系统的生命支持系统。

2.生物成分

生物成分是指在生态系统中所有活的有机体，它们是生态系统的主体。淡水生态系统可以分为两类，一类是流水生态系统，即河流生态系统，主要指江河、溪流等生态系统，其中植物以附生的水苔、绿藻为主，动物以虾、鱼为主；另一类是静水生态系统，主要指池塘、湖泊等生态系统。池塘边常有大型植物，池中动物有蚌、螺、虾、蟹、鱼等。

3.生产者主要包括水生高等植物和浮游植物。通常浮游植物的生产量在系统的总初级生产量中占绝对优势。浮游植物的特征是体型微小但数量惊人，其代谢率高、繁殖速率快，种群更新周期短，能量的大部分用于新个体的繁殖，因此其生产力远比陆地植物高。淡水生态系统的初级消费者主要是个体很小的浮游动物，其种类组成和数量分布通常随浮游植物而变。在大型淡水水域中，浮游植物合成的物质几乎全部被浮游动物所消费。大型消费者，除了草食性浮游动物之外，还包括底栖动物、鱼类等。这些水生动物处于食物链（网）的不同环节，分布在水体的各个层次，其中不少种类是杂食性的，并且有很大的活动范围。同时，很多草食性或杂食性的水生动物，还以天然水域中大量存在的有机碎屑作为部分食物。淡水生态系统中的分解者分布范围很广，但是通常以水底沉积物表面的数量为最多，因为这里积累了大量有机物质。

### （三）特点

淡水生态系统主要以水作为其环境介质，而陆地生态系统主要以空气、陆地或土壤作为其环境介质，正是由于这些环境介质理化特征的不同，使水、陆两类生态系统在系统的结构和功能上存在着许多明显的差异。淡水生态系统的特点如下。

1.环境特点

淡水生态系统最大的环境特点在于以淡水为其环境介质。与空气相比，水的密度大、浮力大，许多小型生物如浮游生物可以悬浮在水中，借助水的浮力度过它们的一生。水的密度大还决定了水生生物（Aquatic Organism）在构造上的许多特点。水的比热较大，导热率低，因此水温的升降变化比较缓慢，温度相对稳定，通常不会出现陆地那样强烈的温度变化。

2.营养结构特点

淡水生物都适于淡水生活，在水中有明显的分层分布。如湖泊中有生活在水中的沉水植物，也有浮在水面的浮水植物，还有根长在水底，叶片伸展在水面上的挺水植物，可见植物明显地分层分布。动物也有分层分布的特点，如鲢鱼、鳙鱼分布在水的上层，以浮游植物或浮游动物为食；草鱼分布在水的中下层，以水草为食；青鱼常生活在水的底层，以螺蛳、蚬等软体动物为食。河流、池塘生态系统也有类似的特征。消费者层次的组成状况在淡水和海洋两类生态系统中的差别较大。在淡水水域，消费者一般是体型较小、生物学分类地位较低的变温动物，新陈代谢过程中所需热量比恒温动物少，热能代谢受外界环境变化的影响较大。

3.光能利用率较低

与陆生生态系统相比，淡水生态系统初级生产者对光能的利用率比较低。据奥德姆对佛罗里达中部某银泉的能流研究，初级生产者实际用于总生产力的有效太阳能仅有1.22%，除去生产者自身呼吸消耗的0.7%，初级生产者净生产力所利用的光能只有0.52%。

## 五、农田生态系统

### （一）定义

农田生态系统是人工建立的生态系统，其主要特点是人的作用非常关键，人们种植的各种农作物是这一生态系统的主要成员。

### （二）详解

农田生态系统是以作物为中心的农田中，生物群落与其生态环境间在能量和物质交换及其相互作用上所构成的一种生态系统，是农业生态系统中的一个主要亚系统。农田生态系统由农田内的生物群落和光、二氧化碳、水、土壤、无机养分等非生物要素所构成，这样的具有力学结构和功能的系统，称为农田生态系统。与陆地自然生态系统的主要区别是：系统中的生物群落结构较简单，优势群落往往只有一种或数种作物；伴生生物为杂草、昆虫、土壤微生物、鼠、鸟及少量其他小动物；大部分经济产品随收获而移出系统，留给残渣食物链的较少；养分循环主要靠系统外投入而保持平衡。农田生态系统的稳定有赖于一系列耕作栽培措施的人工养地，在相似的自然条件下，土地生产力远高于自然生态系统。

### （三）特点

农田中的动植物种类较少，群落的结构单一。人们必须不断地从事播种、施肥、灌溉、除草和治虫等活动，才能够使农田生态系统朝着对人有益的方向发展。因此，可以说农田生态系统是在一定程度上受人工控制的生态系统。一旦人的作用消失，农田生态系统就会很快退化；占优势地位的农作物就会被杂草和其他植物所取代。农田生态系统的基本原理如下。

1.能量多级别利用和物质循环再生的原理（食物链即是一条能量转换链，也是一条物质传递链，实际上也是一条经济价值增值链）。

2.各种生物之间相互依存，相互制约的原理。

## 六、冻原生态系统

### （一）定义

冻原生态系统又称苔原生态系统（Polar Ecosystem）。是由极地平原和高山苔原的生物群落与其生存环境所组合成的综合体。根据分布区域的不同，又分为极地（苔原）生态系统和高山（苔原）生态系统。

### （二）详解

冻原生态系统低温、生物种类贫乏、生长期短、降水量少。全球苔原面积约800万平方千米，约占陆地总面积的5.3%。苔原的生态环境甚为恶劣。气候特点是寒冷，冬季漫长而严寒，夏季短而凉。年降水量不多，但降水次数多，水分蒸发弱，故空气湿度大。苔原土壤在一定深度下都有永冻层，且分布广。苔原植物具有一系列的抗寒和抗干旱生理学特性，许多植物在严寒中营养器官不受损伤，有的植物在雪下生长。苔原植物通常是多年生植物。苔原动物种类较少，主要是大型食草动物，在生理上具有抗寒特点。

## 七、湿地生态系统

### （一）定义

湿地生态系统属于水域生态系统。其生物群落由水生和陆生种类组成，物质循环、能量流动和物种迁移与演变活跃，具有较高的生态多样性、物种多样性和生物生产力。

### （二）详解

湿地一词最早出现于美国鱼和野生动物管理局《39号通告》，通告将湿地定义为“被间歇的或永久的浅水层覆盖的土地”。

1979年，为对湿地和深水生态环境进行分类，该局对湿地内涵进行了重新界定，认为“湿地是陆地生态系统和水生生态系统之间过渡的土地，该土地水位经常存在或接近地表，或者为浅水所覆盖”。1971年在拉姆萨尔通过了《关于特别是作为水禽栖息地的国际重要湿地公约》，该公约将湿地定义为：“不问其为天然或人工、常久或暂时之沼泽地、湿原、泥炭地或水域地带，带有静止或流动、或为淡水、半咸水或咸水水体者，包括低潮时水深不超过6米的水域。”

我国对沼泽、滩涂等湿地研究具有丰富的经验积累，在实践中形成了具有我国特色的湿地分类系统，通常认为“湿地系指海洋和内陆常年有浅层积水或土壤过湿的地段”。尽管湿地的概念目前尚未统一，但它们有一共同特点：从不同的角度认为湿地是一种特殊的生态系统，该系统不同于陆地生态系统，也有别于水生生态系统，它是介于两者之间的过渡生态系统。

**（三）特征**

1.系统的生物多样性

由于湿地是陆地与水体的过渡地带，因此它同时兼具丰富的陆生和水生动植物资源，形成了其他任何单一生态系统都无法比拟的天然基因库和独特的生物环境，特殊的土壤和气候提供了复杂且完备的动植物群落，它对于保护物种、维持生物多样性具有难以替代的生态价值。

2.系统的生态脆弱性

湿地水文、土壤、气候相互作用，形成了湿地生态系统环境主要素。每一因素的改变，都或多或少地导致生态系统的变化，特别是水文，当它受到自然或人为活动干扰时，生态系统稳定性受到一定程度破坏，进而影响生物群落结构，改变湿地生态系统。

3.生产力高效性。

湿地生态系统同其他任何生态系统相比，初级生产力较高。据报道，湿地生态系统每年平均生产蛋白质9克/平方米，是陆地生态系统的3.5倍。

4.效益的综合性

湿地具有综合效益，它既具有调蓄水源、调节气候、净化水质、保存物种、提供野生动物栖息地等基本生态效益，也具有为工业、农业、能源、医疗业等提供大量生产原料的经济效益，同时还有作为物种研究和教育基地、提供旅游等社会效益。

5.生态系统的易变性

易变性是湿地生态系统脆弱性表现的特殊形态之一，当水量减少以至干涸时，湿地生态系统演潜为陆地生态系统，当水量增加时，该系统又演化为湿地生态系统，水文决定了系统的状态。

### （四）重要作用

广阔众多的湿地具有多种生态功能，蕴育着丰富的自然资源，被人们称为“地球之肾”、物种贮存库、气候调节器，在保护生态环境、保持生物多样性以及发展经济社会中，具有不可替代的重要作用。

1.巨大贮水库

每年汛期洪水到来，众多的湿地以其自身的庞大容积、深厚疏松的底层土壤（沉积物）蓄存洪水，从而起到分洪削峰，调节水位，缓解堤坝压力的重要作用。全国天然湖泊和各类水库调洪能力不下2000亿立方米。长江22个通江湖泊尽管面积锐减，目前容水量仍达600多亿立方米，洞庭湖、鄱阳湖蓄洪能力不少于200亿立方米，对于调节长江洪水、消减洪灾依然起着关键作用。同时，湿地汛期蓄存的洪水，汛后又缓慢排出多余水量，可以调节河川径流，有利于保持流域水量平衡。

2.水源地

湿地之水，除江河、溪沟的水流外，湖泊、水库、池塘的蓄水外，都是生产、生活用水的重要来源。据估算，我国仅湖泊淡水贮量即达225亿立方米，占淡水总贮量的8%。某些湿地通过渗透还可以补充地下蓄水层的水源，对维持周围地下水的水位，保证持续供水具有重要作用。

3.生态环境的优化器

大面积的湿地，通过蒸腾作用能够产生大量水蒸气，不仅可以提高周围地区空气湿度，减少土壤水分丧失，还可诱发降雨，增加地表和地下水资源。据一些地方的调查，湿地周围的空气湿度比远离湿地地区的空气湿度要高5%至20%以上，降水量相对也多。因此，湿地有助于调节区域小气候，优化自然环境，对减少风沙干旱等自然灾害十分有利。湿地还可以通过水生植物的作用，以及化学、生物过程，吸收、固定、转化土壤和水中营养物质含量，降解有毒和污染物质，净化水体，消减环境污染的重要作用。

4.重要的物种资源库

我国湿地分布于高原平川、丘陵、海涂多种地域，跨越寒、温、热多种气候带，生境类型多样，生物资源十分丰富。据初步调查统计，全国内陆湿地已知的高等植物有1548种，高等动物有1500种；海岸湿地生物物种约有8200种，其中植物5000种、动物3200种。在湿地物种中，淡水鱼类有770多种，鸟类300余种。特别是鸟类在我国和世界都占有重要地位。据资料显示，湿地鸟的种类约占全国的三分之一，其中有不少珍稀种。世界166种雁鸭中，我国有50种，占30%；世界15种鹤类，我国有9种，占60%，在鄱阳湖越冬的白鹤，占世界总数的95%。亚洲57种濒危鸟类中，我国湿地内就有31种，占54%。这些物种不仅具有重要的经济价值，还具有重要的生态价值和科学研究价值。

5.产能源基地

广阔多样的湿地，蓄藏有丰富的淡水、动植物、矿产及能源等自然资源，可以为社会生产提供水产、禽蛋、莲藕等多种食品，以及工业原材料、矿产品等。湿地水能资源丰富，可以发展水电、水运，增加电力和交能运输能力。许多湿地自然环境独特，风光秀丽，也不乏人文景观，是人们旅游、度假、疗养的理想佳地，发展旅游业大有可为。此外，湿地还是进行科学研究、教学实习、科普宣传的重要场所。

## 八、城市生态系统

### （一）定义

城市生态系统是按人类的意愿创建的一种典型的人工生态系统，是城市居民与其环境相互作用而形成的统一整体，也是人类对自然环境的适应、加工、改造而建设起来的特殊的人工生态系统。

### （二）详解

城市生态系统不仅有生物组成要素（植物、动物和细菌、真菌、病毒）和非生物组成要素（光、热、水、大气等），还包括人类和社会经济要素，这些要素通过能量流动、生物地球化学循环以及物资供应与废物处理系统，形成一个具有内在联系的统一整体。

城市生态系统的主要的特征是以人为核心，对外部的强烈依赖性和密集的人流、物流、能流、信息流、资金流等。科学的城市生态规划与设计能使城市生态系统保持良性循环，呈现城市建设、经济建设和环境建设协调发展的格局。

在城市生态系统中，人起着重要的支配作用，这一点与自然生态系统明显不同。在自然生态系统中，能量的最终来源是太阳能，在物质方面则可以通过生物地球化学循环而达到自给自足，城市生态系统就不同了，它所需求的大部分能量和物质，都需要从其他生态系统人为地输入。

同时，城市中人类在生产活动和日常生活中所产生的大量废物，由于不能完全在本系统内分解和再利用，必须输送到其他生态系统中去。由此可见，城市生态系统对其他生态系统具有很大的依赖性，因而也是非常脆弱的生态系统。由于城市生态系统需要从其他生态系统中输入大量的物质和能量，同时又将大量废物排放到其他生态系统中去，它就必然会对其他生态系统造成强大的冲击和干扰。

城市生态系统是由自然系统、经济系统和社会系统所组成的。城市中的自然系统包括城市居民赖以生存的基本物质环境，如阳光、空气、淡水、土地、动物、植物、微生物等；经济系统包括生产、分配、流通和消费的各个环节；社会系统涉及城市居民社会、经济及文化活动的各个方面，主要表现为人与人之间、个人与集体之间以及集体与集体之间的各种关系。

**（三）生态特点**

城市生态系统是在人口大规模集居的城市，以人口、建筑物和构筑物为主体的环境中形成的生态系统。包括社会经济和自然生态系统。其特点是：

1.以人为主体，人在其中不仅是唯一的消费者，而且是整个系统的营造者；

2.几乎全是人工生态系统，其能量和物质运转均在人的控制下进行，居民所处的生物和非生物环境都已经过人工改造，是人类自我驯化的系统；

3.城市中人口、能量和物质容量大、密度高、流量大、运转快，与社会经济发展的活跃因素有关；

4.是不完全的开放性的生态系统，系统内无法完成物质循环和能量转换。许多输入物质经加工、利用后又从本系统中输出（包括产品、废弃物、资金、技术、信息等）。故物质和能量在城市生态系统中的运动是线状而不是环状。因城市是一定区域范围的中心地，城市依赖区域存在和发展，故城市生态系统的依赖性很强，独立性很弱。

城市生态系统的研究内容包括人口构成、经济结构和城市功能结构的合理性；人口流、物质流、能量流、信息流等是否能保证城市的功能作用；城市人口及其活动的基本物质（如土地、淡水、食物、能源、基础设施等）的保证程度，环境质量评价及其改善措施；确定城市生态合理容量和制订和谐、稳定、高效的城市生态系统结构可行方案及其管理技术措施等。

**（四）主要功能**

1.物质流

城市物质流高度密集、周转迅速，是物资生产、流通、消费的中心。包括自然物质流、农产品流、工业产品流三种，他们的输入、转移、变化和输出以保持城市的活力。进入城市内的物质主要有建筑材料、生产资料和生活用品三类。在城市生态系统中变动最快、对城市生态系统的功能影响最大的是水、氧气、食物、燃料、建筑材料和纸。

（1）水

城市的生命线，也是城市流量最大，速度最快的物质。它的功能也非常多样，包括食物、原料、传递物质和能量的载体。

（2）氧气

氧气的消耗一部分与生物活动有关，另一部分在使用各种化学燃料为主的有机物质是被消耗。

（3）建筑材料

包括砂、石、砖、瓦、石灰、水泥、沥青、钢筋、木材等是城市中流动量最大的一类物质。

（4）纸

是城市中周转最快的、周转量最大的一类物质。

2.人口流

高密度的城市人口和高强度的人口流动城市的一个重要特点。

3.货币流

一种特殊的信息流，它凝聚了各生产部门间、生产和消费部门之间的物质和能量流动的大量信息，反映了产品的价值和需求程度。货币是城市生产和生活中最活跃的一个因子。总之，城市生态系统是一个远离平衡态的非平衡系统。为了维持系统结构的有序性，就必须从外界不断地输入熵或排出熵，以维持城市生态系统的稳态。因此城市生态系统的稳定是靠物质流和能量流的输入和输出而得以实现的，而城市生态系统对其他生态系统的根本影响在于对资源的利用和消耗以及“污染输出”。

4.能量流

城市的能量流包括自然能以及辅助能。进入城市的燃料包括碳和碳氢化合物，还包括少量的氮、硫、氧以及其他微量成分的化合物。

各种燃料除了释放二氧化碳外，还产生二氧化氮、二氧化硫等空气污染物；不完全燃烧产生的氮氧化合物可能造成光化学烟雾；燃料中添加成分造成重金属污染；城市热污染源；固体燃料燃烧生产废渣。

5.信息流

城市是依靠人类的活动，通过获取、加工、储存和传递信息建立起城市各部门之间的以及城市和外部系统之间的联系，从而使城市复杂的生产和生活活的有条不紊，城市是人类社会中信息最密集的场所。信息流的特点有非消耗性、非守恒性、累积效果性、时效性、信用价值性。城市的信息流通过文字、语言、音像、思维及感觉传播，包括经营信息、生活信息、科技信息和社会信息等。

# 第三节　环境问题与生态压力

第二次世界大战结束后，西方各国为追求经济发展，采用高投入的方式，形成了增长热。经济的发展把一个受战争创伤的世界，在短短的二三十年里推向一个崭新的、高度发展的电子时代，创造了前所未有的经济奇迹。但是，伴随着经济的高速发展，经济赖以生存的环境却不断遭到破坏和践踏，因环境污染而造成的公害事件连续不断地发生，其范围和规模不断扩大，使人们陷入了生存危机。与此同时，发展中国家的环境在进一步恶化，他们为追求经济发展指数而采取的种种对自然资源的过度开发利用，使环境问题变得日益严重。环境与生态关系着人类的生存与繁衍、前途与命运，环境问题与生态问题已成为全人类面临的重要问题之一，正越来越受到国际社会的普遍关注。

## 一、环境问题的概念与类型

### （一）环境问题的概念

环境问题是指由于自然界的变化或人类活动，使环境质量下降或生态系统失调，对人类的社会经济发展、健康和生命财产产生影响的现象。这是广义的环境问题概念。从这个角度去理解环境问题，它可分为两类：一类是自然演变和自然灾害引起的原生环境问题，也叫第一环境问题。如地震、洪涝、干旱、台风、崩塌、滑坡、泥石流等。一类是人类活动引起的次生环境问题，也叫第二环境问题。其中次生环境问题，是目前人类面临的主要环境问题。次生环境问题一般又分为环境污染和生态破坏两大类。

### （二）环境问题的类型

目前，全球环境问题可分为三大类型，即资源危机、环境污染和生态破坏。

1.资源危机

所谓资源危机，主要指由于人类不正确地或过度地利用自然资源而造成的各种资源短缺现象。自然资源是人类生活所必需，在自然资源中，除了少数几种是原生的外，绝大多数是次生的。原生的自然资源有太阳能、空气、风、降水、气候等，它们是无限的；次生的自然资源有土地、矿产、森林等，它们都是有限的。近300年来，随着社会生产力的突飞猛进发展，自然资源被乱采滥用、任意浪费，以致出现了资源危机。据调查，地球上一些主要的矿产资源已储量不多，将在几百年内被开采完，如铁矿的寿命已不足200年，煤的寿命约200年，石油的寿命只有30年。那些可再生自然资源，像土壤、植物、动物、微生物、森林、草原、水生生物等，由于人为的破坏和不加节制的采伐捕猎，一些物种种源灭失，也变得不能再生了。更严重的是，那些原来无限的资源，像空气和水，由于人为因素的影响而受到了污染，现在也出现了危机。所以从大环境的角度来看，自然资源几乎都处在“取之有尽、用之有竭”的境地。

2.环境污染

所谓环境污染是指人类活动的副产品和废弃物等有害物质或因子进入环境，并在环境中扩散、迁移、转化，使环境系统的结构和功能发生变化，对人类或其他生物的正常生存和发展产生不利影响。如工农业生产和城市生活产生的大量污染物（有害物质），如工业的“三废”（废气、废水、废渣）和居民生活的“三废”（废水、废渣、废气）排人环境，使环境质量下降，以致危害人体健康，影响人们的生产和生活。

3.生态破坏

所谓生态破坏是指人类活动直接作用于自然生态系统，造成生态系统的生产能力显著降低和结构显著改变，从而引起的环境问题。如植被破坏引起的水土流失、过度放牧引起的草原退化、大面积开垦草原引起的土壤沙漠化、乱采滥捕使珍稀动植物物种灭绝等，其后果有时甚至是不可挽回的。

## 二、环境问题的产生与发展

从人类诞生开始就存在着人与环境的对立统一关系，就出现了环境问题。从古至今，随着人类社会的发展，环境问题也在发展变化，大体上经历了两个阶段。

### （一）环境问题的初级阶段

环境问题的初级阶段，即工业革命前的环境问题。在环境问题的初级阶段，人类主要经历了两种文明，即采猎文明和农业文明。环境问题的历史可以追溯到遥远的农业文明以前。

大约在距今二三百万年前，人类的祖先古猿从原始森林走向平原的时候，为在新的环境中生存，学会了使用天然工具，还学会了用火，开始了征服自然、驾驭自然的第一步。人类对环境的破坏也随之出现，如过度狩猎使美洲野牛、猛犸象等动物灭绝。不过，在农业革命以前，由于地球上人口稀少，生产力水平低下，人类影响自然的能力还很低，人类还只能依赖自然环境，以采集和猎取天然植物和动物为生，虽有一定的环境问题，但并不突出，地球生态系统可以自行恢复平衡。

农业革命以后，情况发生了很大变化，一是人口的增加，二是原始农业的出现。这一时期的人类，除利用土地外，还利用各种知识和技术，如发明了养殖技术、运载工具等。

人类运用自然力改善自己生存和生活水平的能力逐渐提高，对地球环境的影响范围和程度也随之增大，环境问题也随之日益突出。

由于人们主要是通过大面积砍伐森林、开垦草原来扩大耕种面积，增加粮食生产，加之刀耕火种等落后的生产方式、不合理灌溉，致使水土流失加剧，大片肥沃的土地逐渐变成不毛之地，或土壤的盐渍化和沼泽化。生态环境的不断恶化，不仅直接影响人们的生活，而且，也在很大程度上影响人类文明的进程，甚至造成文明的衰落与泯没。古巴比伦文明的毁灭就是古代生态灾难的典型案例。

位于幼发拉底河和底格里斯河之间的美索不迭米亚平原，是著名巴比伦文明的发源地。公元前3000多年，人们在这里开掘运河、沟渠，灌溉农田，最早出现了以人工灌溉为基础的原始农业和传统农业，不仅农业、手工业率先发展到了相当高的水平。巴比伦城也是当时世界上最大的城市、西亚著名的商业中心，巴比伦国王为贵妃修建的“空中花园”被誉为世界七大奇迹之一，在四五千年前创造了辉煌的巴比伦文明。

这样一个值得自豪的人类早期文明，后来却很快在地球上消失了。关于两河流域文明的毁灭，过去一直归因于外来的入侵者，但是，新近考古学家获得可靠资料表明，其根本原因在于无休止的垦耕、盲目开荒、过度放牧、肆意砍伐森林等人为暂为所致，其中，不适当的灌溉是一切祸害之首。据说巴比伦当时曾拥有人口达1700万至2500万人。为满足人口对粮食不断增长的需要，巴比伦人多次扩建运河，持续增大灌溉面积。由于气候干燥，引起水位上升，与此同时，地下被水溶解的盐分也跟着被带土地面；地面合盐分越高就越需要灌水，而灌水越多则地下被带上来的盐分也越多。这样周而复始，恶性循环，天长日久，就造成了日益严重的水涝和盐渍，大地变成白花花的一片，生产力下降，粮食减产，直至寸草不生，颗粒无收，辉煌的古代文明终于被人类自己制造的灾难所毁灭。

2000年前漫漫黄沙使巴比伦王国在地球上销声匿迹。如今，这块土地所供养的人口还不及汉穆拉比时代的25%，而那座辉煌的巴比伦城，到近代才由考古学家发掘出来，重新展现在世人面前。这些被毁的土地，直到今天还没有恢复元气。

另外，古埃及文明的衰落、古印度文明的衰败、玛雅文明的毁灭、我国黄河流域生态环境的恶化以及楼兰古国的消失等都是人类不适当的开发行为丽造成生态破坏和文明衰退的典型例证。

从上面的例子中可以看出，在农业社会，生态破坏已经发展到了相当的规模，并产生了严重的社会后果。恩格斯在考察古代文明的衰落之后，针对人类破坏环境的恶果，曾经指出：“美索不达米亚、希腊、小亚细亚以及其他各地的居民，为了得到耕地，把森林都砍完了，但是他们想不到，这些地方今天竟因此成为荒芜不毛之地，因为他们使这些地方失去了森林，也失去了积聚和贮存水分的中心。阿尔卑斯山的意大利人，在山南坡砍光了在北坡被十分细心地保护的松林，他们没有预料到，这样一来，他们把他们区域里的高山牧畜业的基础给摧毁了；他们更没有预料到，他们这样做，竟使山泉在一年中的大部分时间内枯竭了，而在雨季又使更加凶猛的洪水倾泻到平原上。”因此，恩格斯告诫人类：“我们不要过分陶醉于我们对自然界的胜利。对于每一次这样的胜利，自然界都报复了我们。每一次胜利，在第一步都确实取得了我们预期的结果，但是在第二步和第三步却有完全不同的、出乎预料的影响，常常把第一个结果又取消了。”

此外，在农业社会，特别是农业社会末期，虽然也出现过污染问题，但总的来看，在农业文明时代，主要的环境问题是生态破坏，环境污染还不十分突出。

**（二）环境问题的发展恶化阶段（工业革命后的环境问题）**

18世纪工业革命的兴起、城市化发展和科学技术的进步，使人类的生活水平大为提高，如人口的死亡率下降，平均预期寿命提高，更多的人享受到城市生活的便利，更多的儿童能够进人学校接受更多的教育，等等。然而，工业革命给人类带来的不仅仅是欣喜，还有诸多意想不到的后果，甚至埋下了人类生存和发展的潜在威胁。

众所周知，资本主义产业革命实际上就是资本主义工业化的过程。在第一次产业革命中，有着全局性意义的就是能源的变化。建立在机器大工业基础上的工业社会必然是建立在大量能源消耗，尤其是化石燃料消耗的基础上的。从工业革命开始到20世纪初叶，这一时期工业能源主要是煤炭，由于煤炭工业、钢铁工业、化工工业等重工业的建立，使以燃煤的烟尘、二氧化硫、二氧化碳等为主的大气污染和以冶矿、制碱的废水等为主的水质污染日益严重。从20世纪20至40年代，这一时期能源除煤以外又增加了石油，且所占比重急剧上升。在燃煤造成的污染外，又增加了燃油及石油产品导致的污染。随着工业的发展，能源的消耗大增，1900年全世界能源消耗量还不到10亿吨煤当量，至1950年就猛增至25亿吨煤当量。能源消耗量的急剧增加，很快就带来了一系列人类始料不及的问题。

西方国家首先步人工业化进程，最早享受到工业化带来的繁荣，也最早品尝到工业化带来的苦果。在工业发达国家，从20世纪50至60年代开始，“公害事件”层出不穷，导致成千上万人患病甚至死亡。从“20世纪世界八大公害事件”中我们可以窥见工业革命后环境问题的严重性。

1.马斯河谷事件：1930年12月，比利时工业区工厂排放烟尘使当地居民几千人受害。

2.多诺拉烟雾事件：1948年10月，美国多诺拉镇工厂和汽车造成的大气污染使全镇一半以上居民受害。

3.伦敦烟雾事件：1952年12月，伦敦居民烧煤取暖和工厂烟雾致上千人死亡。

4.洛杉矶光化学烟雾事件：1952年洛杉矶汽车排放的尾气引起光化学烟雾，使数百人死亡，植物大面积受害。

5.水俣事件：1953至1955年日本水俣镇附近工厂排放含汞废水，导致人和猫患上极为痛苦的汞中毒病，叫作水俣病。

6.富山事件：1955年日本富山平原神道川河附近工厂排放含镉废水，造成居民得上骨骼疼痛病，重者全身多处骨折，在痛苦中死亡。

7.四日事件：1961年日本四日市因当地工厂废气排放，造成哮喘病大流行。

8.米糠油事件：1968年日本爱知县米糠油工厂制作米糠油时混入了多氯联苯。这种食用油被销售到日本各地，受害者达1.3万人，用这种油制造的鸡饲料使几十万只鸡中毒死亡。

上述20世纪八大公害事件都是由环境污染所引起，无一例外地都发生在工业发达国家，可见，工业文明时期，环境问题主要表现为环境污染。

20世纪60至70年代之后，伴随着全球经济持续高速发展，环境污染问题进一步恶化，环境问题迅速地从地区性问题、区域性问题发展成全球性问题，从简单问题（可分类、可定量、易解决、低风险、近期可见性）发展到复杂问题（不可分类、不可量化、不易解决、高风险、长期性），出现了一系列国际社会关注的热点问题：诸如全球气候变化，臭氧层破坏，酸雨蔓延，陆地水体与海洋水体污染，有毒化学品污染和有害废物越境转移等。

与此同时，由人口的持续增长造成的生态环境的进一步恶化也成为全社会关注的焦点。如森林破坏与生物多样性减少、土地荒漠化及沙尘暴等。

生态破坏和环境污染的结果之一就是逐渐加剧了资源的危机。可以说，20世纪50年代以来，人类经济与社会发展是以扩大开发自然资源和无偿利用环境为代价的，一方面创造了空前巨大的物质财富和前所未有的社会文明，另一方面也造成了全球性的生态破坏、资源短缺、环境污染加剧等重大问题。

## 三、环境问题的类型

### （一）大气环境污染

19世纪工业革命以来，大气在逐渐地受到污染，大气环境的平衡被破坏。大气污染最初只发生在美国、英国等发达的资本主义国家，而现在大气污染已成为危害全人类身心健康的全球性问题。

#### 1.大气污染的定义

按照国际标准化组织（1SO）做出的大气环境污染定义：通常是指人类的生产、生活活动或自然界向空气中排出的各种污染物，其数量、浓度和持续时间超过了大气环境所容许的限度，从而对人类健康和动植物的生长产生危害，即构成大气环境污染。大气污染源可分为两类：天然源和人为源。天然污染物如火山爆发喷出的灰尘、森林起火产生的硫氧化物等，在自然的净化能力下对人类并不构成很大的威胁。现在人们所说的大气环境污染，主要是由人类的生产和生活活动所造成的。

2.产生大气环境污染的人为因素

（1）工业污染

即工矿企业在生产中使用的燃料在燃烧消耗的过程中，若防治污染的措施不力，则往往使大量污染物质如烟尘颗粒物、二氧化硫、一氧化硫、二氧化碳等排放到大气之中，形成大气污染。其中，尤以燃煤最为严重，燃煤是多种污染物的主要来源。

（2）生活污染

如居民生活中燃煤、燃气所排放的各种物质。它也是重要的污染源，在我国北方地区最为严重。

（3）交通污染

即飞机、火车、汽车、轮船等交通运输工具在运行过程中排放出的污染物，以汽车为最严重。现在造成大城市环境污染最主要的来源是机动车辆。据统计洛杉矶60%以上的大气污染与汽车相关。

近几年来，我国主要大城市机动车的数量大幅度增长，机动车尾气已成为城市大气污染的一个重要来源。特别是北京、广州、上海等大城市的大气污染正由第一代煤烟型污染向第二代汽车型污染转变。而且我国机动车污染控制水平低，相当于国外20世纪70年代中期水平，单车污染排放水平是日本的10—20倍，美国的1—8倍。北京市机动车数量仅为洛杉矶或东京的1/10，但这三个城市的汽车污染排放却大致处于同一水平。

此外，汽车排放的铅也是城市大气中主要的污染物。从1986至1995年10年间，我国累计约有1500吨铅排入大气、水体等自然环境，并且主要集中在大城市，对城市居民的身体健康造成不良影响。

3.大气污染对环境的影响

（1）大气污染对居民身体健康的危害

大气污染的有害物质如二氧化硫、一氧化硫、一氧化碳、二氧化碳、氮氧化物，以及铅等化合物，对人体健康会产生极大危害。主要表现为：

①因大气污染事故而引起急性中毒。在静风（或微风）、逆温、浓雾等不利于大气污染物扩散的气象条件下，若有大气污染物的高浓度排放，很容易出现大气污染事故，特别是在峡谷、盆地、城市等地区更容易产生持续数日的高浓度污染弥漫，从而引起人们的急性中毒。例如，1948年、1952年以及1956年三年中的烟雾污染曾导致英国成千上万的人因急性中毒而丧生。

②削弱免疫系统功能，引发各种疾病。汽车尾气释放出的碳氢化合物等物质与太阳发生化学反应会刺激皮肤，危害人们的肺部、眼部、鼻腔，诱发心脏病，并会导致哮喘。大气污染会严重影响人类的健康，甚至在装有空调的室内污染依然存在，这是因为空调只可以除去空气中的颗粒物质，却无法过滤其中的有害气体。

③致癌作用。大气污染使人类疾病谱和死因构成发生了很大的变化，过去的疾病谱以急性传染病占首位，近20年来传染病死亡率已退出了前10位，而恶性肿瘤死亡率则呈上升趋势。

据世界卫生组织（WHO）公布的45个国家或地区资料，包括我国在内有32个国家或地区恶性肿瘤死亡率为死因的前两位。

我国流行病学调查结果认为，大气污染与肺癌之间有一定的相关性，表现为城市人群肺癌死亡率普遍高于农村，上海市1973至1975年的肺癌分析表明，市中心区肺癌标化死亡率最高为0.02726%，郊区次之为0.01427%，农村为0.0085%，呈现由城市向外围逐渐递减的趋势。

（2）大气污染对植物资源的危害

大气污染对植物会产生严重危害，从而影响景观和环境的质量。对植物生长危害较大的大气污染物，主要是二氧化硫、氟化物和光化学烟雾。气体状污染物通常都是经植物叶背的气孔进人植物体，然后逐渐扩散到海绵组织、栅栏组织，破坏叶绿素，使组织脱水坏死。污染物在植物体内干扰酶的作用，阻碍各种代谢机能，抑制植物的生长。粒状污染物则能擦伤叶面，阻碍阳光，影响光合作用，从而影响植物的正常生长。在全球范围内，森林生态系统是大气污染最直接和最大的受害者，而酸雨和臭氧是影响森林的主要大气污染物。

（3）大气污染对城市环境的影响

城市，特别是大城市，是非常特殊的人为环境，它不仅是千百万居民长期居住的家园，而且还有着重要的资源和休闲设施。城市是地球上人口最密集的地方，而城市又恰恰是大气污染最严重的“板块”。

现在占世界城市人口近一半的居民（约9亿人口）生活在二氧化硫浓度只能为人类勉强接受或难以接受的大气中。20世纪80年代中期，大约有13亿人口（大都分为发展中国家）所生活的城市大气达不到卫生组织规定的标准。

总的来看，影响城市自然环境的原因主要有三方面，首先是居民住宅区，包括暖气、空调、烹饪等；其次是交通，主要是机动车；再就是工业。但如今影响发达国家城市环境的主要因素并非工业，虽然过去它是城市污染的罪魁祸首，但现在已得到一定的治理，一是因为防污措施在那些城市得到了很好的实施，包括高科技设备的应用；二是因为影响环境的罪魁祸首已被转移到城市以外地区或者是国外；三是因为非工业化进程促使重工业销声匿迹。现在，造成大城市污染最主要的来源则是机动车辆。发展中国家的情况较为复杂，工业污染依然存在，机动车污染日趋严重。如在墨西哥城，空气被300万辆机动车和3500家工厂所污染，呼吸这里的空气等于一天吸两盒烟所造成的危害。由于人们不再拥有清洁的空气，只得把清洁空气包装越来，在城市安装像电话间似的氧气室，居民需花钱呼吸新鲜空气。墨西哥前不久被评为全世界在空气污染方面对儿童最危险的城市，在这个城市的死亡者中有约以上是5岁以下的儿童。

4.酸雨的形成及其危害

（1）酸雨的定义

现在世界上许多地区降水的含酸量，比100多年前高出了几十、几百甚至几千倍。加拿大南部一次所降的酸雨比西红柿汁还酸，美国弗吉尼亚州惠林地区酸雨的酸度远远超过了醋酸。

煤炭等燃料在燃烧时以气体形式排出硫和氮的氧化物，这些氧化物与空气中的水蒸气结合后形成高腐蚀性的硫酸和硝酸，又与雨、雪、雾一起回落到地面，就形成酸雨，也叫“酸沉降”或“空中死神”。酸雨是大气污染的产物，促使其形成的主要“罪犯”是二氧化硫。

酸雨于1971年在日本东京首次被发现。20世纪90年代初，其污染范围日益扩大，北欧、中欧、东欧、北美、南美乃至亚、非地区都已出现酸雨。目前全球已形成三大酸雨区：美国和加拿大地区、北欧地区、我国南方地区。

我国是世界第三大重酸雨区。20世纪80年代，我国的酸雨主要发生在以重庆、贵阳和柳州为代表的川贵两广地区，到20世纪90年代中期，酸雨已发展到长江以南、青藏高原以东及四川盆地的广大地区，酸雨面积扩大了100多万平方公里。以长沙、赣州、南昌、怀化为代表的华中酸雨区现已成为全国酸雨污染最严重的地区，已到了逢雨必酸的程度。以南京、上海、杭州、福州、青岛和厦门为代表的华东沿海地区也成为我国主要的酸雨区。华北、东北的局部地区也出现酸性降水。酸雨在我国几呈燎原之势，危害面积已占全国面积的30%左右，其发展速度十分惊人，并继续呈逐年加重的趋势。大气污染造成了巨大的经济损失，制约了经济的发展。仅酸雨造成的经济损失，1995年就达到1165亿元，约占当年国民生产总值的2%。

（2）酸雨对环境的危害

酸雨对自然环境的危害极大，具体表现在以下几个方面：

①酸雨对水生生态系统的危害。酸雨落进湖里，会使湖水酸化，先是造成浮游生物、软体动物死亡，无脊椎动物减少，许多鱼卵不能孵化，然后是多种鱼类逐渐消失，最后使

湖水变成一潭死水。

②酸雨对陆地生态系统的危害。酸雨可以使整片森林、农田变成荒芜之地。四川峨眉山金顶冷杉林的死亡率高达40%，湖南武陵源国家重点名胜区内，大量杉木枯黄，森林景观败落萧条，酸雨是最大的“祸首”。在我国西南地区，因酸雨造成的“青山”变成“秃岭”的事件时有发生。酸雨对生态系统的危害，不但影响了农作物产量，而且破坏了生态平衡。对作为旅游业载体之一的植物景观的破坏不仅仅是视觉景观的污染，而且有可能导致这些景观的彻底毁灭。在欧洲，已有1000万公顷森林遭受酸雨破坏，5000万公顷森林损伤，森林破坏造成的经济损失达90亿美元。在美国，每年因酸雨造成的农业损失达35亿美元。

③酸雨对历史文物古迹造成损害。酸雨还会侵蚀建筑材料，严重破坏历史文物古迹。用洁白大理石建成的拥有2000年历史的雅典古城堡，在酸雨的侵蚀下，浮雕、神像变得蓬头垢面，斑驳模糊；意大利威尼斯古建筑严重受损；印度著名的泰姬陵出现剥落现象；英国：圣保罗教堂的石料平均被蚀去3厘米；法国各种纪念碑每年受酸雨腐蚀损失巨大。难怪人们给酸雨取了个名字叫“空中死神”，德国人称它为“绿色的鼠疫”。

5.“温室效应”的形成及其危害

1988年2月1日，美国24位诺贝尔奖金获得者和美国科学院的7名科学家联名写信给布什总统，把全球气候变暖看成是21世纪最严重的环境问题之一。“警惕全球变暖”是1989年世界环境日的主题，它表明世界对地球增温的关注。

（1）“温室效应”的定义

温室效应本是一种自然现象，地球通过温室效应将平均温度保持在15摄氏度左右，如果没有温室效应，地球上将是冰天雪地，平均气温为零下18摄氏度。但我们这里说的“温室效应”不是指自然现象的温室效应，而是人为因素造成的温室效应。大量的煤、天然气和石油燃料在工业、商业、住宅和交通上的应用，燃烧时产生的过量二氧化碳就像玻璃罩一样，阻断地面热量向外层空间散发，将热气滞留在大气中，使地球气候变暖，人们称这种现象为“温室效应”，称形成温室效应的气体为“温室气体”。

目前，全球矿物能源的消耗量占全部能源消耗的90%，向大气排放的二氧化碳日益增多，而森林植被被大量破坏又降低了吸收二氧化碳的能力。

（2）“温室效应”的危害

①损害人类健康。气候变化会导致极热天气频率的增加，许多城市的夏季温度将超过38摄氏度，给人类的循环系统增加负担，有可能加大疾病发病率和死亡率。气候变暖还给某些病原体及其传播媒介提供了适宜的繁殖条件，导致传染性疾病增多。如疟疾、淋巴腺丝虫病、血吸虫病、黑热病、登革热、脑炎等。据世界卫生组办1996年的报告，在过去的20年中，至少有30种新型传染病出现。

②造成全球气温升高，海平面上升。20世纪80年代，地球的平均气温比上个世纪约高出0.6摄氏度。据气象学家预测，至2025年世界平均气温将比现在升高1摄氏度，到21世纪中叶将上升1.5至4.5摄氏度。

全球气候变暖将导致海洋水体膨胀和两极冰雪融化，促使海平面上升。据测算，过去1000年中海平面上升了10至15厘米，到2030年将上升30厘米，100年将可能上升1米左右。那时地球上将会产生严重问题：海平面若上升50厘米，大量沿海土地和城市将被淹没，伦敦、纽约、东京、上海等沿海城市都将不同程度地遭受水淹或遭受海潮侵袭。意大利水城威尼斯将有淹没的危险。海平面若上升1米，全球沿海50公里范围内的城市及旅游地、度假地将遭受灭顶之灾。全世界大约有1亿的人口生活在沿海岸线60公里的范围内。一些海拔接近海平面或低于海平面的国家，每逢雨季可能有1乃的土地被淹到水下3米多深。一些岛国像马尔代夫则可能全岛覆没。

③引起气候异常，引发自然灾害。温度的上升导致水体挥发和降雨量的增加，从而可能加剧全球旱涝灾害的频率和程度，并增加洪灾的机会。厄尔尼诺及拉尼娜现象的出现正是气候异常的表现。

④对生物的影响。温度的上升还会增加森林病虫害和森林火灾的可能性。森林覆盖率将可能减少11%，对森林旅游业造成严重打击，许多生物会因不适应气候变化被淘汰。

1997年12月，联合国在日本京都召开了防止地球温暖化京都会议。为限制世界各国碳氧化物的排放量，京都会议通过了《京都议定书》，规定各国在2008至2012年间要将温室气体的排放总量在1990年的基础上削减5.2%，发达国家中的“三巨头”欧盟、美国、日本应带头削减导致温室效应气体的排放量。同时，议定书也规定了发达国家要从资金和技术上帮助发展中国家实施建设减少有害气体排放的工程。

6.臭氧消耗及其对环境的影响

（1）臭氧与南极臭氧空洞

太阳是一个巨大的热体，表面温度高达6000摄氏度，是地球取之不尽的能量来源。人类肉眼可以看到的“赤橙黄绿青蓝紫”的七彩光是可见光范围的太阳辐射，实际上到达地面的太阳光还有红外线和紫外线等。太阳辐射的紫外光中有一部分能量极高，如果到达地球表面，就可能破坏生物分子的蛋白质和基因物质，造成细胞破坏和死亡。

然而，地球的大气层就像过滤器和保护伞，将太阳辐射中的有害部分阻挡在大气层之外，使地球成为人类生存的家园。而完成这一工作的，就是今天人们广为关注的臭氧层。所以，臭氧层是保护地球生命的天然屏障，人们贴切地称它为“生命之伞”。

科学家最早在南极地区发现了严重的臭氧层破坏。在过去10至15年间，每到春天南极上空平流层的臭氧都会发生急剧的大规模耗损。极地上空臭氧层的中心地带，近95%的臭氧被破坏。从地面向上观测，高空的臭氧层已极其稀薄，与周围相比像是形成了一个“洞”，“臭氧空洞”就是因此而得名的。1995年，南极臭氧层空洞面积已达2500万平方公里，相当于两个欧洲大陆的面积。1998年臭氧洞的持续时间超过100天，是南极臭氧洞发现以来持续时间最长的纪录。更糟糕的是，目前，不仅在南极，而且在北极、西伯利亚、南美洲南部上空也发现有臭氧层变薄的臭氧空洞。

（2）臭氧层空洞产生的原因

氟利昂是消耗臭氧引起臭氧空洞的元凶。氟利昂是20世纪20年代合成的，其化学性质稳定，不具有可燃性和毒性，被当作制冷剂、发泡剂和清洗剂，广泛用于家用电器、泡沫塑料、日用化学品、汽车、消防器材等领域。20世纪80年代后期，氟利昂的生产达到了高峰，产量达到了144万吨。在对氟利昂实行控制之前，全世界向大气中排放的氟利昂已达到了2000万吨。由于它们在大气中的平均寿命达数百年，所以大部分的排放仍留在大气层中。

（3）臭氧层破坏的危害。

①臭氧层的破坏会对人类身体健康的危害。臭氧破坏可使皮肤癌和白内障患者增加，损伤人的免疫力，使传染病的发病率增加。据估计，臭氧每减少1%，皮肤癌的发病率将提高2%至4%，白内障的患者将增加仇3%至0.6%。澳大利亚2900多万人口，有近百万人患有皮肤癌或有癌前期症状；还有大量的白内障患者，其原因就是臭氧层被破坏，造成太阳光异常强烈。另据报道。离南极洲臭氧洞最近的火地岛皮肤癌发病率已上升了20%。

据美国环保局的估算，臭氧层的破洞如不立刻弥补，从现在起到2075年之间，全球患皮肤癌的人将增加1.63亿至3.08亿人，其中有350万至650万人将因此死亡。由于南极洲臭氧层空洞的不断扩大，离南极洲最近的智利居民出门时在身体暴露部分要涂抹防晒油，戴上墨镜，否则半个小时皮肤就会晒成粉红色，还会痛痒，眼睛也受不了。而那些没有防护措施的动物，许多都被直接致盲，失去了生存能力。臭氧层破坏对海滨旅游地和海滨度假地造成直接威胁。近些年来不少西方游客因此而远离海滨，走进深山老林。

②臭氧层的破坏导致破坏生态系统。对农作物的研究表明，过量的紫外线辐射将会减弱光合作用，使农作物产量下降，质量变劣。据科学家计算，由于臭氧洞的出现，世界上将有1/4的植物物种灭绝，1%的农作物颗粒无收。

紫外线还会殃及海洋生物的生存，损害整个水生生态系统。据报道，南极洲过强的太阳紫外线杀死了许多海洋浮游生物，使企鹅找不到足够的食物来喂养小企鹅，已有数以千计的小企鹅饿死。

### （二）水体污染

1.水体污染的概念

水体是海洋水体和陆地水体的总称。水体污染是指由于人为因素或自然因素排入水体的污染物，使水和底泥的物理、化学、生物学特性发生变化，降低了水体的使用价值和使用功能的现象。水体污染可分为自然污染和人为污染，在环境保护中主要讨论的是人为污染。

2.人为因素对沿海海洋生态系统的影响

（1）废水、废物污染

作为珍贵的旅游资源，沿海海洋生态系统其实非常脆弱。20世纪以来，随着海上娱乐的日益兴盛，海洋及沿海海洋生态系统受到了各种人为作用的影响。海洋生态系统被迫吸收各种有毒或无毒的工业、农业废水，农业肥料和杀虫剂，以及来经处理的生活污水和污物等。正是由于大部分的陆地废弃物通过河流、下水道、地下水而最后倾倒进全球的垃圾堆至外海或内海，引发了海水状况的急剧恶化。

外海因拥有庞大的空间而具有相当可观的承载垃圾的能力。但与外海相比，内海具有相对小的容积且又远离大洋，这就致使内海难以自我净化。在这种情况下，排放的污染物便远远超出了海水所具有的自我处理的能力。

直接把污水倒人海洋是危害生态环境的最常见的行为。它使水中大肠杆菌病毒和其他细菌严重超标，因此，大多数的沿海娱乐场所都禁止游客及当地居民下海游泳。克瑞斯·莱恩（Chris Ryan）写到悉尼海滩的窘况时引用了一位生态学家的话：“病毒正等待着未注射疫苗的游泳者染上腹泻、沙门氏菌、肠炎、肝炎、膀胱炎、皮疹、鼻炎、耳炎及喉炎，甚至是伤寒与小儿麻痹症的那一天。”不列颠哥伦比亚的维多利亚湾每年都有310万旅游观光客，年收人超过7500万美元。但在1991年夏天却因严重的水体污染游客人数锐减而造成巨大的经济损失。

（2）海藻问题

海藻也是污染沿海海域的因素之一。海藻问题一般发生在大河的人海口及靠近人海口或靠近市镇污水排放处，由于在水中倾倒过量的肥料，促进了海藻的生长，使沿海生态系统缺氧甚至导致海洋生物的窒息。海藻问题污染水体，影响生态环境。

（3）黑潮

因石油泄漏而造成的海洋水体污染称为黑潮。近些年来，随着海洋运输业和海上石油开采的发展，原油流失污染海洋的事故频频发生，致使石油污染日益严重。据统计，由于油船相撞、触礁、失火及油罐爆炸等原因酿成的重大“黑潮”事件就达20多起，最引公众注目的有两起事件。一是1978年3月16日美国油船阿莫科·卡迪斯号在法国沿海触礁，25

万吨石油全部流入海洋。事故发生15天后，法国200公里长海滩被油污覆盖，80%的鱼、贝类生产遭到破坏，保护区内的25000只鸟类受到灭绝威胁。另一起是1989年3月美国阿拉斯加沿海发生瓦尔德斯号油船泄漏事件，流进海洋的石油使数以万计的海鸟、海豹；海狮及其他动物死亡，沿海污染地区长达1000公里。据估算，全球每年流入海洋的石油多达1000多万吨。地中海曾经是世界最著名的旅游度假地，但是同其他许多著名风景区一样，地中海也受到了环境污染的严重威胁，20世纪80年代发生的全球原油泄漏事故中，地中海地区占了1/5，其旅游业蒙受了巨大损失。

（4）活珊瑚破坏

活珊瑚是一种重要的海洋资源，深受潜泳者出喜爱，它们还为数以万计的海洋生物提供庇护所，发挥着保护海岸免受污染的作用。然而不幸的是，多年来人们却没看到它们这些积极作用，在一些地区，特别是斯里兰卡、印度、马尔代夫和东非，珊瑚还被作为建材来开采。

世界上最著名的珊瑚群至澳大利亚的大堡礁珊瑚群，正受到以珊瑚为食，被称为“带刺的王冠”的海星的破坏。研究表明引起海星异常增殖的主要原因是人为污染。尤其是对某些鱼类的过量捕捞，例如，对吃海皇的皇帝鱼的过量捕捞，使珊瑚的自然生态系统遭到破坏。

（5）海洋生物资源的过度利用

今天，世界渔业每年捕鱼量较50年前增加了4倍多。由于过度捕捞，许多鱼类已濒临灭绝。这不仅威胁到海洋生态系统的平衡而且对整个渔业经济也构成了威胁。联合国粮农组织2017年统计，2/3以上的海洋鱼类被最大限度或过度捕捞，已经灭绝或濒临灭绝，另有44%的鱼类的捕捞已达到生物极限。有专家称，滥捕将使世界的五大洋变成海洋荒漠。

3.人为因素对内陆水源系统的影响

（1）供水难题

淡水从本质上来说是可再生资源，然而它也是有限的，换言之，它的数量不会为了适应膨胀的人口对供水要求的增加而自动增加。相反，在世界范围内，水资源已变得越来越稀少。联合国环境署不久前公布的材料显示，目前全球缺水人口达5.5亿人。即使科学技术不断发展，例如，已有的海水淡化技术、农作物的咸水灌溉，情况仍在恶化，例如在某些地方，尤其在海岛上，水资源匮乏减弱了旅游业的供给能力，制约了旅游业的发展。

（2）河流水质问题

除了水资源的短缺外，水的质量更是“致命的问题”。据联合国环境署的材料，地球上每8秒钟就有一名儿童死于不洁水源而导致的疾病，每年有530万人死于腹泻、登革热、疟疾等疾病，发展中国家80%的病例由污染水源造成，50%的第三世界人口遭受着与水有关疾病的折磨。另外，污染的水源将1/5的淡水鱼类置于“种族灭绝”的边缘。每年向居民提供洁净饮用水的成本农村为平均每人50美元、城镇105美元，这对发展中国家来说是个相当大的负担。现在全球每年用于向缺水地区提供洁净水的费用达80亿美元。

（3）湖泊富营养化

由于各类废水中含有大量的氮、磷、钾等营养物质，会导致水体中养分超标，杂草丛生，其中包括藻类和风信子的蔓延，占据了大片的水域，消耗了水中的氧气，从而使鱼、虾等因缺氧窒息而死，使水体变得腐臭、混浊，于是整个湖泊就成了“臭湖”和“死湖”，这就是水体富营养化。

在我国，不少湖泊紧靠大中城市，又是著名的风景游览区，如昆明滇池、杭州西湖、武汉东湖、无锡太湖、南京玄武湖等。以太湖为例，由于近年来工农业生产和居民生活污水造成湖水严重富营养化，大面积蓝藻爆发。蓝藻大爆发的7、8、9月正是旅游旺季，湖水的阵阵恶臭，使旅游者望而却步。

（4）湿地破坏

在水体旅游资源中，湿地的环境价值是毋庸置疑的，它能为野生动植物提供栖息地、控制水质、保持土壤湿度、固土防洪，以及防止海岸线被冲蚀。但是，每年都有成千上万公顷的湿地由于工农业的发展而被侵占，而且湿地环境质量也日益下降。例如，石油的勘探和开采导致工程废水渗进湿地。另一个威胁是工业和日常生活用水造成的湿地水源枯竭，最典型的例子是美国佛罗里达湿地。由于佛罗里达南部人口增长和工业的扩张，导致这个珍贵的湿地已经干涸。

**（三）噪声污染**

1.噪声的含义

从环境保护的角度来说，凡是干扰人们正常休息、学习和工作的声音统称为噪声。生活环境中不能没有声音，没有声音的世界是令人恐惧的。但人对声音的强度有一个承受的限度，科学家用分贝（dB）作为单位来衡量噪声的强度。据测定，适合人类生存（包括工作、学习和生活）的最佳声环境是15—45分贝。60分贝是人承受的音量界限，超过60分贝，就会使人感到不舒适，甚至对人体产生种种危害。

噪声污染是世界十大环境问题之一。随着工业的高度发展和人口的迅速膨胀，噪声正成为现代城市的公害之一。

2.形成噪声的人为因素

（1）交通噪声

交通噪声是由各种交通工具（公路、铁路、航空、河运）造成的。这些噪声是可流动的，影响范围大，声强级较高。

（2）工厂噪声

工厂噪声主要是工厂的机器设备在运转时产生的，如空压机、织布机、电动机、锅炉、锻轧设备等。通常这些机器产生的噪声相当高，在80—120分贝。

（3）施工噪声

在城市建设中，大量使用施工机械，产生的噪声也很高，一般施工机械的噪声级在75—100分贝之间。

（4）社会活动噪声

社会活动噪声来源于人们的各种社会活动，如街市上的高声叫卖、录音机播放的音乐、宣传活动的高音喇叭、密集人群（集会、车站、商场）产生的嘈杂等。

（5）家庭生活噪声

家庭生活噪声主要来源于家用电器，如洗衣机、电冰箱、空调器，还有高声谈话、邻里争吵、上下楼梯、厕所冲水等。

3.噪声的危害

（1）噪声对心理的影响

噪声对人的心理影响主要是使人烦躁、易怒，甚至失去理智。一般规律是：低于50分贝时，环境较安静；达到80分贝时，感觉吵闹，使人烦躁，精神不集中，容易疲劳；若达到100分贝时感觉非常吵闹，使人产生恼怒情绪，工作效率大大降低；当达到120分贝时，使人无法忍受，甚至失去理智，在强噪声作用下，还会使人忽视一些危险信号，造成伤亡事故。

（2）噪声对睡眠的影响

噪声会影响人的睡眠质量，国际上把50分贝规定为保障睡眠的上限。

（3）噪声对生理的影响

噪声能引起多种疾病，噪声能引起人体紧张反应，如肾上腺素分泌增加、心律改变和血压升高；高噪声对内分泌机能产生影响，使女性月经失调，孕妇流产率升高；噪声还能引起消化系统疾病，使人唾液、胃液分泌减少，胃酸降低，易患胃溃疡和十二指肠溃疡。

噪声还会影响胎儿发育，妨碍儿童智力发展。有人做过调查，吵闹环境下儿童智力发育比安静环境中降低20%。超过140分贝的噪声还会引起眼球振动、视力模糊、语言紊乱、神志不清、脑震荡等。更高的噪声能直接导致人和动物死亡。

（4）噪声对听力的影响

噪声对人最直接的危害是听力受损。通常80分贝以下的噪声不会直接损伤人的听力，80—85分贝会造成轻度听力损伤，85—90分贝会造成少量的噪音性耳聋，90—100分贝会造成一定数量的噪声性耳聋。目前，国际上普遍把90分贝作为听力保护的起点。

（5）噪声对动物的影响

噪声对动物的影响也很严重。如噪声会使鸟类羽毛脱落，不产卵，甚至会引起体内出血和死亡。在强噪声环境中，动物表现恐慌，不能控制自己的行为，动物之间还会出现互相攻击、厮打现象。美国空军的F14喷气式飞机在俄克拉何马城上空做超音速飞行试验，每天飞越8次，高度为10000米，整整飞行了6个月。结果，该地一个农场的10000只鸡，被飞机轰鸣声杀死的就有6000只之多。

（6）噪声对物体结构的影响

噪声对物体结构的影响也不可忽视。强噪声能使铆钉松动、金属“声疲劳”而突然断裂。160—170分贝的噪声能震碎玻璃、震落瓦、震裂墙、震塌烟囱，使电子组件和仪器受干扰失效，甚至损坏。

**（四）固体废弃物污染**

1.固体废物的含义

固体废物是指生产和消费活动中被丢弃的固体物质和泥状物质。所谓废物是具有相对性的，它指的是在特定条件或在某一方面失去了使用价值，而并非在一切方面都没有使用价值。有时一个过程的废物，却是另一个过程的宝贵资源，若加利用，既可节约原材料，又可增加社会财富。因此有人称废物为“放在错误地方的原料”。有数据显示，我国每年固体废物造成的经济损失以及可利用而又未充分利用的废物资源，价值约为300亿元。

2.固体废弃物的来源

固体废弃物的种类很多，成分复杂，按来源一般可分为：矿业废物（包括废石、金属、废木、砖瓦和水泥、砂石、尾矿等）、工业废物（包括建筑材料工业、食品加工工业、石油化工工业、石油加工工业、纺织服装业以及造纸、印刷、术材等工业）、农业废物（包括秸秆、蔬菜、水果、人和禽畜粪便、农药等）、城市垃圾（主要来自生活垃圾、商业垃圾、机关垃圾以及市政维护、管理部门的垃圾以及白色污染垃圾等）。固体废物增多的直接原因主要来自两个方面：

（1）“弃置型消费方式”产生的垃圾

随着“大量消费时代”和“用后即弃时代”的到来，生活垃圾产出量和产出速度呈现出了直线上升的趋势。以下几个数字可充分说明这一点美国的城市生活垃圾产出量高居世界榜首，每年达2.2亿吨，其中包括废弃的旧汽车1000多万辆，废轮胎上亿只，废罐头盒500亿个，废玻璃瓶300亿个，废纸3000万吨。纽约是世界上生活废弃物量最多的城市，每天的垃圾达2400吨。平均每人每年扔掉的废物等于自身重量的9倍。为处理众多的城市垃圾，日本东京每天要有6000辆载重卡车和上百艘轮船不停地往返运输；美国用于收集和处理垃圾的费用，每年高达200亿美元。

我国消费水平虽比发达国家低，但是由于人口众多争城市垃圾产出量也很惊人，1989年就已达到6000多万吨，并正以每年8%—10%的速度增长。全国600多个城市中有200多个城市陷入垃圾的包围中。

（2）白色污染

白色污染是指废弃的不可降解塑料制品对环境的污染，其中以包装快餐的塑料餐具污染最为严重。它们被埋在土里降解分化的时间长达200—300年，其在降解分化过程中，还会分解出有毒物质，造成地下水和土壤的污染，最终会导致农作物减产、树木枯死。如果对其进行焚烧处理，又会释放出多种有毒气体。对生态环境造成二次污染。为了解决白色污染问题，国家已经组织一些厂家，制造了一种可降解塑料餐具以及纸质快餐盒，但因价格偏高尚未在市场上推广开来。要彻底解决“白色污染”还需做出艰苦的努力。

3.垃圾污染对环境的影响

（1）侵占土地

目前固体废物大多未经处理就直接倾倒地面或掩埋地下，占用大量土地，造成土地资源的浪费。这不仅影响工农业生产和城市环境卫生，而且掩埋掉了大批绿色植物，大面积破坏地表植被。特别是一些人均耕地面积少的国家，出现了垃圾与农业生产争夺土地的矛盾。

（2）污染水体

固体废物污染水体的方式有多种。一些国家把固体废物倒入河流、湖泊、海洋中，甚至把“海洋投弃”作为一种垃圾处理方法，直接污染了水质，危害了水生生物的生存和水资源的利用。堆积或填埋的固体废物经雨水冲刷浸淋，其渗出液也会污染河流、湖泊和地下水。如贵阳市1983年夏季哈马井和望城坡垃圾堆放场所在地区同时发生痢疾流行，其原因就是地下水被垃圾场渗滤液污染。经检测，地下水大肠杆菌值超过饮用水标准770倍以上，含菌量超标2600倍。

（3）污染大气

在垃圾露天堆放的场区，垃圾中的细小尘粒、粉煤灰会随风飞扬，而且有大量的氨、硫化物等污染物向大气释放，仅有机挥发性气体就多达100多种，臭气冲天，其中还含有许多致癌致畸物。

（4）污染土壤

固体废物及其渗出液含有有害物质，会影响或直接杀伤土壤中的微生物，破坏土壤的生态平衡，导致土质变坏，妨碍植物的生长。大量塑料废弃物埋在地下会破坏土壤的通透性，使土壤板结，影响植物生长。有时流入土壤中的有毒物质还会在土壤中积蓄并迁移到农作物中，最终通过食物或食物链影响人畜健康。

（5）危害人体健康

固体废物所含有害物质和病原体，会通过生物（如蚊蝇、老鼠）渠道传播疾病，如鼠疫等，而且城市垃圾堆置地区往往也是蚊蝇孳生和老鼠猖狂活动的地区。

（6）垃圾爆炸

随着城市垃圾中有机质含量的提高和由露天分散堆放变为集中堆存，且只采用简单覆盖或掩埋，经过一段时间后，若垃圾中产生的沼气不能及时排出，很容易发生爆炸。

## 四、生态压力

### （一）生态平衡

生态平衡是指生态系统内两个方面的稳定，一方面是生物种类（即动物、植物、微生物）的组成和数量比例相对稳定；另一方面是非生物环境（包括空气、阳光、水、土壤等）保持相对稳定。生态平衡是一种动态平衡，比如，生物个体会不断发生更替，但总体上看系统保持稳定，生物数量没有剧烈变化。

生态平衡是极为重要的，它是生命存在和发展的根本条件，人类社会的全部经济活动也建立在生态平衡的基础上。生态系统一旦失去平衡，会发生非常严重的连锁性后果。生态系统的平衡往往是大自然经过了很长时间才建立起来的动态平衡，一旦受到破坏，有些平衡就无法重建了，带来的损失可能是人为努力无法弥补的。因此人类要尊重生态平衡，维护这个平衡，而绝不要轻易去破坏它。

### （二）生态压力的概念

生态压力指危及生物个体或种群的生长及生殖的外界干扰（如寒冷、干旱或饥饿等）及其所产生的生理效应；危及生态系统稳定性的外界干扰（如人口增长、资源短缺或环境污染等）及其所产生的生态效应。

人类社会的发展史是一部向自然攫取资源和资源加工能力不断提高的历史。近200年来，人类借助强大的技术手段创造了辉煌的物质文明的同时，对自然生态的冲击也迅速加剧。人类社会与自然系统之间的巨大的物质交换过程所伴随的种种生态环境问题，使人类越来越清醒地认识到资源与环境对发展的日益显化的制约，如何尽量减少自然资源消耗和污染物排放，从而减轻生态系统的压力，实现物质减量，保障经济发展的可持续性，成为当前生态经济学和可持续发展研究领域的前沿问题。

### （三）浅析我国的生态压力

1.人口压力

现代人口数量异常迅猛增长，既成为现代化进程的最大障碍，又成为生态环境的最大压力。人口总量大，增长快，显著加大了对资源和环境的压力，迫于生存，人们毁林开荒，围湖造田，乱采滥挖，破坏植被，人类的不合理活动大大超过了自然生态系统的支付能力、输出能力和承载力，致使全球许多地区生态平衡失衡，如植被破坏、水土流失、风沙侵蚀、灾害频繁、环境污染等，对国家乃至世界的可持续发展造成严重威胁。

我国自然资源总量巨大，位于世界前列，堪称资源大国，但人均数却明显偏小，与世界平均水平差距很大，如森林资源仅为世界平均水平的13%，水资源为26%，耕地为30%，草地资源为44%，矿产资源为67%，这对经济增长非常不利。上述问题产生原因众多，但不容置疑与人口压力有关。

2.工业化压力

作为现代环境问题的主要内容的环境污染几乎就是工业化的直接产物。工业化的具体特点使得其对于环境的破坏更为剧烈。目前我国正以相当高的速度推进工业化，这种高速工业化在某种程度上造成环境问题呈暴发的趋势。从工业增长速度上看，20世纪50年代，我国工业总产值的年平均增长率为2.5%，60年代为3.9%，70年代为9.1%，80年代13.3%，90年代前5年高达17.7%，直到本世纪才有所放缓，这样的高速度增长在西方发达国家工业化过程中是罕见的。从工业发展过程看，工业发达国家一般是先轻工业和加工业（对环境污染较轻），后基础工业、重工业（对环境污染较重）的发展模式，我国却反其道而行之，把基础工业放在优先发展地位，工业结构趋于重型化。重工业以能源和矿产品为主要原料，大大刺激了石油、煤炭、电力、冶金、建材、化工等初级加工部门生产的大幅度增长，而这些产业的迅速增长大大加重了环境负荷。

3.市场压力

我国资源状况日趋严峻，由于发动工业化时间晚，起点低，又面临赶超发达国家的繁重任务，因此，主要行业的生产仍然靠大量消耗资源来支撑，不仅以资本高投入支持经济高速增长，而且以资源高消费、环境高代价换取经济繁荣，经济社会发展的环境压力口渐加大。这样重视近利，失之远谋；重视经济，忽视生态，短期性经济的行为给我国生态环境带来长期性、积累性后果。在市场经济转型过程中，环境问题日益突出，成为制约经济发展的瓶颈。环境污染与生态恶化是发展经济的必然结果，要发展经济就必须承受环境污染的代价。

## 五、环境问题给我国带来的严重后果

### （一）直接制约了我国经济的发展

环保的指标一个是COD指标，另一个是二氧化硫的指标。COD每年的环境容量是700万吨，现在排放是1500万吨；二氧化硫每年的环境容量是1200万吨，排放量高达2500万吨，今年有可能突破2700万吨，2020年可能是3200万吨，2030年是3500万吨以上。到时候国土面积50%都将被酸雨覆盖，80%的人口将处于严重的空气污染中。

这源于我们重化工业发达，大气污染90%来自工业，工业中污染的70%来自火电。我国的能源结构85%都是燃煤结构。火电每年投资增长50%以上，2017年装机是3亿多千瓦，2018有可能一跃进入5亿多千瓦。这当然要拉动煤炭的需求。煤炭每年增长2亿吨左右，2016年是21亿吨，2017年是24亿吨，2020年将达到30亿吨。这一系列火电的发展，当然会产生二氧化硫和二氧化碳，为此就必须实行严格的脱硫政策。但如今全国火电厂相当部分没有安装或者没有运营脱硫设施。

世界银行做了一个统计，说空气污染造成的一系列损失几年内将达到我们GDP的13%。可能估计得稍高一些，但确实表明我们必将回头支付巨大的治理成本，而这些治理成本很可能抵消我们取得的经济成果。

现在，GDP、能耗和污染物排放量的增长是“三同步”的。我们都知道这几年GDP增长10%，能耗增长10%，污染物排放量也差不多增长10%。“三同步”的增长就使大家理解要把这三个指标并列到一起来考核经济发展状况，大家也就可以理解国家为什么对火电、石化项目这么敏感的原因。所以说环境严重制约了我们的经济发展这句话是不过分的。

### （二）直接带来了严重的社会稳定问题

2016年全国共发生5.1万起环境纠纷；上访投诉40多万起，每年以30%的速度递增。全国两会的提案中，环境保护作为热门问题，已经超过公共安全、教育、医疗，成为前五位的热点关注问题。在北京等大城市已成前三位热点关注问题。未来的水电开发，将使移民、土地、环境三者搅合在一起，成为影响社会稳定的主要因素。

还有就是人体健康问题。环保局管的是污染，卫生部管的是癌症，但什么污染造成什么样的疾病？污染和癌症两者之间的研究是空白，在国外却有专门的研究。总体而言，城市的四亿人口受到了严重的空气污染，1500万人因为空气污染患上了呼吸道的各种疾病。据肿瘤专家统计，每年200多万癌症病死者中，70%跟环境污染有关。甘肃徽县出现血铅中毒，其中相当部分为儿童患者。大家知道环境友好型社会这个概念产生于循环型社会，循环型社会的概念产生于循环经济，循环经济的理论又来自于日本，或者说来自于日本一次声势浩大的环境运动。这个运动因为什么来的呢？因为水俣病。这个病是由镉污染引起的。

再有就是环境公平问题。环境不公平必然促成社会不公平，社会的不公平也反过来会加重环境不公平。城乡不公大家已经知道了，农村的环保设施等于零，有限的环保投入全部用于城市和工业。区域也是不公平的，西部廉价的能源供应东部而没有得到生态补偿。人群不公平就更不用说了，有钱的洗桑拿、开高能耗的汽车，煤老板炒热了北京的房地产，现在进一步往东转移。他们也知道污染，也在逃避污染，而矿区都在严重污染，而承受的都是当地老百姓和居民。这便是严重的环境不公平，这能带来社会和谐稳定吗?

**（三）直接带来严重的国际问题**

现在各主要西方国家已经把环境保护和人权宗教联系在一起，变成对华外交的主题。所有的国家、特别是发达国家，用环境问题制约我国，都会得到选票，特别会得到左翼的选票。

现在邻国关心的是什么问题呢？日本、韩国最关心的是沙尘暴，他们认为沙尘暴100%来源于蒙古和我国，落在他们头上的酸雨50%来源于我国；东南亚一些国家抗议我们在上游修水电站，破坏了他们的生态；俄罗斯、马来西亚和印尼认为我们的造纸业毁坏了他们的原始森林；美国认为我们10年内会成为他们西海岸的主要污染源。

发达国家以15%的人口控制了世界85%以上的资源，而且通过自己定的游戏规则实行生态殖民主义，一方面提高本国的环境标准，一方面将大量高耗能、高污染的产业向发展中国家转移。这可能就是我们“第一外资引进国”的由来。引进了些什么？引进的可能比我们原有的先进，却永远比人家先进的落后；落后再引进，引进再落后，永远跟在人家后面不断循环。

就全球范围而言，发展中国家正在为发达国家的环境和资源成本买单。鉴于我国劳动力无限供给，劳动力无限供给加上二元结构的限制，给了我们一个错觉，觉得我国目前的生产模式仍然可以照样折腾下去。这就造成我们经济学几大怪现象，除了对外贸易和外汇储备同时盈余外，还造成了产品过剩、产业过剩、劳动力过剩和货币过剩。

最重要的是所有发达国家最关心我们的气候变化问题，也就是二氧化碳的排放。世界300多个环境公约，我国加入了50多个。以《京都议定书》为例，美国虽然没有加入，但是定出一个削减的计划，又定出一个新能源替代发展计划，估计会马上见效好转，可能在五年内有一个巨大的转变。也就是说美国从碳排放全世界第一会变成第二，我国将迎头赶上变成第一。

因此现在就应该马上调整应对，因为要改变一个能源的生产结构和消费结构，不是一两年就可以转过来的，要经过好几年的转型，而且很多消费方式也都要转变。可是国内似乎还远没有真正行动起来。因此再过若干年，我国将处于更加尴尬的境地：要减排，是天文数字，经济负担非常重；要不减，在国际上将成为众矢之的，我国的外交形象、政治形象、负责任的大国形象就会受到严重影响。

## 第四节　生态危机与资源困境

### 一、生态危机简述

#### （一）森林植被破坏

1.全球森林破坏状况

在人类历史发展初期，地球上1/2以上的陆地都披着绿装，森林总面积达76亿公顷；至今全球仅存森林28亿公顷了。每年消失森林1800万公顷。四五千年以前，欧洲森林面积曾占陆地面积的90%，然而现在这一比例却降到了30%。在非洲，森林已被砍掉了一半多。在亚洲，森林面临着消失的危险。据世界环保机构调查，亚洲地区的森林面积只占世界的13%，照目前的采伐速度，剩余的木材储量至多只够维持40年时间。世界热带雨林现在正以惊人的速度从地球上消失。20世纪80年代以来，热带雨林的3个主要生产国至巴西、印度尼西亚和扎伊尔（今刚果金），每年被砍伐的森林超过200万公顷。

2.森林植被破坏的人为因素

（1）农业

对耕地的需求促使人们开垦那些原本不宜农耕的地区。例如，在非洲的撒哈拉地区，最明显的是植被区逐渐向南推移；沙漠慢慢地逼近草原地带，并逼近热带雨林。

不断增长的人口消费需求加快了对自然资源的开发利用速度，但人们的生活条件却并未因此得到改善，结果反而使全球环境不断恶化。这充分表现在对森林植被的破坏、对土壤的侵蚀和野生动物的锐减上。野生动物不是因为直接狩猎过度，就是因为栖息地被间接的破坏而造成大幅度减少。对耕地及燃料（如木材和木炭）的迫切需要使得发展中国家，特别是撒哈拉以南的非洲、南美洲无土地的穷人不断地焚烧、砍伐森林，逐步破坏本已十分脆弱的生态系统。

（2）伐木业

发展中国家通常身负巨额外债，为清偿所欠发达国家的利息与本金，它们急切地出口一切可能出口的原料，包括向发达国家出口木材以换取外汇，并由此而带动了伐木业的发展。因此大片的原始森林，尤其是巴西、泰国、缅甸、菲律宾、印度尼西亚、巴布亚新几内亚和马来西亚的热带雨林，正逐年沦为链锯的牺牲品。再加上还有其他一些可以出口的商品，诸如咖啡、茶、可可等。这些国家为了扩大这些经济作物的种植园，破坏森林几乎成了无法避免的举措。

（3）大规模放牧与牧场建设

在一些发展中国家，外汇的重要来源之一是出口牛肉，这就造成扩展草地而再次消耗森林资源。在亚马孙河流域，因构建大型牧场及开垦耕地所破坏的热带雨林在过去30年里达到相当大的比重。这种影响不仅是区域性和地方性的，而且是全球性的。在那些地区，土壤里的养分最多只够农作物几年的消耗，这是由于暴雨冲走了那一层单薄且无保护的表层土壤，过滤掉了原本就很少量的养料。还有一些国家，如津巴布韦，为增加如烟草等经济作物的出口，森林土地被大量开垦。同时由于烘干烟草需要燃料，而石油、汽油或煤炭对于穷国来说又太昂贵，木材便成了理所当然的替代品。

（4）采矿业

除了农业、偷猎及伐木业对森林的破坏外，还有一个更直接的罪魁祸首至采矿业，特别是露天采矿，不仅破坏植被、破坏风景，其有毒物质造成的环境污染会毒害野生动植物，最终会影响人类本身。

（5）战争

战争，包括内战，会严重破坏生态系统。如在乌干达，多年内战几乎完全毁灭了国家公园中的大型生物。在越南，因战争中使用如化学脱叶剂等，摧毁了越南12%的森林及野生动物栖息地。

3.森林减少的影响和危害

（1）产生气候异常

没有森林，地表水的蒸发量将显著增加，地面附近气温上升，降雨时空分布相应发生变化，由此会产生气候异常，造成局部地区的气候恶化，如降雨减少，风沙增加，干旱加剧。

据调查，我国四川省已有46个县年降雨量减少了15%至20%，不仅使江河水量减少，而且使旱灾加重。自古雨量充沛的“天府之国”，现在却出现了缺雨少水的现象。黑龙江省大兴安岭南部森林被砍伐破坏后，年降雨量由过去的600毫米减少到380毫米，过去罕见的春旱、伏旱，近年来常有发生。连“天无三日晴”的贵州，现在已是“三年有两旱”。

（2）增加二氧化碳排放

森林砍伐减少了森林吸收二氧化碳的能力，据联合国粮农组织估计，由于砍伐热带森林，每年向大气层多释放了15亿吨以上的二氧化碳。

（3）物种灭绝和生物多样性减少

森林生态系统是物种最为丰富的地区之一。由于世界范围的森林破坏，数千种动植物物种受到灭绝的威胁。

（4）加剧水土侵蚀

大规模森林砍伐通常造成严重的水土侵蚀，加剧土地沙化、滑坡和泥石流等自然灾害，并使很多山地旅游区的环境质量下降，旅游安全系数降低。

（5）减少水源涵养，加剧洪涝灾害

森林破坏还从根本上降低了土壤的保水能力，加之土壤侵蚀造成的河湖淤积，会导致大面积的洪水泛滥，加剧洪涝灾害的影响和危害。

**（二）荒漠化**

1.荒漠化的概念

荒漠化是指干旱、半干旱地区生态平衡遭到破坏而使绿色原野逐步变成类似沙漠的现象。

2.世界土地荒漠化的基本状况

土地荒漠化是当前世界上最严重的环境危机之一。目前地球上有45亿公顷的土地存在着不同程度的沙化问题，至少有2/3的国家和地区受到荒漠化的影响。全世界每年有500万到700万公顷具有生产能力的土地变成沙漠，由此造成的农业损失达260亿美元。全球有10亿人口生活在荒漠化地区，其中1.35亿人口面临失去耕地和生存条件的威胁。

目前非洲有36个国家不同程度地受到干旱和荒漠化的影响，根据联合国环境规划署的调查，在撒哈拉南侧每年有150万公顷的土地变成荒漠。在1958至1975年间，仅苏丹撒哈拉沙漠就向南漫延了90至100公里。亚洲总共有35%的生产用地受到荒漠化影响。遭受荒漠化影响最严重的国家依次是我国、阿富汗、蒙古、巴基斯坦和印度。

我国是荒漠化相当严重的国家之一，荒漠化缩小了我国人民宝贵的生存和发展空间。我国现有荒漠化土地面积262万平方公里，占全国陆地面积的27.3%，相当于14个广东省的面积。50年来，全国已有66.7万公顷耕地、235万公顷草地和639万公顷林地变成流沙。风沙的步步进逼，使农牧民失去生存的依凭，被迫迁往他乡。因此可以说，荒漠化已经成为我国危害最大的自然灾害和环境问题。

3.荒漠化的成因及危害

（1）成因

土地荒漠化是自然因素和人为活动综合作用的结果。自然因素主要是指异常的气候条件，特别是严重的干旱造成植被退化，风蚀加快，引起荒漠化。人为因素主要指过度放牧、乱砍滥伐（树木）、开垦草地并进行连续耕作等，造成植被破坏，地表裸露，加快风蚀或雨蚀。干旱是荒漠化形成的原因之一，但从根本上讲，人类不合理的活动才是造成荒漠化的主要原因。

（2）危害

荒漠化造成土地资源严重丧失、土地生产能力下降、生物多样性减少，影响全球气候，严重影响社会经济。

①导致贫困和生态难民。荒漠化是导致贫困、难民潮、社会不稳定乃至冲突和战争的因素。因荒漠化而被迫背井离乡的现象是全球性的，人数每年多达300万人。20世纪80年代非洲撒哈拉地区发生的大灾荒，是荒漠化所引起的最引人注目的一次环境灾害，难民的悲惨景象震惊了全世界。在干旱荒漠区的21个国家中，至少有上百万人被饥饿和四处蔓延的疾病夺去了生命，有上千万人背井离乡，沦为“生态难民”。这场饥荒即起源于连续的干旱和人为的破坏而导致的荒漠化的扩大。

②造成巨大的经济损失。荒漠化使土地生产力下降，农牧业减产。1992年，联合国环境规划署估计，由于全球土地沙化和退化每年所造成的经济损失约423亿美元（按1990年价格计算）。

### （三）生物多样性减少

1.生物多样性及其价值

生物多样性是指地球上所有生物至动物、植物和微生物及其所构成的综合体。生物多样性通常包括三个层次：生态系统多样性、物种多样性和遗传多样性。其中物种是生物多样性的核心。生物多样性是人类赖以生存的生命支持系统，是维护自然生态平衡和人类生存与发展必不可少的生态基础。

人类社会从远古发展至今，无论是狩猎、游牧、农耕，还是集约化经营，都建立在生物多样性的基础之上。随着社会的进步和经济的发展，人类不仅不能摆脱对生物多样性的依赖，而且在食物、医药等方面更加依赖于对生物资源的高层次开发。

2.生物多样性减少的现状

近些年来，“物种灭绝”成了人们经常议论的一个话题，这并不奇怪。自地球上出现生命以来，已经历了约35亿年漫长的进化过程。其间，大约先后形成过10亿个物种，但大多都灭绝了。物种周而复始地形成、灭绝本是自然规律，但这一规律却迅速地随着人类社会的发展而被无情地摧毁着。据专家估计，从恐龙灭绝以来，当前地球上生物多样性损失的速度比历史上任何时候都快，现在鸟类和哺乳动物的灭绝速度是过去的100—1000倍。据估计，现在每年至少有5万个物种，即每天140个、每10分钟一个物种从地球上灭绝。而在正常情况下，如果没有人类对大自然的侵害，物种的灭绝每年只有一个。20世纪90年代初，联合国环境规划署首次评估生物多样性的状况，得出的一个结论是：在可以预见的未来，5%至20%的动植物种群可能受到灭绝的威胁。国际上其他一些研究也表明，如果目前的灭绝趋势继续下去，在下一个25年间，地球上每10年大约有5%至10%的物种要消失。

3.生物多样性减少的人为因素

（1）生境的破坏或消失

大面积森林被采伐、火烧和农垦，草地遭受过度放牧和垦殖，导致了物种生境的大量丧失，保留下来的生境也支离破碎，对野生生物造成了毁灭性影响。比如，由于砍伐森林等人类活动，虎的栖息地被逐渐分割、隔离，其分布区域正在缩小。全球虎类种群和数量急剧减少。虎有8个亚种，即东北虎、华南虎、印度支那虎、苏门虎、爪哇虎、黑海虎、南亚虎、巴厘虎，其中3个亚种已经灭绝，1个亚种将要灭绝。在我国的重要林区，如大、小兴安岭以及云南、四川、湖南等地，森林面积呈现减少趋势，而这些地方恰恰是东北虎、华南虎的栖息地，由于森林大面积减少，虎随之销声匿迹。

（2）对动物的非法捕猎

现在，动物走私在世界各地屡有发生。动物走私成为世界上除毒品和军火走私之外的第三大非法贸易。世界动物走私的年利润大约有1000亿美元，其中，濒危动物的年交易额达20到30亿美元。由于巨额暴利的诱惑，走私分子纷纷把魔掌伸向野生动物，致使大量野生动物濒临灭绝。

（3）外来物种入侵

外来物种的不当引人或侵人，会大大改变原有的生态系统，使原生的物种受到严重威胁。

地球生物圈里的各种生物，都是互相依存、互相制约的；这是在漫长的生物进化过程中形成的；生物圈中繁多的生物种类，井然有序地分布和生存着，如果在一些生物协调、稳定的生存环境里引进或消灭一个物种，就会扰乱生物之间的平衡；造成很大的混乱和损失。

澳大利亚是在距今2亿年前后脱离非洲、亚洲大陆，漂移到太平洋中，成为世界上一大孤岛的。因此，大洋洲大陆的生物之间形成的相生相克关系，与其他大陆大不相同。若轻易变动一个物种，便会因扰乱生物间的制约关系而引起灾难性后果。1787年，有一位叫菲利浦的船长，带了一些仙人掌在澳大利亚种植，用以培养胭脂虫，作为生产染料的原料。不料一些仙人掌流失到了外面。由于澳大利亚本来没有仙人掌这种“怪物”，它们便肆无忌惮地蔓延开来。到1925年，它们演化成了近20个野生品种，茂密的仙人掌占据了大片土地，成为当地一大灾难。后来人们从仙人掌的原产地，引进了吃这种植物的昆虫，这才遏制了它们的蔓延。

20世纪30年代传人我国的水葫芦，曾为绿化水面、提供猪饲料等做过贡献。但水葫芦生长速度极快，在很短的时间内就形成一个单一群落，导致河道堵塞，影响鱼类生长。直到从美洲引进了两种专食它们的天敌，才遏制了它们的疯狂生长势头。

自然界的生态平衡是通过食物链来控制的，即所谓的“一物降一物”。外来物种如果没有天敌，食物链就被切断，它就会像一匹脱缰的野马失去控制，引发可怕的“生态癌症”。因此，引进外来物种应十分谨慎，必须进行可行性试验，而且一定要引进天敌与之相配套。

## 二、人口增长与资源困境

在人类影响环境的诸因素中，人口是最主要、最根本的因素。人口问题是一个复杂的社会问题，也是人类生态学的一个基本问题。多数学者普遍认为环境问题的根源是人口爆炸。根据联合国人口基金组织统计，全世界每年增长的1亿人，其中97%在发展中国家。发展中国家如果没有根本措施控制人口的大量增长，无论用何种方式改善环境都是徒劳的。因此，控制一些国家的人口增长是保护未来环境的先决条件。

### （一）世界人口发展状况

综观世界人口发展的历程，人口增长大致经历了三次高峰。

1.农业社会时期

人口总量的第一次增长浪潮出现在7000多年前，当时，人类开始进人农业社会，这一进步为人类提供了主动的生存运作机制与可能性。在公元初期，世界人口大致已达到3.3亿人左右，但由于疾病、战争等因素的影响，直到1650年，世界总人口才增至5.5亿人左右。1500年间，人口总量还没有达到翻一番的程度。

2.工业革命至二战结束

世界人口总量增长的第二次浪潮发生在18世纪后期至20世纪中期。工业文明时代，科学技术革命引发的巨大的社会生产能力，一方面极大地改善了人类生存环境，另一方面也扩大了对劳动力的需求，从而从两个方面促进了人口总量的迅速增长，加上医疗和防疫水平的提高，人口开始魔术般增长起来。据估算，1650年时世界人口为5.5亿人，1890年时已上升至16.5亿人，到1950年，世界人口急剧上升到25亿人。300年间世界总人口增长了将近4倍。

3.二战结束至今

世界人口总量急剧增长的第三次浪潮出现在从1950年开始至今的半个世纪中。由于种种社会原因，20世纪50至60年代，发达国家的人口增长率平均达到了1.23%的高水平，发展中国家达到4.2%，因此仅经过30年时间，世界人口便从1950年的25亿人增加到1980年的44亿人，而后，1987年又达到50亿人，1999年末又达到60亿人，截至2017年末，世界总人口已达75亿。

**（二）人口增长对环境的压力**

人类在地表的存在是以有机生命体的形式出现的。人为了活着就必须时时刻刻从人类的生存环境吸取和消耗一定的物质资源和能量。人口的不断增长，必然要加大对土地、森林、草原、水资源、能源和矿产等各种资源的开发和利用，从而对地球上的环境资源产生巨大的影响。下面分析人口增长对环境的压力和影响。

1.人口增长对土地资源的压力

粮食安全问题是2002年可持续发展世界首脑会议专门提出的一个问题。在过去的30年中，尽管世界各国在粮食生产方面取得了巨大进展，可目前世界上仍然每8个人中就有1个人长期挨饿或营养不良，43个国家和地区缺粮，每分钟有12名5岁以下的儿童因营养不良而丧生。粮食问题主要来自于人类对粮食消费需求的增长与耕地减少的矛盾。

人口增长导致对粮食的需求不断增加，在食物需求不断上升的同时，粮食增产的潜力却愈来愈受到限制。目前世界只有20%的陆地面积用来种植粮食，东亚、南亚、欧洲的可耕地的潜力已基本达到了最大限度，而在西亚和北非，增加粮食产量受到缺水的限制，目前只有拉丁美洲和非洲撒哈拉以南可以扩大耕地面积和增加粮食生产了，但也面临着频繁的自然灾害的威胁。

我国人口增长使得人口与耕地的矛盾尖锐化。“用占世界7%的土地养活了占世界22%的人口。”此话一方面说明了我国农业取得的惊人成绩，另一方面也反映了人口与耕地的矛盾。这种矛盾具体表现在以下方面，首先人口增加，人均耕地日趋减少。人均耕地1995年为0.08公顷，而国际公认的警戒线是0.05公顷。第二，为保证粮食供应，土地加剧开发，土质恶化愈加严重。第三，建筑及工业占地使耕地不断减少。按照我国目前的生产力水平，需要人均0.2公顷的土地，才能最低限度地养活全部人口以及支持经济和工业的适度发展。然而，当前我国的人均土地面积不到上述要求面积的一半，加之土地质量的不断下降，所以人口对土地压力的形势十分严峻。

2.人口增长对能源的压力

能源是左右可持续发展进程的关键因素之一。一方面，能源为改善人类生活所必需。与此同时，人口增长会加速耗竭能源资源，使有限的煤炭、石油、天然气等不可再生能源更快地消耗殆尽。另一方面，能源还可造成空气污染、全球变暖及危害健康等环境问题。我国已探明煤炭储量1万亿吨，陆上石油储量300—1000亿吨，海洋石油储量53亿吨，可谓是能源大国。但是，我国能源的人均占有量很少，特别是同工农业快速发展的要求有很大差距，能源短缺一直是制约我国经济发展的因素。而逐年增长的能源消耗，加上我国以煤为主的不合理的能源结构，对环境产生了巨大的压力。

3.人口增长对水资源的压力

虽然地球的70%面积覆盖着水，但只有2.3%到2.5%的水是可供人类利用的淡水。随着人口不断增长和现代工业的发展，人类用水量越来越大。此外，人类活动造成的水污染以及人类在用水过程中的浪费也是造成水资源短缺的重要因素。据联合国统计，全世界用水量平均每年约递增4%，城市用水量增长更快；现在全世界有80个国家面临水资源不足，12亿人未能用上安全饮用水，24亿人缺乏充足的用水卫生设施；每年有530万人因饮用不卫生的水而死亡，非洲有40%的城市人口缺水。

我国水资源总量居世界第六位，仅次于巴西、俄罗斯、加拿大、美国和印度尼西亚。但人均水资源占有量仅相当于世界人均水平的1/4，我国因而被列入全世界人均水资源高度短缺的13个贫水国之一。

4.人口增长对森林资源的压力

近几十年，随着城市化和农业耕作的扩张，加上非法砍伐活动猖獗，“地球之肺”至森林在持续萎缩。据称地球上森林面积曾达76亿公顷，后来随着人口增加，到1962年减少到55亿公顷，到1975年已减少到26亿公顷。巴西热带雨林已由占总面积的80%减少到40%。我国是少林的周家，森林覆盖率仅为13.92%，远低于世界平均森林覆盖率30.6%的水平。

研究表明，森林砍伐同人口增长之间有密切联系。芬兰的一项研究对72个热带国家影响森林砍伐的因素进行了广泛的统计验证，结果发现，除了8个干旱的非洲国家以外，几乎所有国家的森林覆盖率都同人口密度和人口增长率之间存在着密切的相关性。

5.人口增长对物种资源的压力

人口激增还会通过人类向自然界无限制的索取使生态环境日益恶化，导致生物多样性迅速减少。

在世界上生存的300至1000万种生物之中，20世纪以来，已有110个种和亚种的动物以及139种禽类从地球上消失了。

我国是一个物种繁多、生物资源丰富的国家。据计算，我国生物资源的经济价值在1000亿美元以上。但在人口急剧增长的情况下，为解决吃饭问题和发展经济，毁林开荒、焚草种地、围湖造田、滥伐森林，以及兴建交通和旅游设施及开发区等，破坏了生物栖息地，许多珍贵物种的生存环境显著减小。其中，属于我国特有的濒危野生动物有312种，濒危珍稀植物有354种。生物资源的减少将损害我国的生态潜力，特别是对农业的冲击可能是非常严重的。

6.人口增长对城市环境的压力

随着人口的增长，工业化的发展，人口大量涌向城市，人们的生产生活对高度复杂的城市生态的影响力愈来愈突出，并产生大量的生态环境问题。城市环境问题主要有：居民住宅困难，出现“房荒”；交通拥挤和堵塞成为城市一大难题；城市工业污染严重；固体废弃物收集与处理困难。另外还有水资源紧张、绿地减少、卫生条件差等问题，这都是人口膨胀所造成的。

## 第五节 生态环境保护的意义

### 一、当前环境保护面临的问题与挑战

环境保护是一个不断发展，不断前进的过程。经济发展与环境保护既矛盾又协调统一，是相互发展的整体。当前我国经济发展整体处于工业化中后期，环保工作的形势依然严峻，将面临诸多问题与挑战。而环境保护的重要性已经是我国政府研究必不可少的问题。

1.目前，我国已经对环境保护发布了一些有关政策，对社会经济与环境保护的协调关系进行了研究，同时发布了一些关于环境保护与社会经济发展的政策，明确提出了协调发展，即经济建设与环境和资源保护相协调，经济建设、城乡建设与环境建设必须同步规划、同步实施、同步发展，以实现经济效益、社会效益和环境效益的统一。政府已经对经济社会与环境保护的相互关系进行了明确分析，同时也提出了“预防为主、防治结合”的观点，对污染环境的工程以及事业明确要求，促使每个人和每个单位都有环境保护的义务。可以说，目前我国政府正在不断完善政策，不断加强法律对环境的保护，使我国环境尽快得到有效的措施。

2.环境规划的落实不到位使环境保护更加艰难。在现今的社会中，我国一经发布了有关环境保护的规定，在环境保护的措施上已经明确地指出了方向，而在我国的大部分地区实施上没有得到有效的规划，目前我国的发达沿海地区的城市得到改善，但是，在内陆的城市建设中还没有得到有效的落实，还是处于先污染后治理的有弊端的规划上，对于环境保护与经济建设的矛盾，在环境规划中，地方政府没有有效的处理好他们之间的关系，在经济建设与环境保护中，我们必须找到一个关键点，正确的在经济建设得到快速发展的同时，把环境保护落实，使社会的进步脱离环境污染带来的严重后果，即我们必须落实环境规划的正确政策，保障人们生活环境的良好。

3.我国现在环境管理还偏重于末端管理。对一些环境管理的政策，还处于不能落实到地方的弊病，地方政府目前还存在一些经济建设与环境保护的矛盾，在发展经济的时候没有同步的保护环境，在原料消耗上没有得到改善，促使一些资源浪费，而存在着“先污染后治理的”的末端管理方法，在此过程中，使结果环境治理的困难加重，环境保护得不到有效治理，虽然，在一些地方，环境得到了有效的改善，但是，这些有效的改善只能作为典范，在没有落实到地方的时候，还是杯水车薪。

4.在对人们逐渐了解环境保护的重要性中，环境保护的宣传成了我们必不可少的一项举措，对于环境保护的重要性，社会正在不断的努力，一大群有识之士也在不断的为环境保护努力着，在现今社会中，环境保护的宣传已经必不可少。然而，由于我国的幅员辽阔，内陆城市与沿海城市经济水平相差过大，人员不均等原因使环境保护的宣传力度不够全面，大部分的人们还在对环境保护的重要性无所谓的态度，物质文明的发展使我们得到了最大的满足，而环境污染却越来越严重，环境保护的宣传已经不可怠慢。对于环境保护的公益宣传必须做到尽善尽美，使保护环境的重要性人人了解，人人重视。

5.据对公民环境保护意识状况的问卷调查，发现高年龄人口和低学历人口的环境保护意识较弱。公民环境保护意识水平还与市民在公德与私德、律人与律己、观念与行动等方面的取舍有关。这一现象说明了人们对于环境保护的意识还有很大的欠缺，而意识在另一项对于在校大学生的调查中，大多数学生都认识到了环保的重要性，56.8%的学生认为国家教委把环境教育编入《九年义务教育全日制中小学初级中学课程计划》是非常有必要的，另外43.2%的学生也认为有必要纳入这门课程。可见大学生对环保的态度是积极的。但当保护环境以自身利益牵扯到关系是，大多数的人还是会抛弃环保，这固然有一些客观因素，大学生没有固定的收入，当今社会的物质享乐主义对大学生的侵蚀等等。但主要的还是由大学生环保意识不强，不深刻，环保素质较低所造成的。对此，应该加强人们保护环境的意识，即公众参与环境保护的自觉性。

6.环境保护的投资是保护环境的重要措施。近些年。尽管我们投资总量有所增加，但占GDP的比重仍然很小。“十一五”期间，虽然这一比重有所提高，接近1%，但远低于发达国家1.5%的水平。“十二五”期间。计划投资7000亿元。从现在情况来看，资金缺口仍会很大。据预测。“十三五”期间，我国环保投资需求预计投资达13750亿元，预计占同期GDP的1.6%。就地域分布讲，环保投资规模的地区差异很大。2017年，上海市环保投资占同期GNP的比例为2.4%，位居全国首位，这一比例已达到发达国家水平。新疆和宁夏最低。为0.2%左右。西部的各省市平均水平为0.41%，属于中部的各省市平均水平为0.68%，属于东部的各个省市平均水平为1.24%，这在一定程度上说明了环保投资规模的地区差异是经济发展水平地区差异的反映。长期以来的环境投资政府一直占着主体的作用，政府单一投资、事业体制管理的模式在市场经济发育不成熟的条件下是完全必要的。而由于社会经济的快速发展，过分依赖政府的投资，从客观原因上已经不能满足环境保护的需求，环境保护的投资必须从单一的政府投资向全民保护环境投资发展，尽快的使环境得到保护和改善。

## 二、环境保护的重要性

### （一）环境保护是世界人民的共同需求

我们只有一个地球，而保护环境就是在保护我们生存的唯一保障，试问，如果没有了生存的地方，我们要再多的钱再多的权利又有什么用。环境保护的重要性已是迫在眉睫，我们必须认真对待。

1972年，在斯德歌尔摩召开的人类环境会议，开启了世界各国共同保护环境的征程。在30多年的发展进程中，人们逐步认识到要实施源头预防、全过程控制和废弃物资源化利用。要采取各种措施，坚持在发展中解决环境问题，推进资源节约型和环境友好型社会建设。而目前在环境保护的征程中，我们必须调动公众参与环保的积极性。要加大对环境保护工作的宣传；严格执行环境管理制度。环境管理是一项复杂的工作，不能顾此失彼；建立环保投融资体系。环保投资的增长对促进环境治理、改善环境质量具有重要作用。

### （二）保护环境是发展经济的前提条件

经济总量对一个国家来说代表着一个国家的经济发展水平，能够衡量一个国家的国际地位。对人们来说，经济发展的好坏直接关系自身生活水平的提高，关系到社会的安宁团结。因此，当今社会都在大力倡导发展经济，无论发达国家还是发展中国家，都把经济发展作为主要工作，为经济的发展创造良好的社会环境、舆论环境。

如何正确认识发展，是近年来一个认识上的质的飞跃。以前发展被狭隘的理解为经济增长，现在人们认识到，经济增长只是发展的一部分。发展的目的是要改善人们的生活质量，提高人们的生活水平，实现人们赖以生存的发展权，发展只有在使人们生活的所有方面都得到改善，才能是真正的发展。同时经济的快速发展可以使一个国家一个民族摆脱贫困，带动社会各个方面的发展，实现国家的复兴和民族的复兴；经济的快速发展还可以使个人积极、自由和有意义的参与政治、经济、社会和文化的发展并公平享有发展所带来的利益，实现自身的发展权。发展权是每一个公民所享有的权利，是一个国家民主、进步、发达的表现。和平与发展是当今世界的主题，我们要高举经济发展的大旗，促进经济快速发展，切实维护公民的发展权。

进入21世纪，环境保护已经成为当今世界的主题，大部分国家都在为保护环境而采取了更加严厉的措施，如限制二氧化碳的排放量。我国古代思想家即提出了“天人和一”的思想，也提出了“知天命而用之”的思想。《齐民要术》中讲的“顺天时、量地利，则用力少而成功多，任情返道，劳而无获”，都是指人们应尊重自然，顺应自然，掌握驾驭自然的主动权，不能只知道耗费自然界所固有的物质财富，无不浸透了朴素的自然观和发展观。环境是一个国家无法回避的问题。

一个环境优美的国家，可以为经济的发展提供良好的社会环境，不仅可以促进旅游业的发展，还可以吸引外国投资，促进高科技产业的发展，进而带动就业，促进经济的进一步发展。同时，环境优美还可以作为一个国家的名片，提高一个国家的社会地位，如新加坡等国家。经济的发展可以实现人们的发展权，保护环境可以实现人们的环境权，环境权是每个公民的基本权利，即每个公民都享有在有尊严和幸福的优良环境里自由平等和适当生活的权利。因此保护环境对一个国家，一个公民来说都是特别重要的。

要发展经济，实现人们的发展权；又要保护环境，实现人们的环境权，这二者能否兼顾？如果能兼顾，应通过何种途径？可以说，在资源有限的前提下，环境保护与经济发展至少在短期之内存在矛盾。人类必须对如何在发展经济与环境保护之间分配资源的问题上作出取舍。在其中任何一方面增加资源的投入，在短期，必然会减少在另一方面资源的投入。在资金短缺的发展中国家这一矛盾尤为尖锐。但是从长期看，环境保护与发展经济并一定是矛盾的，而且完全是可以共存的，共同促进的。

环境保护与经济发展的目的都在于提高人类的生活品质，之所以出现鱼和熊掌难以兼得的两难境地，是因为没有衡量二者之间的成本和效益关系。环境的改善可能有助于经济的发展，而经济的发展则能为环境保护提供资金和技术。二者的结合，即保护了人们的环境权，又为人们充分而全面的实现发展权创造了条件。那何谓发展权和环境权呢？发展权是个人、民族和国家积极、自由和有意义地参与政治、经济、社会和文化的发展并公平享有发展所带来的利益的权利；环境权根据《联合国人类环境会议宣言》的规定：“人人有尊严和幸福的优良环境里享受自由平等和适当生活条件的基本权利。”发展权与环境权的实现需要发展经济与保护环境的结合。从客观上分析，经济发展和环境保护的关系是彼此依托、相互推动的，不是主从关系，是并存关系，就如同发展权与环境权的关系。

### 三、环境保护的基本措施与理念

在我们当经以经济发展为主体的社会中，我们应该时刻保持着环境保护与经济建设相协调，环境就是经济的心态，环境的保护应突出抓住关键点，有效的治理环境，并保护环境。

#### （一）保护环境应该从教育做起

环境保护的重要性应该从小做起，在教育学生学习的同时加强对学生的环境保护的认识，使每个人养成保护环境的好习惯，在不知不觉中保护环境，以教育为主的宣传模式可以更好的加强保护环境。

**（二）政府单一的对环境保护的投资已不再是可行的方法**

马来西亚在1993年排污服务法令中指出，任何获得排污服务者必须依据政令缴交费用。居民废水排污费的收取由两项迭加，一项是每月基本收费，另一项是按自来水使用量收费，排污费与水费同时交纳。所以，我们应该在坚持污染者负担原则的基础上，尽快开征城市排污费，利用经济手段增强污染控制动力，开辟新的环境保护资金渠道，建立与市场经济相适应的环境保护投资体制，从根本上解决以往的问题和矛盾。

**（三）环境保护应从公众意识抓起**

公众意识的提高可以有效地实施国家颁发的保护环境的政令，在环境保护的重要性上起着重要的作用，同时也是保护环境的客观可持续发展的方法。

**（四）环境的管理是一个改善环境的可持续措施**

《中华人民共和国环境保护法》已经明确的提出了环境管理的措施，在环境管理上，地方各级人民政府，应当对本辖区的环境质量负责，采取措施改善环境质量。开发利用自然资源，必须采取措施保护生态环境。产生环境污染和其他公害的单位，必须把环境保护工作纳入计划，建立环境保护责任制度；采取有效措施，防治在生产建设或者其他活动中产生的废气、废水、废渣、粉尘、恶臭气体、放射性物质以及噪声、振动、电磁波辐射等对环境的污染和危害。

我们生活的环境已经千疮百孔，而在我们每个人必须肩负起保护环境的责任，对于环境保护的政策，政府采取的措施还是可行，已得到巨大成绩，所以说，我们应该积极响应政府号召，保护环境，保护我们生存的家园。而政府提出的可持续发展政策既是我们响应的方向，又是我们摆脱环境污染，创造良好生活环境的有力措施。在世界环境保护与发展大会以后，国务院组织编制了《我国21世纪人口、环境与发展白皮书》，提出了人口、经济、社会、资源和环境相互协调，可持续发展的总体战略、对策和行动方案，并已经开始了具体的行动，这表现出我国实施可持续发展战略的决心。

## 第六节 国际环境保护形势研究

### 一、世界环境保护总趋势

#### （一）研究手段与方法更加先进

环境科学与技术之间的相互融合、相互渗透与相互转化更加迅速。以长期连续观测、探测和实验资料的积累与分析为基础，环境科学诸多前沿研究与高新技术的发展融为一体，新兴学科不断涌现。

#### （二）理论研究与应用研究结合更加紧密

围绕原始创新、集成创新到消化吸收再创新，境科技在基础研究、高新技术研究与成果应用转化等纵深层面同时展开，研发与应用结合更加紧密。

#### （三）研究视野更加开阔

环境科学已由传统的单一关注污染物质的环境效应和生态影响研究，转为更加关注环境与人体健康的影响研究，关注人类生产方式的转变，关注地区发展的不平衡关系、人与自然等人类社会发展的协调与和谐问题等，环境科技对人类社会发展的导向作用愈加显现。

#### （四）末端治理转向全过程控制

环境治理已经从注重围绕末端治理走向全过程控制，综合防治调控，探求循环利用模式。各行各业均关注生态与环境保护，将绿色技术和设计融入各个领域；从产生生态与环境问题的驱动力角度采取措施，寻求可持续的生产和消费方式的转变，使发展与环境协调起来。

#### （五）进入以地球生态系统为对象的综合集成研究阶段

当前环境科学更加注重学科交叉、综合集成研究，并加强地球生态系统整体行为研究。全球已经开展的大型国际研究计划包括：国际地圈一生物圈计划（IGBP）、全球环境变化的人文因素计划（IHDP）、生物多样性计划（DIVERSITAS）和世界气候研究计划（WCRP）。逐步建立起了气候、海洋、陆地全球立体观测系统。

## 二、国外环境保护形势研究

### （一）水环境保护形势及其研究进展

1.水环境保护基础研究

近年来，水污染生物监测、自动监测和遥感监测技术等被广泛地应用到水环境监测中。我国也相继开展了天然水水质、重金属和有毒有害有机污染等水质参数监测技术的开发与应用研究，建立了多参数的水质自动监测集成系统，开发了水质监测管理系统软件。

在水环境理论方面，我国开展了包括重金属形态分级及其毒理学效应、环境界面吸附热力学和动力学、有机污染物定量结构活性及生态效应、环境污染预测模型等方而的基础理论研究工作。

为定量描述污染物在水环境中的迁移转化规律，国外特别是美国提出和发展了诸如Streeter—Phelps模型、QUAL模型体系、WASP模型体系、CE.QUAL—R1和CE．QUAL—W2等水质模型；国内水污染数值模拟研究仍处于发展阶段，与发达国家研究水平尚有一定差距，但近年来我国学者构建了大量河流、湖泊等重要水域富营养化牛态系统动力学模型，在一定程度上实现了水域富营养化管理的理论化、定量化和预警化。

在水环境预测预警研究方面，德国和奥地利联合开发了多瑙河流域水污染预警系统；美国在密西西比河流域，德国在莱茵河流域开发了水污染预测系统并建立了洪水预报系统和灾害预警系统。国内在桂江、汉江和辽河流域也建立了水环境预警系统。

2.水环境污染治理技术研究

美国、欧洲和日木从20世纪70年代开始相继开展了水环境治理和修复工作，并取得了明显成效；近20年来，我国除了在“三湖”“三河”进行重点治理外，在其他河流、湖泊也开展了水环境治理和修复工作，并获得了许多成功的经验，但仍存在许多不足。目前国际上采用的水污染治理技术主要有三类：一是物理方法，二是化学方法，三是生物—生态方法。其中生物—生态方法是当前的研究热点，它主要包括水生植物修复技术、生物调控技术、生物膜技术、微生物修复技术、仿生植物净化技术、土地处理技术和深水曝气技术等。

### （二）土壤环境污染治理技术研究

美国、挪威和法国等发达国家建立了专门基金，开展土壤污染状况调查、上壤污染档案、污染场地土壤修复技术等相关研究。在污染土壤的物理修复、化学修复和生物修复等方面取得了显著进展，已进入商业化实用阶段并取得了明显成效，尤其是生物修复技术备受青睐。目前，植物修复研究已成为国际研究热点，在美国已经出现一大批研究和推广植物修复技术的公司，其中部分公司股票已经上市。“十三五”以来，在国家863计划项目的资助下，我国在砷、铜、锌等重金属污染土壤的植物修复技术已经取得了不少研究成果，形成了具有自主知识产权的植物修复技术。我国在POPs污染土壤的植物修复和微生物—植物联合修复技术方面也进行了研究。在表面活性剂增强微生物降解有机污染物研究方面，主要集中在溶液体系中表面活性降解有机污染物的作用和机理上。早在20世纪90年代，我国针对石油污染物生物修复技术开展了大量研究工作，包括降解微生物的筛选、降解微生物的活性监测、土壤残油的定量分析、残油降解的控制因子以及降解微生物的富集等，在石油污染物的生物降解性、降解机理、限制性因素以及降解动力学模型等方面取得了显著的研究成果。但我国在某些土壤污染修复技术研究方面与发达国家相比仍有很大差距。

**（三）大气环境污染治理技术研究**

1.大气环境保护基础研究

政府间气候变化专门委员会（IPCC）第四次评估报告综合报告于2017年11月17日在西班牙正式发布。综合报告将温室气体排放、大气温室气体浓度与地球表面温度直接联系起来，综合评估了气候变化科学、气候变化的影响和应对措施的最新研究进展。

为研究污染物在大气层中的输送与演变规律以及控制对策，评估大气污染的气候环境效应，国内外研制或发展了多套大气污染模式系统，以用于解决不同尺度、不同类型的大气污染问题和实际应用。主要模式包括：全球三维大气化学输送模式（MOZART—2）；区域大气模拟系统（RAMS）；多尺度空气质量模拟系统（CMAQ）；空气质量模式系统（CMAQ. RAMS）。国际上有关街区空气污染与控制的研究起步于20世纪70年代，是当前的一个研究热点，其中在外场观测、物理模拟和数值模式等方面均取得了不少研究成果，而我同还处于起步阶段。

国际上较早开展空气污染预报研究的国家有美国、英国、日本、荷兰、前苏联等。20世纪60和70年代大均采用潜势预报方法。进入20世纪80年代以后，国际上开始致力于定量污染浓度的预报，包括统计预报和数值预报。当前国际上的发展趋势是采用先进的、科学上更严格、更定量的数值预报方法。

2.大气环境污染治理技术研究

为应对全球变化，美国普林斯顿大学提出了稳定理论，指出可以利用15种气候变化减缓技术，其他一些组织或研究计划，如世界自然基金会、全球能源技术战略计划、美国气候变化技术计划等电概括了一些气候变化减缓技术。

近年来，利用植物修复技术治理大气污染尤其是近地表大气的有机污染物与无机污染物的混合污染逐渐成为国际上环境污染防治研究的前沿性课题。目前的研究主要集中在通过实验筛选对大气污染有较强的抵抗能力，或对污染物有较强的吸收净化能力的植物上。其中，在20世纪60年代，联邦德国已开展挪威云杉和欧洲赤松的选育研究；美围宾夕法尼亚州州立大学也在20世纪70年代开展了抗大气污染植物的筛选研究；我国大规模开展抗大气污染植物筛选研究，是在20世纪70年代开始的。

在室内空气污染治理方法方面，除传统的物理化学吸附、臭氧净化、负离子净化、静电除尘、膜分离技术外，同内外也发展了诸如光触媒、空气触媒技术、二氧化钛一活性炭纤维合成技术、低温等离子体空气净化技术、纳米光催化等离子体结构负荷单元的空气净化等新方法。

**（四）矿物资源环境保护形势及其研究进展**

1.煤资源环境保护形势及其研究进展

燃煤排放到大气中的有害物质有硫化物、氮化物、飞灰、一氧化碳、二氧化碳、放射性微粒、各种微量金属元素及有机污染物如多环芳烃，它对人体健康具有致癌和致突变隐患，因此对煤中多环芳烃的研究已逐步提到环保科研上作的日程上。

在煤中硫和脱硫技术的研究方面，主要涉及煤中硫的区域分布、形态与结构、地球化学属性及其对环境的影响、煤岩特征与硫的关系、微量元素与硫的关系、硫的成因模式以及煤炭加工利用过程中硫的工艺特性等。由于一些先进测试技术的引入，如扫描电镜、电子探针、透射电镜等，更促进了煤中硫赋存状态、化学性质以及热转化机理的研究，从而也刺激r物理脱硫工艺及化学脱硫和生物脱硫（微生物脱硫）的快速发展。国际上不少学者对煤中微最元素在不同煤类、不同煤田、不同煤层或同一煤层的剖面分布情况均作过广泛而详细的研究，并利用组分分离和微区分析技术研究显微煤岩组分中微量元素分布特征。煤中微量元素赋存状态、煤中微量元素成因、迁移聚集机制以及微量元素的环境效应方面也开展了大量研究工作。针对煤内多环芳烃分布赋存特征以及多环芳烃对环境的危害，国内外学者也作了一定的研究工作，但燃煤排放非多环芳烃类有机污染物问题的研究基本属于空白的研究领域。

降低氮氧化物污染的主要技术是低氮氧化物燃烧技术和烟气净化降低氮氧化物技术。烟气脱硫是目前世界上唯一大规模商业化应用的脱硫技术，按脱硫产物的干湿形态分为湿法、半干法和干法工艺，其中以石灰石或石灰为吸收剂的强制氧化湿法脱硫方式是目前世界上使用最广泛的脱硫技术。世界上对燃煤烟气中二氧化碳的回收和利用研究主要工艺有溶剂吸收法、变压吸附法、低温精馏法和固体膜分离法。

2.石油资源环境保护形势及其研究进展

石油污染泛指原油和石油初加工产品（包括汽油、煤油、柴油、重油和润滑油等）及各类油的分解产物所引起的污染。据统计，仅石油污染一项每年全世界就有800万吨进入到环境中。

国内外对石油类污染物的研究开始于20世纪中期。国内外研究人员通过各种实验的方式来认识石油污染物在土壤中的迁移规律、迁移机理和建立了模拟污染物在土壤中迁移的数学模型。

目前石油污染土壤的生物修复治理方法已拓展到真菌修复、植物修复及微生物—植物联合修复。其中，微生物修复是研究最多、应用也最为广泛的一种生物修复方法。由此产生了一系列生物修复技术如土耕法、生物通气法、预制床法、堆肥法、生物反应器等。国内外许多研究者对石油污染土壤的微生物降解原理、影响因素、降解菌筛选等方面也进行了大量研究。植物对有机污染土壤的生物修复作用主要表现在植物对有机污染物的直接吸收、植物释放的各种分泌物或酶类促进有机污染物生物降解及强化根际微生物的矿化作用等方面。此外，植被也可以有效改善土壤条件、增强土壤透气性，从而提高降解效率。

# 第二章　云南省生态环境保护的重点

# 第一节　云南省生态环境保护现状

## 一、环境保护取得显著成绩

面对国际金融危机的严重冲击，面对百年不遇特大旱灾的严重影响，云南省经济发展取得巨大成就，主要经济指标实现了翻番。省委、省政府高度重视环保护工作，先后实施了“七彩云南保护行动”、节能减排、九大高原湖泊水污染治理、生物多样性保护、城镇污水和垃圾设施建设、“森林云南”建设等重大举措，加大环境保护投入力度，环境保护工作取得突破性进展，部分地区环境质量持续改善，生态安全得到有效保障，全面完成了“十三五”环境保护规划确定的主要目标和重点任务，为保障经济社会可持续发展，奠定了良好的环境基础。

主要污染物减排任务顺利完成。通过强化目标责任考核，大力抓好重点减排工程，坚决推进淘汰落后产能，强化减排设施运行监管和重污染企业的环境监管等手段，全省累计完成省级化学需氧量、二氧化硫重点污染减排项目近712个，已累计减排化学需氧量8.22万吨、二氧化硫25.22万吨。经国家核定，2017年化学需氧量较2015年下降5.76%，完成减排目标任务的117.6%；二氧化硫较2015年下降4.08%，完成减排目标任务的102%。

## 二、环境质量持续改善

大气中二氧化硫、二氧化氮、可吸入颗粒物（PM10）年日均浓度均呈下降趋势，十六个州（市）所在地城市环境空气质量达到或优于二级标准的城市比例由2015年的75%上升到2017年的94%，二氧化硫年日均值比2015年降低了12.1%，云南省受酸雨影响范围、频率及强度明显减少，酸雨控制区出现酸雨的城市、频率和强度亦逐年下降。地表水达标率由2015年62.0%提高到2017年的66.3%，上升了4.3%，水质达到Ⅰ—Ⅲ类标准的断面比例比2015年上升了3.0%，水质中COD、高锰酸盐指数、生化需氧量（BOD5）、NH3—N平均浓度均有所下降。主要湖泊、水库水质优良比率（Ⅰ—Ⅲ级比率）明显上升，由2015年的60.4%，上升到2017年的71.9%，提升了11.5个百分点。其中，滇池COD平均浓度从2015年的61.7 mg/L下降到2017年的50.3mg/L，下降幅度为18.5%。阳宗海经过治理，水体砷浓度降至最低值0.021 mg/L，较最高值下降了84.3%，水质稳定在Ⅱ—Ⅲ类，达到水环境功能要求。

治污设施建设取得重大进展。截至2017年底，全省已有67个县（市、区）建成城镇污水处理厂，总数达到79座，城市生活污水处理能力由2015年的119.2万吨/日提高到264.95万吨/日，新增城市生活污水处理能力145.75万吨/日，污水处理率达70%，较2015年（40.47%）提高了近30个百分点，全省规模以上糖厂全部完成化学需氧量减排工程；建成生活垃圾无害化处理厂38座，无害化处理能力11013吨/日，无害化处理率70%，处理能力较“十一五”末提高了99%。全省10万千瓦以上火电企业全部完成脱硫设施建设，主要钢铁企业烧结机脱硫设施均已建成并投入运行。

## 三、环境保护优化经济发展的作用得到显著加强

加强环境影响评价管理，创新服务方式，从严控制高能耗、高污染、资源消耗型项目的建设，切实发挥环境保护优化经济发展的作用。积极推进规划环评，与有关部门共同组织了工业园区、水电开发、旅游总体规划环评130余项，确保了规划的严肃性、开发的有序性和建设的规范性。累计审批建设项目环评文件26333项，其中省环保部门审批建设项目环评文件1366项目，不予或暂缓审批环评文件56项，责令建设项目停止建设29项；对沘江流域和陆良银河纸业分别实施了区域限批、企业限批。通过严把环境准入关，有力地促进了全省经济结构调整和发展方式转变。

## 四、重点流域污染治理取得新进展

滇池治理工程全面提速，水质恶化趋势得到有效遏制，综合治理效果开始显现，阳宗海砷污染治理初见成效，水质恢复明显，洱海治理成果得到巩固提高，“洱海模式”得到国家肯定，总体上看，以九大高原湖泊为重点的流域综合治理成果突出，治理成效日趋显著。金沙江国家考核出境断面水质常年保持在Ⅱ类水环境质量标准，通过实施《沘江流域水污染防治规划》以及加大对南盘江的监管力度，流域重金属污染得到减轻。组织完成了全省县级以上224个城镇集中式饮用水源环境保护规划编制和重点城市饮用水水源保护区划分工作，开展了全省城乡集中式饮用水源安全，大力实施农村饮水安全工程，保障农村地区饮水质量、饮水条件和供水水量，饮水环境安全保障能力进一步提高。

生物多样性保护力度持续加大。着力加强以滇西北为重点的生物多样性保护工作，从规划、投入、宣传、机制建设、产业政策等多方面有效推进生物多样性保护，建立了生物多样性保护联席会议制度，成立了云南省生物多样性保护基金会，生物多样性保护重点区域由滇西北5州市18县市，扩大到滇西北、滇西南9州（市）44县（市、区），完成了滇西北18个县的生物物种资源调查，开展了9州（市）的生物多样性保护教育基地建设，其中版纳、德宏和临沧已正式挂牌，并向社会免费开放。省政府专门出台了《云南省重大资源开发利用项目审批制度》，明确了重大资源开发利用项目的环境影响评价等准入条件。各

级执法部门加大了生物物种资源保护执法力度，对重点种苗、种畜禽、水产苗种、花卉、药材、野生动物等市场销售、种子（苗）和种畜禽进出口贸易、越境运输等方面严格管理，对各种违法行为进行了严厉打击和严肃查处。加大了生物物种资源就地保护力度，建立了各种类型的自然保护区162个，总面积295.56万公顷，约占全省国土面积的7.5%，形成了各种级别、多种类型的自然保护区网络；一批国家级自然保护区启动了标准化建设，管理能力和有效管理水平得到提高。

## 五、生态建设示范和农村生态环境保护提速

云南省已有12个州（市）、70余个县（市、区）开展了生态建设示范，已获得命名的有“国家级生态乡镇”16个、“国家级生态村”1个、“云南省生态乡镇”188个。积极争取中央农村环保专项资金，在全省开展农村环境综合整治“以奖代补”“以奖促治”试点109个项目，麒麟区、易门、龙陵、勐海被列为国家农村环境保护试点县，地方开展“以奖促治”项目182个，约200万人口直接从“以奖促治”政策受益，农村环境综合整治取得积极成效，示范效应逐渐显现。在滇池流域划定了畜禽集中养殖区、禁养区和限养区，关闭搬迁养殖户18124户，九胡流域完成沿湖494个村庄的治理规划，已实施184个村落环境综合整治工程。

环境监管和防范环境风险的能力显著提高。顺利完成了污染源普查、土壤污染普查和重金属污染防治规划，妥善处置了阳宗海砷污染等突发环境事件，累计投入4.45亿元的环保能力建设资金，配备监测设备2443台（套）和监察设备2773台（套），完成69个环境监测站（含17个一、二级站）和146个各级环境监察机构装备达标，建成52个空气自动监测站、10套地表水自动监测站，环境质量监测网络进一步优化，九大高原湖泊水环境质量实现了月报。全省重点污染源监控中心建设取得突破性进展，省级污染源监控中心和各州（市）监控中心基本建成，国控重点污染企业在线监测现场端已完成93家，占需要安装总数的97%，并全部与原省级监控平台联网。完成了省城市放射性废物库主体工程，全省放射源及射线装置全部纳入网络化管理系统动态管理，电磁辐射管理得到加强，辐射环境监测网点得到优化调整。省宣传教育中心硬件装备已经全部更新并实现达标，建设生态文明和七彩云南保护行动宣传力度不断加大，重大主题宣传教育活动取得丰硕成果。环境保护对外交流与合作成效显著，合作领域得到拓展。环境科技得到加强，水专项取得初步成果。信息化建设对环境管理的支撑能力明显改善，完成覆盖省州市一级的基础网络和信息公开平台建设。

# 第二节　云南省生态环境保护存在的问题

## 一、云南省生态环境保护存在的问题

虽然全省环境保护取得了显著成效，但污染持续减排的压力仍然很大，环境质量改善不容乐观，防范环境风险任务艰巨，环境保护基础工作仍然薄弱，环境管理为经济社会又好又快发展服务的任务十分繁重。

### （一）污染物减排压力加大

“十三五”时期，预计全省GDP年均增长保持10%以上，并力争翻番，城镇化率将达到46%，原煤消费仍将有很大增加。云南省又是国家重要的能源基地和原材料基地，把云南建设成为我国面向西南开放桥头堡战略、西部大开发战略、“西电东送”和“云电外送”等一系列国家战略和重大项目建设，将促使云南省能源和原材料产业大幅度增长。预计到2019年，全省化学需氧量排放量将新增10.01万吨，增长16.56%、氨氮新增0.4万吨，增长6.81%，二氧化硫排放量将新增24.37万吨，增长35.92%、氮氧化物新增18.71万吨，增长35.94%，增排因素和减排之间的压力不断加大，减排任务艰巨。

### （二）局部污染严重，环境质量改善难度较大

九大高原湖泊有5个湖泊水质达不到水环境功能要求，污治污体系尚未完善，许多入湖河流水质不达标。全省六大水系主要河流监测断面中，水环境功能不能达标的断面占31.1%，劣于Ⅴ类标准的断面占19.2%，部分水体受到重金属等有害污染物的威胁，集中式饮用水源地环境安全体系亟待完善。城市空气环境质量尚未根本好转，煤烟型大气污染逐步向复合型污染转变，酸雨频率有所升高。土壤环境污染尚未有效应对。

### （三）环境问题解决难度加大，引发社会不稳定因素的可能性增多

长期以来，污染的不断积累已使环境问题变得越来越复杂，污染介质已从以大气和水为主逐渐向大气、水和土壤三种介质共存转变；污染物来源从以工业和生活污染为主不断向工业、生活和农村、面源转变；污染特征从单一型、点源污染向复合型、跨界污染转变。在二氧化硫、COD等常规污染物尚未得到全面根治的同时，持久性有机污染物、放射性污染、废旧电子电器、危险废物等问题日益突出。环境污染治理的难度进一步加大。随着物质生活水平的日益提高，群众对环境质量的要求越来越高，环境诉求不断增加，环境

改善的滞后性与群众对环境质量要求日益提高之间的矛盾将十分突出，部分区域因环境问题引发社会不稳定的潜在因素仍将存在。

**（四）遏制生态退化，维持生物多样性，保障生态安全的任务繁重**

由于特殊的地理地貌环境，自然生态环境敏感而又脆弱，加上工业化、城镇化和资源开发侵占大量生态用地，部分生态系统功能退化，物种濒危程度加剧，生物多样性受到威胁，区域生态安全体系亟需建设。工业和城市生活污染向农村转移，农村生活和农业生产污染呈加重趋势。土壤污染源点多面广，危及农村饮水安全和农产品安全。农村环境综合整治仅处于示范阶段，广大村镇环境基础设施几乎处于空白，农村环境整治任务繁重。

**（五）环境风险防范压力大，环境监管能力建设仍需要进一步加强**

随着桥头堡战略的深入实施，云南省已经从对外开放的末端走向前沿，在工业化加速发展特别是重化工的发展，突发性环境事件呈增多趋势，环境违法行为时有发生，自然灾害引发的次生环境问题不容忽视，安全生产、交通事故等引发的次生突发环境事件持续上升。重金属、持久性有机物、放射性物质、危险废物和危险化学品等风险因素加大，广播电视、无线通信等伴有电磁辐射的设备越来越多，污染纠纷上升。此外，云南省境内六大河流中有4条为国际河流上游，有4061公里的边境线和20个国家级一类和二类口岸，突发性的环境事故的风险较大，一旦发生环境风险事故，将直接影响到国际关系。与新时期风险防范和环境监管能力建设的需求相比，全省环境监管整体能力还较低，达标化建设尚处于低层次，系统提升不够，缺乏必要的整合与联动，对环境保护“十二五”规划“三大着力点”（污染减排、质量改善、防范风险）的支撑不够，自动化水平低，环境监管效率不高，监测和监察业务用房缺口达15万平方米，设备运行经费与更新改造经费难以得到有效保障，人员编制明显不足，人员素质总体不高，地区之间、行业之间环境管理能力和管理手段差距较大。环境管理的基础能力，包括环境信息、环境科技、环境统计、环境宣传、基础调查等与需求还有很大差距。监测网络还需进一步完善，水质自动监测断面占全省监测断面总数比例不到5%，重点流域和多条重要出境河流水质自动监测站建设十分滞后，温室气体、臭氧、可吸入颗粒物、重金属、土壤和生态监测等需要增加。全省核与辐射环境安全监管面临着较大的压力，能力建设需尽快加强。

## 二、云南省环境保护的机遇与挑战

“十三五”时期，是云南省加快转变经济发展方式的攻坚时期，是加快建设“两强一堡”的黄金时期，是工业化和城镇化发展的加速时期。党中央、国务院明确提出要以科学发展为主题，以加快转变经济发展方式为主线，把加快建设资源节约型、环境友好型社会作为重要着力点。省委、省政府要求坚持“生态立省、环境优先”的原则，把良好的生态环境和自然禀赋作为云南省未来发展最重要的资源和资本。建设我国面向西南开放的桥头堡必然要求把生态环境保护摆上更加重要的战略位置，大力提高生态文明水平，加快环境保护事业发展面临新的历史机遇。

“十三五”时期是云南省工业化和城镇化发展的快速发展时期，发展不充分、不平衡、不协调、不可持续的问题依然突出，影响经济社会可持续发展的一些深层次矛盾和问题进一步显现，资源环境约束加剧，桥头堡建设对环境安全与树立环境保护新形象提出了更高的要求。在环境容量相对不足，环境风险不断加大的情况下，环境问题将变得更为复杂和不确定。新的环境问题逐渐显现，跨境跨界污染防范任务艰巨，经济快速发展对保障环境安全提出了更高的要求。同时，随着广泛的环境宣传和人民生活质量的提高，人民的环境保护意识和环境维权意识不断增强，环境保护是改善和保障民生的重要组成部分，是促进社会和谐和社会稳定的重要内容。努力改善环境质量，使人民群众在优美环境中生产生活，已成为环境保护的根本任务。

面对新的历史机遇与日益严峻的环境挑战，环境保护要服务于经济社会又好又快发展，推进总量削减、质量改善、风险防范与生态屏障建设，在推动经济增长方式转变中发挥更大的作用，为实现全面建设小康社会奋斗目标奠定坚实基础。

## 第三节　云南省生态环境保护的建议与对策

### 一、指导思想和规划目标

#### （一）指导思想

以邓小平理论和“三个代表”重要思想为指导，以科学发展为主题，以转变经济增长方式为主线，紧密围绕“二强一堡”发展战略，以解决关系民生的突出环境问题为重点，以环境监管能力建设为保障，深化主要污染物排放总量削减，改善环境质量，防范环境风险，建设生态屏障，提升生态文明水平，为全面建设小康社会提供坚实的环境基础。

#### （二）基本原则

1.生态立省，环境优先。坚持以科学发展观为主题，以转变发展方式为主线，坚持以最小的环境代价实现最大经济社会效益，以环境承载力为基础，在保护中发展，在发展中保护，促进经济社会与资源环境协调发展。

2.统筹兼顾，环保惠民。坚持长远谋划，对全局性、普遍性的环境问题，要全面部署、全面推进，同时抓住重点流域、重点区域的突出问题、难点问题，集中力量率先突破。坚持以人为本，维护群众的环境权益，促进社会和谐。

3.分类指导，分步实施。云南省地域差异较为显著，区域自然生态环境条件、社会经济发展水平和面临的生态环境问题各不相同，需要在遵循区域主体功能定位、落实环境功能区划要求的情况下，分区控制，合理调整产业布局，分阶段、有步骤地开展工作。

4.政府主导，社会参与。强化环境保护的政府意志，落实政府责任，做到目标、任务与投入、政策相匹配。强化企业环境责任，鼓励全社会参与环境保护，加强环境信息公开和议论监督，构建政府、企业、社会相互合作和共同行动的环境保护新格局。

**（三）规划目标与指标**

到2018年末，主要污染物排放总量持续削减，六大江河和九大高原湖泊水环境质量进一步好转，重金属污染得到有效控制，生物多样性保护取得明显成效，环境监管和防范环境风险的能力进一步增强，环境安全得到有效保障，生态文明建设迈上新台阶。

1.主要污染物排放总量持续削减。全省化学需氧量、氨氮排放总量分别比2016年减少6.2%、8.1%，二氧化硫、氮氧化物排放总量分别比2016年减少4%、5.8%。

2.环境质量明显改善。到2019年，总体上九大高原湖泊消灭劣V类水体，主要污染物排放削减量达10%以上，主要水环境质量指标明显提升。全省六大江河国控和省控断面水环境功能达标率稳定在70%以上，国控和省控断面劣V类水质的比例小于20%。16个州（市）所在地城市环境空气质量年均浓度值达到二级标准以上的城市比例大于80%，好于二级标准的天数超过292天的城市比例大于85%。

3.生态安全屏障建设得到加强。生物多样性保护取得明显成效，受保护地区面积占国土面积比例达到14%以上，重要生态功能区保护和建设得到加强，局部区域生态退化趋势得到扭转，生态建设示范取得突出进展，农村环境污染防治取得良好成效，全省生态环境质量持续保持优等。

4.环境监管和防范环境风险的能力进一步增强。重金属污染得到有效控制，危险废物基本实现安全处置，核与辐射环境监管进一步加强，省市县环境监管体系进一步完善。

环境保护主要指标由总量控制指标、环境质量指标、生态屏障建设及风险防范指标构成。

**（四）基本思路**

根据云南省经济社会发展的阶段性特征以及“十三五”时期的工作基础和基本经验，“十三五”期间环境保护的基本思路可以概括为“1448”：

1：以推动生态文明建设迈上新台阶为总体目标，继续实施《七彩云南生态文明建设规划纲要》、七彩云南保护行动、生物多样性保护等重大举措。

4：以4项主要污染物（COD、NH3—N、二氧化硫、氮氧化物）减排约束性指标为抓手，大力落实环境保护目标责任制，以倒逼机制推动总量削减指标的实现。

4：围绕“削减总量、改善质量、建设屏障、防范风险”4大领域，突出主要污染物减排、九大高原湖泊和六大江河及饮用水源地污染防治、生物多样性保护、环境安全及应急管理、监管能力建设等重点任务，为社会经济的可持续发展奠定良好的环境基础。

8：为实现“十三五”环境保护目标和任务，需要争取国家的支持，调动各方面资源，集中力量，实施“四项污染物总量控制工程、九大高原湖泊及重点流域水污染防治工程、重金属污染综合防治工程、饮用水源地污染防治工程、生物多样性保护工程、两污建设工程、农村环保惠民工程、境监管能力及环境风险防范工程”8大工程，以带动各方面的工作的开展。

## 二、推进主要污染物减排，促进绿色发展

实施化学需氧量、氨氮、二氧化硫和氮氧化物等主要污染物排放总量控制制度，坚持源头预防，综合推进，强化结构减排，细化工程减排，实化监管减排，推进清洁生产，发展循环经济和低碳经济，降低产污强度，促进经济发展方式的转变。

### （一）调整产业结构，加强污染物产排全过程控制

加大落后产能淘汰力度。按照国家产业结构调整的要求，积极发展产污强度低、能耗低、清洁生产水平先进的工艺及产品，加快淘汰钢铁、铁合金、火电、铅锌、焦炭、电石、建材、黄磷、造纸等行业落后生产能力。清理纠正对“两高”行业电价、地价、税费等方面的优惠政策，逐步实施差别水价、“两高产品”限制出口等政策，提高“两高”企业的信贷风险等级。建立落后产能退出机制，安排专项资金并积极争取中央财政通过以奖代补、以奖促治淘汰落后产能。定期组织对“两高”行业节能减排工作的专项检查，逐步推行和实施主要行业单位增加值或单位产品污染物产生量评价制度。加强产业转移的环境监管，严格控制产能过剩行业的项目建设，防止产业转移造成大的环境污染。制定淘汰落后产能清单，将任务逐级分解，按期完成。对没有按期完成淘汰任务的企业，要依法予以关停；对没有完成任务的区域，暂停其新增主要污染物排放总量的建设项目环评审批。建立新建项目与污染减排、淘汰落后产能相衔接的审批机制，落实“等量淘汰（置换）”或“减量淘汰（置换）”制度。

### （二）努力减少污染物排放新增量，进一步强化环评管理，严格依法审批，严把环保准入关口

加强试生产和竣工环保验收监管，加快搭建全省建设项目动态管理信息系统平台，实

现从项目环评到建成投产全过程的跟踪管理，有效控制污染物新增量。大力发展可再生能源和清洁能源，优化能源结构。充分发挥云南省可再生能源优势，在保护生态的基础上推进水电、风能发电、太阳能发电等发展。稳妥推进生物质能开发，拓展天然气的利用，加大煤层气开发利用。争取到2019年非化石能源占一次能源消费的比重达到30%，缓解工业发展带来的减排压力。

**（三）大力推行清洁生产，推动循环经济和低碳发展**

强化对重点行业、重点区域和重点企业的强制性清洁生产审核，将实施清洁生产作为环保验收、环保专项资金申请和污染物减排量核算的重要条件。严格执行国家造纸、化工、冶金、建材、有色等重点行业污染物排放标准、清洁生产相关标准，加强云南省制糖、橡胶、黄磷等地方清洁生产标准的实施力度。大力发展循环经济，推动工业园区和工业集中区的生态化改造，以先进适用的节能减排技术改造提升传统产业，推动不同行业的产业链延伸与耦合，做好粉煤灰、煤矸石、燃煤电厂烟气脱硫副产品、尾矿、冶金与化工废渣、有机废水等综合利用，推进农业副产物的综合利用，促进再生资源的规模化、高效化、集约化利用。推动传统产业的低碳化改造，大力发展新兴低碳产业，推动低碳产品认证，积极开展碳汇交易和碳汇生态补偿试点，推进低碳发展试点省建设。

**（四）积极发展环保产业**

要使环保产业力争满足省内节能减排降耗、发展循环经济对环保装备和技术的需要，并形成新的经济增长点。贯彻实施《云南省环保产业发展规划（2017—2020年》，大力发展环保产品生产，培育龙头企业，开发节能污水处理设备，研发垃圾渗滤液处理新技术和设备，开发适合中小城镇和农村生活污水处理的分散式污水处理技术、高效人工湿地、人工生态水处理技术，开展大气污染物削减控制技术研究和脱硫副产物资源化利用技术研发及集成示范。积极发展环保服务业，规范市场秩序，重点扶持和培育一批从事环保技术评估、环保技术咨询、环保成果推广应用等业务的社会化中介服务机构，加强环境工程设计及相应服务，大力推进环境咨询服务市场化，推行环境治理专业化运营，推进环境污染治理设施和自动连续监测的市场化、企业化和专业化运营管理，重点发展城市污水、工业废水、生活垃圾、工业固体废物、废气治理设备、设施在线监测的多渠道融资建设、特许权经营和社会化管理。推进废弃物资源综合利用产业发展，提高工业固体废物资源化利用率。

**（五）以化学需氧量和氨氮为重点，削减水污染物排放量**

继续推进工业水污染物的减排。以化学需氧量和氨氮的总量控制为重点，继续推进工业水污染物的减排工作。严格落实造纸及纸制品业、冶金、焦化等行业重点企业的减排任务。对无碱回收的制浆造纸企业及其他废水治理设施建设不完善企业，限期建设碱回收装置，黑液提取率实现90%以上，完善废水生化处理工艺，稳定达到新的行业排放标准。严格执行甘蔗制糖以及化工等产业准入门槛，加快产业升级。提高制糖行业水循环利用率，推行废糖蜜集中生产酒精并集中治理酒精废醪液的处理方式，减少废水排放量，积极推进天然橡胶废水处理，采用厌氧—好氧技术处理制胶生产废水。加强纺织印染业、农副食品加工业（淀粉制造、屠宰行业）、化学原料及化学品制造业（氮肥、农药、染料行业）、饮料制造业、食品制造业、医药及其制品业等行业减排设施的监管，稳定完成削减任务。

**（六）全面提升城镇污水处理水平**

完善现有污水处理设施和污水管网系统，加强污水处理设施运营监管。继续实施“县县”建设污水处理厂工程，推进重点流域和地区建制镇生活污水处理厂（站）建设工程，新建昆明市新城区捞鱼河污水处理，完善污水管网收集设施，使污水处理设施负荷率提高到80%以上，全省城镇污水处理率达到85%以上。改造升级现有污水处理设施，向不达标水体排放的污水处理厂排放控制标准一级B标准，部分地区根据地方标准或流域水质要求，提高至一级A或更严格的标准，滇池等重点流域污水处理要增加除氮、磷设施。

加强污水处理厂污泥安全处理处置。坚持污水和污泥处理“同时规划、同时建设、同时管理”的原则，因地制宜地采用土地利用、污泥农用、填埋、焚烧以及综合利用等方式，对昆明市中心城区污水处理厂、安宁市污水处理厂等18家污水处理厂对产生的污泥进行无害化处理处置。建立污泥处理处置设施建设运营的财政补贴渠道，对符合条件的污泥处理处置企业及运营制定相关的财税、收费优惠政策，比如运营税负减免机制，对达到要求的企业进行免征增值税和营业税，对设备加速折旧等。

**（七）积极推广再生水利用**

大力发展再生水利用，较大幅度提高再生水回用能力。大力发展再生水回用技术；采用分散与集中的方式，建设污水处理厂再生水处理站和加压泵站；在具备条件的机关、学校、住宅小区新建再生水回用系统；加快建设尾水再生利用系统，鼓励回用于工业生产和市政用水等。建立健全污水再生利用产业及政策，实现污水再生利用与污水处理能力的同步增长。争取到2019年，新建再生利用工程75个，改扩建再生利用工程11个，力争全省污水处理厂再生水回用率达到22.52%。

推动畜禽养殖污染治理。重点实施规模化养殖场有机肥生产利用工程，做好各种实用型沼气工程，积极推进多种方式的畜禽粪便资源化利用，对污染物统一收集和治理，养殖小区对进入贮存设施的粪便推广有机肥综合利用。同时按规定建立进量（产生量）、出量（处理利用量）原始记录档案。争取到2019年，畜禽养殖粪便综合利用率达到80%以上。

推进流域总量控制和行业总量控制。探索开展对污染较为严重的南盘江流域、元江流域、沘江流域以及九胡流域进行污染物总量控制，以各流域特征污染物为控制因子，实施重点流域污染物总量控制。探索开展水污染重点行业总量控制，以纺织印染业、农副食品加工业（淀粉制造、屠宰行业）、化学原料及化学品制造业（氮肥、农药、染料行业）、饮料制造业、食品制造业、医药制造业及其制品业等行业为重点，以化学需氧量和氨氮为控制因子，实施重点行业总量控制。

**（八）以二氧化硫和氮氧化物为重点，削减大气污染物排放量**

持续推进电力行业减排。新建燃煤机组全部配套建设脱硫脱硝设施，脱硫效率实现95%以上，脱硝效率实现80%以上。未脱硫的现役燃煤机组应加快淘汰或安装脱硫设施，不能稳定达标排放已投运脱硫设施应进行更新改造，综合脱硫效率提高到90%以上。新、改、扩建机组必须配套烟气脱硝设施，脱硝效率实现80%以上。现役20万千瓦及以上的燃煤机组实施脱硝改造，综合脱硝效率实现70%以上。加强已投运脱硫、脱硝设施监督管理，所有电厂建立自动在线监控系统，已投运的火电厂烟气脱硫设施应封堵脱硫设施烟气旁路，确保稳定高效运转。

加快非电力行业脱硫脱硝进程，加快冶金行业氮氧化物控制技术的研发和产业化进程，推进烟气脱硫、脱硝示范工程建设。加强水泥行业二氧化硫、氮氧化物减排适用技术的推广和应用，根据水泥窑的现状和特性，推进烟气减排示范工程建设，实施低氮燃烧技术和烟气脱硝工程。对重点有色企业实施硫酸尾气制酸或其他硫回收工程，推进炼焦炉荒煤气脱硫工程。新建燃煤锅炉应安装脱硫脱硝设施，现有12吨以上燃煤锅炉实施烟气脱硫工程，对部分企业燃煤锅炉实施低氮燃烧示范工程。

加强机动车氮氧化物控制，有效管理和监控营运车辆，实施机动车环保定期检验和环保标志管理。严格执行老旧机动车强制淘汰制度，加速淘汰黄标柴油车（污染物排放达不到国3标准的柴油车）。提高机动车环境准入门槛，禁止不符合国家机动车排放标准车辆的销售和注册登记。全面提升车用燃油品质，鼓励使用新型清洁燃料。按照国家要求，严格实施第Ⅳ阶段机动车排放标准，2015年重型柴油车实施第Ⅴ阶段机动车排放标准。优化城市交通，大力推进绿色交通体系建设，昆明等城市要加强机动车污染的监测，适时开展机动车保有量总量控制。逐步加大燃气汽车、混合动力汽车和电动汽车等清洁能源汽车的使用力度。

控制温室气体排放。建立二氧化碳等温室气体排放清单及排放量统计制度，加强温室气体排放源的监测和监管。大力发展水电、风能、太阳能等清洁能源，增加清洁能源使用比重。以工业、建筑、交通为重点，全面推进节能工作，突出抓好重点行业和重点企业节能降耗，提高能源利用效率。推进化石能源的清洁利用。大力发展节能环保型公交运输工具，在公交、公务、出租、环卫、邮政等公共服务领域推广新能源汽车。推进森林云南建设，增加森林碳汇功能，有效控制温室气体排放。

## 三、改善环境质量从而着力提高民生水平

### （一）提高九大高原湖泊和六大江河水环境质量

严格保护饮用水源地，确保饮水安全。推进饮用水水源保护区管理，严格环境执法，加快饮用水水源保护区划定、批复和建设，依法取缔水源保护区内违法建设项目和开发活动。采取经济、技术、工程和必要行政手段，分区控制饮用水水源保护区内非点源污染，在饮用水源一级保护区，通过土地置换、经济补偿、土地征用等措施，实施退耕还林还草；在二级保护区，积极发展生态农业和有机农业，推进畜禽粪便和农作物秸秆资源化利用。分类开展饮用水源地环境保护，统筹协调流域水污染防治，加强流域地表水饮用水源地上游来水跨界断面评估考核，优先保证地表水饮用水水源上游来水达标，抓紧治理昆明松华坝水库、宝象河水库、自卫村水库、曲靖市独木水库等饮用水源地污染。提高饮用水水源地环境监测能力，昆明、曲靖和玉溪饮用水源地力争每年做一次全指标监测，其他集中式饮用水源地争取每三年进行一次全指标监测，加强集中式饮用水源地自动监测站建设，逐步开展生物毒性监测、持久性有机污染物（POPs）和内分泌干扰物等影响人体健康指标监测。建立饮用水水源地风险防范机制，对环境风险大的其他水源地制定综合整治方案，严格管理与控制一类污染物的产生和排放，加强水源保护区内公路运输的管理，完善应急预案，全面提高预警能力。

### （二）采取综合措施继续改善城市环境质量

1.进一步完善城市环境基础设施

按照“两污”规划和污染减排任务要求，继续实施“县县”建设污水处理厂和垃圾处理厂工程，优先完善现有污水处理设施，加强运营监管，加快污水处理厂配套管网建设，提高污水收集率和污水处理设施运行效率。继续加强城镇生活垃圾处理设施建设，配套完善生活垃圾收运处理设施，鼓励垃圾分类收运，实现生活垃圾收集设施的全覆盖，全省城镇生活垃圾无害化处理率不低于80%。整治简易垃圾处理或堆放设施和场所，对已封场的垃圾填埋场和久垃圾场进行生态修复、改造。推进垃圾渗滤液处置工程建设，加强运营监管，做好垃圾处理设施污染地下水和土壤的修复工作。加快对有机垃圾堆肥、生物燃气利用等技术的开发，推动开展相关试点工程。开展餐厨垃圾无害化处理示范和推广，餐厨垃圾集中收集处理率达到27%。

2.推进城市内河水环境综合整治

结合污水截流、管网建设、集中处理设施建设，科学规划排水格局，通过调水、清淤和河岸陆域整治等工程措施，提高城市河道的自净能力，做到面清、岸洁、有绿，内河景观功能和生态功能逐步恢复。到2019年，力争16个州（市）所在地主要河道消除黑臭，初步恢复生态和景观功能。昆明、曲靖等国家环保重点城市要努力完成城市内河的全面整

治，并达到水体功能目标。科学规划达标尾水的回用和排放，大力推广污水处理厂尾水生态处理，加快建设尾水再生利用系统，城镇景观、绿化、道路冲洒等优先利用再生水。

3.继续改善城市空气环境质量

加强城市扬尘全过程控制，开展料堆站场扬尘污染控制，贮存、堆放煤渣、煤灰、砂石、灰土等易产生扬尘物料的场所，要建成封闭设施、喷淋设施、以及表层凝结设施等。严格落实施工工地围蔽和清运余泥渣土、喷水降尘等措施。加强市区内裸露土地的绿化或铺装，落实路面保洁、洒水防尘制度，减少道路扬尘污染。加强机动车尾气污染排放控制，落实环保标志制度。

4.全面加强工业烟粉尘控制

对于烟尘排放浓度不能稳定达到30mg以下的火电厂，必须进行除尘器改造；对于未采用静电除尘器的现役烧结（球团）设备全部改造为袋式或静电等高效除尘器，加强工艺过程除尘设施配置；20蒸吨以上的燃煤锅炉应安装静电除尘器或布袋除尘器，20蒸吨以下中小型燃煤工业锅炉鼓励使用低灰优质煤或清洁能源。

5.积极开展VOCs污染控制和有毒废气环境管理

逐步实施生产企业的挥发性有机物排放控制，加大化工及含挥发性有机化合物产品制造企业和印刷、制鞋、家具制造、汽车制造、纺织印染等行业清洁生产和污染治理力度，逐步淘汰挥发性有机化合物含量高的产品生产和使用，严控生产过程中逃逸性有机气体的排放。建立工业企业有机溶剂使用量申报与核查制度，纳入重点管理企业名录的企业使用溶剂必须符合环境标志产品技术要求。加强商用及家用溶剂产品挥发性有机物控制，严格管理干洗行业的干洗溶剂使用，禁止使用挥发性有机物含量高的非环保型建筑涂料。实施加油站、油库和油罐车的油气回收综合治理工程。昆明、曲靖等国家环保重点城市应开展VOCs监测，严格控制工业VOCs排放。加强汞、铅、二恶英和苯丙芘等有毒废气环境管理，开展有毒废气监测，严格污染源监管。

6.改善城镇声环境质量

加强噪声污染防治，加大监管力度，提高城市声环境功能达标率，减轻噪声污染对居民生活、工作和学习的影响。以昆明、曲靖、玉溪等城市为重点，建设与完善城市环境噪声监测体系，开展声环境功能区划，在城市建设中落实声环境功能区要求，从布局上避免噪声扰民问题。加强社会生活、建筑施工和道路交通噪声的监管，建设“宁静城市”“宁静社区”。全面落实《地面交通噪声污染防治技术政策》，减轻交通噪声的影响。强化施工噪声污染防治，查处施工噪声超过排放标准的行为，认真执行施工噪声排放申报管理，实施城市建筑施工环保公告制度，推进噪声自动监测系统对建筑施工进行实时监督，鼓励使用低噪声施工设备和工艺。管理社会生活噪声，深化工业企业噪声污染防治，严格实施噪声污染源限期治理制度，查处工业企业噪声排放超标扰民行为，确保重点排放源噪声排放达标。加强噪声污染信访投诉处置，防止噪声污染引发群体事件。严格控制城镇化过程中噪声污染，防止噪声污染从城市向乡村的转移。风景名胜区、自然保护区等地声环境管理，应列为噪声敏感区加以保护。

### （三）推进农村环境治理与土壤污染防治

1.优先保障农村饮用水安全

支持农村饮用水源和水源涵养地的生态保护，推动人口密集的重点乡镇的水源保护区规划和建设，开展农村饮用水水源地调查评估。定期开展农村饮用水水源地环境保护专项执法检查，严格控制饮用水水源保护区上游或周边建设污染企业。逐步加强农村分散式供水水源周边环境保护和监测管理，开展农村饮用水水源环境保护宣传教育，强化饮用水水源环境综合整治。

2.提高农村生活污水和垃圾处理水平

推进重点区域小城镇和规模较大村庄集中式污水处理设施建设，城市周边村镇的污水应纳入城市污水收集管网统一处理，居住分散、经济条件较差村庄因地制宜采取低成本、分散式处理方式。加强农村生活垃圾的收集、转运、处置系统建设，对于城市和县城周边的村庄，应采用“户分类、村收集、镇转运、县处理”的模式，统一处理生活垃圾，交通不便地区要积极探索堆肥等综合利用和就地处理模式。

3.积极防治农业面源污染

在城镇密集区、重点流域沿岸、大中型水库汇水区和水源保护区禁止发展规模化畜禽养殖，加强规模化畜禽养殖场的环境监管，控制污染物排放总量。大力发展沼气工程建设，积极发展以沼气为纽带的种养模式，促进畜禽养殖废弃物的循环利用。推广节肥节药技术，调整优化用肥结构和提高病虫害综合防治能力，减少化肥、农药用量。开展水产养殖污染调查，控制水库、湖泊等封闭水体网箱养殖规模，推广池塘循环水养殖技术，限制水产养殖投饵强度。

4.改善重点区域农村环境质量

继续加大力度深化“以奖促治”政策的实施。积极争取中央农村环境综合整治专项资金，整合统筹农村环境综合整治工程，优先治理乡镇建成区及沿边区域、重点流域、水源涵养区、生物多样性保护重点区域的村庄。推进农村连片整治，争取国家把云南纳入“全国农村环境连片整治示范省”。编制完成《云南省农村环境污染防治规划》，细化村庄环境综合整治技术要求，开发推广适用的综合整治模式与技术。建立农村环境综合整治目标责任制，健全农村环境保护长效机制。优化农村地区工业发展布局，严格工业项目环境准入，防止落后工业产能和工业污染向农村转移。加强乡镇工业企业监管，开展乡镇企业工业达标排放专项整治行动。开展农村地区化工、冶炼等企业搬迁和关停之后的遗留污染治理。

5.积极开展土壤污染防治

加强监测评估，强化土壤污染的环境监管，编制并实施全省土壤污染防治规划。在土壤污染调查的基础上，对粮食、蔬菜基地等重要敏感区和浓度高值区进行加密监测、跟踪监测，对土壤污染进行环境风险评价。加强土壤污染监测能力建设，建立农田土壤污染防治与监测制度，进行土壤污染综合治理示范。加强城市“退二进三”过程中被污染的工业场地的环境监管，禁止未经评估和无害化治理的污染场地进行土地流转和二次开发。推进重点地区污染场地和土壤修复，以城市周边、重污染工矿企业、尾矿库周边、饮用水源地周边、废弃物堆存场地等为重点，开展场地污染土壤治理修复和风险控制试点工作。建立重污染场地和土壤清单，加强信息沟通，促进土地利用调整和种植结构调整，切实防范环境危害。

## 四、加强生物多样性保护和建设生态安全屏障

从云南省区域自然环境和经济发展整体布局出发，优先保护生物多样性、水源涵养、土壤侵蚀等生态功能敏感区，统筹重大生态建设工程，构筑生态安全屏障，维护区域生态安全。

### （一）构建生态安全空间格局

1.实施云南省生态功能区划。结合各地区经济社会特点，在生态承载力范围内，合理安排保护、建设和开发。在制定经济社会发展规划、各类专项规划和重大经济技术政策时，要加强与生态

2.功能区划的协调，充分考虑生态功能的完整性和稳定性。根据云南省生态功能区划，要加大生物多样性保护功能区的保护力度；加强水源涵养和土壤保持生态功能区的生态修复；加强农产品和林产品提供生态功能区的产品安全保障和生态破坏治理，发展生态农业；加强城市群、集镇生态功能区的人居生态安全维护，防治地质灾害，防范环境风险，改善环境质量。对云南省自然保护区、饮用水源地、重要水源地、湿地、森林公园、风景名胜区等生态敏感区进行深入调查，进一步明确保护功能和要求，加强对不合理开发活动的控制。

3.加强不同开发区域环境保护的分类指导。在重点开发区内推进区域经济发展规划环境影响评价和主导产业、重点行业发展规划环评，科学制定开发方向与规模，以环境容量为基础实行总量控制，明确环境准入政策，推动清洁生产，加强开发区域的生态建设力度，提高生态承载能力，保障环境质量达标。优化开发区内严格污染物排放标准，推行部

分重污染行业退出政策，实行总量控制和排污许可政策，试行重点污染物排污权交易政策，促进污染物减排，实施生态修复激励政策，改善区域环境质量。限制开发区实行以健全功能为主的生态建设与保护政策，严格执行环评制度，对敏感项目举行听证会，提高环境保护进入门槛，推行行业退出与限批政策，积极实施生态补偿政策，激励公众参与生态保护的积极性。禁止开发区区内严格执行区域禁批制度，限制保护区周边的各类开发活动，完善生态保护政策，实行更加具有针对性的保护措施，加强基础能力建设，推动生态补偿政策，鼓励到重点开发区就业，试点异地补偿。

4.推进重要生态功能区建设。结合“天然林保护”“退耕还林还草”“长治”、荒漠化治理等重大生态建设工程，重点加强全国生态功能区划和云南省生态功能区划确定的滇西北（横断山）、西双版纳、金沙江干热河谷（川滇干热河谷）、滇东南喀斯特（西南喀斯特地区）等区域生态功能的保护与管理，加强生态监测、生态质量评估，推进生态修复工程的实施，增强水源涵养、水土保持、生物多样性保护等生态功能。编制并实施全省重要生态功能区、生态脆弱区建设规划，落实有针对性、抢救性保护与治理措施，防止生态灾害。

### （二）提升自然保护区建设与监管水平

加强自然保护区管理，完善管理体制，深化分类管理。推进自然保护区发展从数量型向质量型转变，强化管理能力建设和标准化建设，合理规划自然保护区发展规模和布局。通过新建、晋级、范围和功能区调整，形成类型齐全、分布合理、面积适宜、建设与管理科学的自然保护区网络。切实重视自然保护区以外重要生境的保护，加强风景名胜区、森林公园保护与建设，探索国家公园保护模式，构建不同形式的保护地体系，到2019年，使受保护区域面积达到全省国土总面积的14%以上，所有国家级自然保护区要达到规范化建设水平，完善省级自然保护区的管理体系，建立稳定的投入渠道。引导自然保护区内及周边地区群众积极参与自然保护区管护，开展社区共管，选择典型区域开展自然保护区生态补偿试点工作。完善建立自然保护区的评估及考核奖惩制度，促进管理水平的提高。加强涉及自然保护区建设项目的环境监督管理，开展专项执法检查，及时启动自然保护区管理信息系统建设，提高统筹管理能力。

### （三）全面加强生物多样性保护

制订并实施《云南省生物多样性保护战略与行动计划》，加大滇西北、滇西南等生物多样性保护优先区域的保护力度，开展生物多样性保护示范区和恢复示范区建设，建立生物多样性监测、评价和预警制度。在滇西北生物多样性调查的基础上，逐步开展其他地区生物多样性调查，建立生物多样性基础数据库，开发生物多样性及保护信息管理系统，建立健全生态监测网络，建立固定的数据收集、分析和资源共享机制，定期发布生物多样性保护监测信息公报。控制物种及遗传资源的丧失流失，加强对生物物种资源出入境的监管。强化对转基因生物体和环保用微生物利用的监管，开展外来有害物种防治。

加强生物多样性保护的协调与区域系统管理。进一步完善生物多样性保护联席会议制度，建立顺畅的部门和地方政府生物多样性管理的协调模式，加强省政府与地方政府之间的信息交流和行动协调，建立重大生物多样性事故应急处理机制。发挥生物多样性保护基金会的资金引导作用，吸引社会资金投入生物多样性保护。加强资源开发的生态环境监管，规范开发建设活动，发挥生态功能区划对资源开发的引导作用。大力开展生态环境监察，加强水电等资源开发的生态环境监管。

### （四）深化生态示范建设

深入推进生态建设示范区建设。全面完成生态建设示范区规划，夯实创建工作基础，层层推进，开展省级生态州（市）、生态县、生态乡镇、生态村和州市级生态村建设，扎实推进创建达标活动，重点推动生物多样性保护重点区域的滇西北、滇西南9州市44个县，以及重要生态功能保护区、农业发展重点区和重要湖泊湿地所在区域的生态创建。到2019年，力争部分州（市）达到省级生态州（市）建设标准，部分县（市、区）达到国家级生态县建设标准；生态村、生态乡镇创建数量和创建级别实现双提升；生态工业示范园区建设取得积极进展，争取1家达到国家级生态工业示范园区标准，5家达到省级生态工业示范园区建设标准。

继续推进绿色系列创建。着力提升各级绿色系列创建比例，到2020年，现有州（市）级绿色学校40%创建成省级绿色学校，绿色学校比例达到全省各级各类学校（幼儿园）的10%—15%。现有州（市）级绿色社区80%创建成省级绿色社区，全省绿色社区的比例达到全省社区总数的10%以上。加强环境教育基地建设，现有州（市）级环境教育基地全部提升为省级环境教育基地，全省新增各级各类环境教育基地50个。加强绿色系列创建的指导和管理，强化已命名单位的考核、评估和管理，加强对创建单位的培训和教育资源支持。

## 五、全面提升监管能力

### （一）系统提升环境监管能力

以建立与新时期环境保护任务需求相匹配的环境监管能力为方向，抓基础重配套，着力加强与完善污染源监管与总量减排、环境质量监测与评估考核、环境预警与应急三大体系建设，培养环境保护人才队伍，提升为环境保护统一监督管理提供支撑的整体能力。

1.着力加强污染源监管与总量减排体系建设

加强污染源监督性监测，建设监督性监测基础数据库，强化自动监控数据审核。以国控和省控重点污染源监督性监测为切入点，夯实总量控制指标监测基础能力，监测指标要逐步覆盖各类污染源排放标准要求，强化监测系统的运营与质量管理，推动污染源排放稳定达标。在国控和省控重点污染源增加氨氮、氮氧化物在线监测设备，在涉及重金属排放的企业逐步增加重金属自动监控设备，对新建污水处理厂和重点污染源及时安装自动监控设施，强化对在线监控的管理和数据有效性审核，进一步完善重点污染源自动监控网络建设。加强环境统计能力建设，完善环境统计机制，强化环境统计数据应用。

2.继续强化环境监察能力

实施全省环境监察系统标准化建设提标升级工程。到2020年，省环境监察总队达到国家标准化建设要求的东部一级标准；昆明、曲靖、红河州、玉溪、大理州、楚雄州、昭通、文山州、普洱、保山等10个州（市）的环境监察支队达到西部一级标准，其余6个州市环境监察支队达到西部二级标准；70%以上的区县环境监察大队达到国家西部级标准。重点提升交通、取证、快速定性监测仪器以及现场通讯指挥设备、现场数据传输设备、移动执法终端等现代化装备。进一步扩大12369环保热线覆盖范围，提高服务水平，完成省环境监察总队与省环境监测中心站污染源在线监控中心的联网工作。

3.提高科技为污染减排科技支撑能力围

绕污染减排等重点工作，加大科技支持和投入力度，重点加强新增污染减排指标氨氮和氮氧化物的技术支撑能力，研发氨氮削减技术工艺，开展大气污染物的协同效应、氮氧化物污染源清单、排放量同环境质量的关系等研究。

4.强化和完善环境质量监测评估和考核体系

在现有监测软硬件基础能力整合、集成、改造和提高的基础上，加强环境监测的重要领域和薄弱环节建设。继续加强各级环境监测机构自身能力建设，按照国家“配精省级、配强市级、加强县级”的要求，在推进环境监测机构标准化建设的同时，有针对性地优化提升各级环境监测机构装备水平，到2019年，省环境监测中心站达到国家西部一级标准，仪器设备实现环境质量监测业务领域和监测指标的“两个全覆盖”，一半以上的州市级环境监测站达到国家西部二级标准，配齐特征污染物分析设备，成为全省环境监测的骨干，昆明市、曲靖市和玉溪市三个重点城市环境监测站具备饮用水水质全分析能力，全省90%以上的县（区）建有环境监测站，重点流域、重金属污染防控重点区域范围内的区县和25个边境县要全部建站，在基本监测能力的基础上，选择性配置特征污染物监测设备。31个还未通过计量认证的区县级环境监测站仪器设备达到国家西部三级标准，县级环境监测站基本达标率比2017年提高20%。

5.完善环境质量监测网络

建设包括城市空气质量、区域环境质量、空气质量背景和重点流域、重要水体等相关环境要素监测点位，保障监测网络高效运行。强化重点流域（国家重点流域包括滇池、金沙江）地表水和饮用水水源地环境质量监测，结合流域污染特征，选择重要断面补充生物毒性、重金属、POPS等危害人体健康的污染物监测。加强监测站（点）建设，优化国控水质断面和大气环境监测点位，扩大自动检测覆盖范围和指标。在重点流域和跨界河流增设水质自动站，到2019年基本实现跨国界河流国控断面和重要省界断面水质自动监测。在瑞丽市、宜良县、陆良县、元江县、腾冲县、镇雄县、水富县、澜沧县、耿马县、禄丰县、弥勒县、河口县、广南县、鹤庆县等15个市（县）新建环境空气自动监测站。昆明、曲靖、玉溪三市每年开展一次空气环境质量标准项目全分析监测。逐步将细颗粒物、温室气体、臭氧纳入例行监测，加强重金属污染物监测能力建设，逐步开展PM2.5、臭氧、挥发性有机污染物、汞等项指标例行监测。统筹城乡环境监测，对已经列入中央农村环保资金“以奖促治”的村庄（乡、镇）开展环境质量监测，力争“十三五”末开展生态和土壤例行监测。

6.全面加强环境预警与应急体系建设

加快推进全省环境应急管理体系的建设，以提高省级环境应急指挥能力为核心，强化州市级突发环境事件现场应对能力为重点，建立健全全省环境应急管理机构。按照国家省级二级标准建设云南省环境突发事件应急管理中心，加快建设指挥调度平台和移动指挥通信系统，实现人员、装备和业务用房全面达标。按照地市级二级标准建设昆明、曲靖、玉溪、大理州、红河州、文山州等6个州（市）环境突发事件应急管理中心，其他10个州市按照地市级三级标准建设。逐步在环境风险重点防控区域和边境县建立环境突发事件应急管理机构。加强环境安全应急技术和物资储备，将环境应急物资储备纳入全省应急物资储备管理，建立环境安全预警和灾后恢复专家库。根据环境安全的新形势，修订《云南省突发环境事件应急预案》，定期组织多种形式的环境应急实战演练。增强跨系统、跨领域的环境突发事件协调会商能力。

7.强化环境风险预警能力

开展全省环境风险源排查，逐步摸清环境风险源现状，划定环境风险重点防控区域，建立环境风险源数据库。建设环境自动监测预警系统，逐步在风险源单位车间排放口和总排污口、城市污水处理厂进水口、跨界断面上游及最终汇入地表水饮用水源地的河流全面设立预警监测断面，安装水质自动监测站，增加VOC、重金属、生物毒性等监测项目。加强大气环境风险源集中区域的大气环境监测。建立自动监测与例行监测相结合的预警监测机制，完善跨行政区的预警信息共享与通报机制，强化预警监测系统信息网络的建设。开展澜沧江跨界河流实时监控、监测预警信息共享及应急管理体系建设示范。

8.着力提高环境管理信息化支撑能力

夯实环境信息化建设的基础，建立健全适应新时期环境保护工作需要的环境信息化管理体制，完善环境信息标准规范体系，提高基础网络安全等级。提高网络通讯和网络运用能力，基本形成“省—州市—县”三级环境信息网络体系。推动环境信息机构标准化建设，到“十三五”末争取省环境信息中心达到国家环境信息机构规范化建设标准一级丙等要求，60%以上州市级环境信息机构的设备配置达到二级丙等要求，有条件的区县环保部门建立信息机构。

9.提高环境保护信息化与信息资源利用水平

推进环境信息化与环境业务的紧密融合，提升对环境监测预警和执法监督两大体系的支撑能力，围绕五大核心业务建设污染减排监督管理系统、环境监测管理系统、环境监察管理系统、重点污染源管理信息系统、九大高原湖泊管理信息系统、滇西北生物多样性保护基础数据库系统及其他核心环保业务应用系统。提高环境信息资源开发利用和共享水平，在国家级数据资源共享体系指导下，建设省级环境数据中心和信息资源共享体系，力争实现80%以上业务应用基础数据共享，有条件的地市级环保局结合实际需求开展信息资源共享建设。

10.推进环境保护政务信息化信息服务能力

依托国家环境保护电子政务外网，建设省级环境保护电子政务综合平台，基本实现国家环境保护总局、省环保局以及大多数州市环保局电子政务综合平台互联互通。加强省级环保政府网站建设，以政务公开和网上行政审批为重点，建设政府信息公开与交换系统、环境保护行政权力公开透明运行系统、省级网站群内容管理系统、政民互动交流系统、舆情采集系统、“一站式”环境信息服务系统等，实现网上申报、项目公示、建议举报、公众服务等电子政务应用，为社会公众和企业单位提供信息服务。

11.加强环境监管队伍建设

拓展人才教育和培训途径，联合高等院校、科研机构建立一批环境监管人才教育、培训和实习基地，加强省环境监测中心站、监察总队培训监管人才的能力，形成基础培训全面覆盖、特色培训相互补充的培训体系，到“十三五”末，主要技术骨干人员轮训率达到100%、新上岗的技术人员培训率达到100%、技术人员持证上岗率达100%。大力开展环境监管人才培养和队伍建设，提高专业技术人员结构比例，促进人才建设的专业化，努力解决解决环境监管人员编制不足的问题，加快专业人才的引进。

12.落实环境监管经费和业务用房保障

强化国家与地方环境监测网络、监控网、环境信息网络等的运行保障，建立经费保障渠道和机制。按照运行经费定额标准，保障监测、监察、预警与应急、信息、污染源在线监控等运行经费。建立环境监管设备动态更新机制，保障监测执法业务用房维修改造经费。改善环境监管业务用房条件。优先推进重点流域与边境县以及部分有困难的州市环境监管机构业务用房建设，努力解决业务及办公用房紧张，实验室基础条件不配套的问题。按照国家标准要求，新建一批州市级环境应急机构所需行政及特殊业务用房。争取到2019年，全省环境监管机构业务用房基本达到国家相关标准化建设要求。

13.提高环境影响评价综合能力

加强环评队伍和管理能力建设，力争在“十三五”期间全省16个州（市）全部成立环评技术评估机构，省级机构实现全员持证上岗。全省环评机构力争达到40个，环评从业人员数量在现有基础上翻一番，环评资质范围有所拓展，等级有所提高，甲级资质达到4个。完成环评基础数据库的建设，建立环评数据共享交流平台和技术支持系统。

14.加快环境宣传教育能力建设

围绕污染物减排、七彩云南保护、生物多样性保护等重点举措，从州市一级宣传教育机构入手，加快州（市）级环境宣传教育机构（以丽江、大理、保山、怒江、迪庆、德宏、西双版纳、临沧、普洱等州市为重点）的能力建设，优先解决上述州市环境宣传教育机构基本办公设备和装备达标问题，同时加强音像与图片资料获得、新闻采访、应急公关及举办大型宣传活动的软硬件支持能力。

**（二）推进固体废物处理处置**

1.优先推进危险废物污染防治

全面落实危险废物全过程管理制度，促进危险废物产生单位和经营单位规范化管理。建立危险废物生产单位监管重点源清单，从源头杜绝危险废物非法转移。建设云南省危险废物管理中心，建立危险废物全过程的管理体系，全面监督企业自行建设和管理的危险废物处置设施，规范危险废物处理处置，提升危险废物处理处置工程设施的运营管理效率，全面实现危险废物和医疗废物安全处置。进一步规范实验室危险废物等非工业源危险废物的管理。以生产废矿物油和铅酸蓄电池的机动维修企业为重点，坚决取缔污染严重的废铅酸蓄电池非法利用设施。以医疗废物处置等行业为重点，建立防治二恶英污染的长效管理机制。以含油、含重金属和含有毒有机物的污泥处置为重点，加强典型工业污泥处置和资源化，积极探索污泥处置的副产物利用途径。以砷渣、铬渣等为重点，加强历史堆存和遗留危险废物安全处置。继续推进危险废物和医疗废物处理设施建设，对企业自行建设和管理的处置设施开展风险评估和监督管理，促进危险废物利用和处置行业产业化、专业化和规模化发展，控制危险废物填埋量。启动危险化学品、持久性有机污染物（POPs），探索社会源危险废物的规范化管理机制，从源头预防和减少危险废物的产生，降低危险废物环境风险。

2.加大工业固体废物污染防治力度

按照“减量化、再利用、资源化”的原则，推进循环经济发展，延伸和拓宽生产链条，促进产业间的共生耦合，形成资源循环利用体系，从生产源头减少固体废物的产生。完善和落实有关鼓励工业固体废物利用和处置优惠政策，强化工业固体废物综合利用和处置技术开发，拓宽工业固体废物综合利用渠道。加大共伴生矿综合利用和深加工关键技术研发力度，提升共伴生矿产资源利用行业技术装备水平，提高大宗、短缺、稀贵金属等重要金属共伴生矿和非金属共伴生矿的综合利用率。到2019年，工业固体废物综合率达到72%。加强粉煤灰、煤矸石、磷石膏、电石渣、磷渣、冶炼渣等大宗固体废物堆存的污染防治，积极推进综合利用各种建筑废物、木材加工废物及桔杆、畜禽粪便等农业废物。继续推进限制进口类可作原料的进口废物的圈区管理，加大打击废物非法进口的力度。推行实施生产者责任延伸制度，规范并有序发展电子废物处理行业。

3.严格危险化学品环境监管

强化化学品生产准入和行业准入，制定重点环境管理化学品清单，制定和实施重点环境管理类化学品环境管理登记制度。严格控制涉及高污染、高风险化学品企业的生产规模，重点防控地区应制定更严格的高环境风险化工企业淘汰计划。加强老化工集中区的升级改造，完善园区环保安全设施、应急救援体系建设。全面调查排查重点行业、重点区域危险化学品生产、使用及存储情况，定期开展化学品生产、储存、使用、经营、运输和废弃物处理处置领域的风险防控执法检查。加强化学品生产、储运过程的风险监管，减少消费和使用过程中的化学品环境风险。完善危险化学品储存和运输过程中的环境安全管理制度，推行重点环境管理类化工有毒污染物排放、转移登记（PRTR）制度。加强危险化学品运输过程环境风险防范和监管。严格环境管理，加强化工有毒污染物的污染预防和排放控制，加强重点环境管理类化学品废弃物和污染场地的管理与处置。加大对不符合标准的污染防治和风险应急设施的改造力度。支持重点行业开展高环境关注类化学品的使用限制、替代和淘汰等环境风险管理行动。激励环境友好型化工工艺和产品的研发推广。

**（三）综合防治重金属污染**

1.加强重金属污染风险防范

划定重金属污染重点防控区域，加强环境敏感区域内的涉重金属企业的综合治理和环境监管，推进清洁生产和资源重复利用，开展重金属污染治理与修复示范。加强重金属重点污染源监控，建立重金属重点污染源电子地图。强化重点工业企业的在线监测。开展重点地区环境与健康调查，排查影响健康的重金属污染源。建立和完善省级重金属环境与健康监测网络，系统掌握主要环境重金属污染水平和人群健康影响状况与发展变化趋势。

2.抓好重点片区重金属污染整治工作

围绕减少排放、防范风险、稳定达标、增加回用的目标，红河流域以个旧市卡房大沟片区、新平县片区、易门县片区为重点；珠江流域（南盘江段）以个旧市鸡街、大屯、沙甸片区、罗平县块择河流域片区及三个工业园区为重点；金沙江流域以东川片区、会泽县者海片区、寻甸县金锁园区片区、牟定县片区为重点；澜沧江流域以兰坪片区及澜沧片区为重点；伊洛瓦底江流域以腾冲片区为重点，加强片区污染综合整治。狠抓铅锌业、铜业、氯碱业三个重点防控行业，推动和监督云南金鼎锌业、驰宏锌锗、云南盐化、云南铜业、云南锡业、红河锌联工贸、蒙自矿冶、东川金水矿业等企业的重金属污染排放“提标升级”和综合整治类项目。抓好麻栗坡紫金钨业有限公司、澜沧铅矿有限公司等一批尾矿库建设和尾水分离回用项目。

3.大力推进清洁生产和资源综合利用

严格执行《重点企业清洁生产审核程序的规定》《清洁生产审核暂行办法》等清洁生产政策，根据《云南省清洁生产审核实施办法》（暂行）的相关规定，全省涉及重金属排放的企业要全部纳入《云南省重点企业清洁生产审核名录》，依法实施强制性清洁生产审核。努力提高矿产资源综合利用和“三废”综合利用水平，推动含重金属废弃物的减量化和循环利用。提高云南省共生伴生矿产资源及低品位、难选冶矿产资源的综合利用水平；鼓励对冶炼废水、冶炼渣有用成分提取回收的新技术新工艺的研究和实施；抓好含砷磷石膏制砖项目为主的，大宗化工废渣资源化利用工作。

4.加强提升重金属污染源监管水平

将涉重金属企业纳入重点污染源进行管理，加强重金属排放企业环境监控，对企业实施台账管理，建立重金属排放企业的环境监督员制度、监督性监测和检查制度。加强县级环境管理部门涉重金属监管能力和应急处置队伍建设，重金属污染源逐步安装在线监测装置并与环保部门联网，建立健全重金属环境风险源风险防控系统和企业环境应急预案体系。加强重点防控区区县级环境监测站、监察机构、疾控机构重金属仪器配置，进行重点防控区环境基础等调查评估。

**（四）提高核与辐射安全保障水平**

1.着力提升核与辐射监管监测与事故应急能力

按照《全国辐射环境监测与监察机构建设标准》甲级标准建设省辐射环境监督站及昆明、曲靖、玉溪、临沧、保山、普洱、昭通、红河、文山、大理、西双版纳、德宏等12个重点监管州（市）辐射环境监测机构，按照乙级标准建设楚雄、丽江、怒江、迪庆和腾冲县等5个辐射环境监测机构；完成省、州（市）、县三级辐射环境监察机构标准化建设工作，积极开展培训，努力提高各级辐射安全监管人员和职业人员素质，到“十三五”末，形成以省级为核心，重点地区为支撑的核与辐射环境质量监测预警网络及安全监管体系。

以事故应急监测与处置能力的建设为重点，加快推进核与辐射应急能力建设，在省辐射环境监督站和16个州（市）辐射环境监测机构设置核与辐射事故环境应急中心及分中心，配置电子地图、应急监测仪器、个人防护装备以及交通通讯工具，围绕《云南省环境保护局突发环境事件应急响应预案》和《云南省环境保护局核与辐射应急响应实施细则》，完成一到两次核与辐射环境污染应急演习，演练队伍指挥协调、现场调查取证与监控，污染范围隔离区域划定及处置及对辐射环境影响后评估等多方面实战能力。

2.进一步强化核与辐射监管监测工作

严格执行国家核安全与辐射环境的法律、法规和标准，建立健全符合云南省实际的核安全与辐射环境监管体系和监管机制。逐步下放放射源行政审批权，推进辐射环境管理系统在州市级管理机构的应用。以I类放射源远程实时监控示范项目和移动放射源GPS远程在线监控管理系统的建设为重点，实施放射性同位素的远程监控和信息化全过程管理。建立合理、有效、透明的放射性废物管理模式，妥善处理处置放射性废物，完成云南省城市放射性废物库扩建二期工程，提高现有库房安全标准和现代化水平。对新建电磁辐射类项目严格执行环境影响评价、“三同时”和环保竣工验收制度。加强对电磁辐射项目的日常监管与监督执法。认真处理好电磁辐射类项目群众投诉、信访事件，保障群众的环境权益。

3.做好核重点电磁辐射项目的监督性监测

全面开展辐射环境质量监测，增加一批省控、市控辐射环境监测点，形成由国控、省控、市控点组成，覆盖全省、重点突出的辐射环境监测网络，建立全省辐射环境监测信息管理系统，实现辐射环境监测数据的网络传输。推进质量保证体系建设，建立辐射环境监测运行、维护经费保障渠道和机制。

4.确保核与辐射环境安全

开展全省辐射水平调查，解决好历史遗留的铀矿冶及伴生放射性污染问题，以保山和临沧两地为重点，开展全省铀矿冶放射性污染调查与防治专项行动。推动核工业部门及相关单位开展一批涉核退役治理项目，对德宏州、临沧市的铀矿区及伴生放射性矿区的进行环境综合整治，探索受污染土地的治理恢复方法。

## 六、建立长效机制

推进政策创新，落实措施实施，建立与资源节约型、环境友好型社会建设相适应、提高生态文明水平的环境保护长效机制。

### （一）落实环境目标责任制

按照国家要求，继续推进主要污染物总量减排考核，稳妥开展环境质量监督考核。将污染物总量减排目标、环境质量目标（跨省界河流断面水质目标）、重点流域水污染防治、集中式饮用水水源地保护、重金属等环境污染事件防范等纳入目标责任制考核范围，落实问责和责任追究制。进一步完善和落实环境保护“一岗双责”制度，各级人民政府要把规划的目标、指标、任务、措施和重点工程纳入本地区国民经济和社会发展总体规划，把规划执行情况作为地方政府领导干部综合评价和企业负责人业绩考核的重要内容，实行“一票否决制”。定期发布重点流域、重点区域环境质量考核结果。

**（二）完善综合决策机制**

不断完善党委领导、政府负责、环保部门统一监督管理、有关部门协同配合、全社会共同参与的环境管理体系，进一步健全环境与发展综合决策机制。把总量控制要求、限期治理、环境容量、环境功能区划等作为区域和产业发展的决策依据，合理调控发展规模，优化产业结构和布局。全面推进规划环境影响评价，依法对区域流域、重要产业发展、自然资源开发和城市建设等开展规划环境影响评价。完善规划环评和项目环评的联动机制。逐步推行重点区域容量总量控制制度，逐步推行排污许可证按环境容量和总量分配指标。

**（三）严格环境保护执法监管**

加强法治建设。围绕环境保护目标和重点任务，针对云南省经济社会发展中的突出环境问题，建立和完善适应云南省经济社会发展新阶段的地方性环境保护法规、制度和政策。加快制定和完善高原湖泊保护、生物多样性保护、污染物减排、重点流域污染防治等地方性法规或政府规章，加强绿色信用、环境突发事件、重金属污染防治等热点问题的政策研究，探索地方的污染排放权交易的办法及程序。针对污染减排重点领域和污染防治重点区域流域，探索建立地方标准，控制突出环境问题。

继续加大环境执法力度。以环境评价为切入点，完善建设项目环境管理，控制污染新增量。加强“三同时”制度，建立分级审批机制与目录，强化验收环节管理，加大对违规建设项目、未验收项目的清理和处罚力度。建立基于环境审计和排放绩效的企业环境报告制度，加强排污许可证的动态管理。开展“区域限批”制度化建设，明确实施标准和解除程序。加大处罚力度，建立按日处罚机制，增加处罚种类，彻底扭转“违法成本低、守法称本高”的现象。深入开展整治违法排污企业、保障群众健康专项行动，严厉查处环境违法行为和案件。鼓励设立环境保护法庭和环境保护警察。

**（四）加大环境保护投入力度**

强化政府环境保护投入的主体地位。加大财政支持力度，充分发挥环保专项资金和排污费省级专项资金的作用，增加政府在环境公共基础设施、跨地区的污染综合治理、污染减排、重点流域等方面的投资。建立完善环保市场投融资政策体系。对环保项目提供低息、长期贷款，实施对环保设备投资的优惠贷款制度；对环保中某些不易盈利或盈利甚微的行业，给予贴息支持；对于运行费征收费用标准较低的地区，低于合理的投资回报率的部分由政府实行补贴。

拓宽投融资渠道。创建多元化的投资环境。充分发挥政府投资、政府贷款、商业银行贷款的作用。利用BOT、BOO、TOT等多种模式，鼓励通过资本市场直接融资，鼓励发展速度快、经济效益好的环保服务或生态保护企业上市融资，鼓励更多的环保企业发行债券、股票以吸引民间投资者，也可吸引私募基金、风险投资等进入环保产业。对于民间资本的引入，要在降低企业风险和保证收益方面做好工作。扩大引进国外资金的力度和领域，利用政府信用资源，积极争取国际金融机构与国外政府的优惠贷款和援助，与亚洲开发银行、世界银行等国际金融机构合作，建立国际间合作贷款机制，提高资金使用效益。

**（五）完善环境经济政策**

探索建立生态补偿机制。按照“谁开发谁保护、谁受益谁补偿”的原则，逐步建立环境和自然资源有偿使用机制和价格形成机制，逐步建立制度化、规范化、市场化的生态补偿机制。研究建立出境跨界河流的流域生态补偿机制、自然保护区建设与生物多样性保护的生态补偿机制、碳汇生态补偿机制，探索多样化的生态补偿方法、模式，建立区域生态环境共建共享的长效机制。积极推进高原湖泊、水电开发、矿业开发、自然保护区、重点流域的生态补偿试点。省级财政转移支付更多地考虑环境保护要素。

探索建立排污总量指标的有偿使用和交易制度。建立主要污染物排放总量初始权有偿分配、排放权交易等制度，建设云南省污染物排放权交易市场，推进污染治理和环境保护基础设施建设市场化运营机制，利用市场交易模式实现节约资源、保护生态环境的价值，更好地发挥市场在资源配置中的作用。

开展环境信用制度建设。进行企业信用环保信息征集，建立主要内容包括污染事故、群众投诉、排污情况、环评审批及竣工验收、治理设施运行情况以及其他环境违法行为情况的企业信用环保信息档案，限制环保违法企业贷款。

完善有利于节能减排的激励机制。对节能环保产业和环境友好产品给予税收减免，并纳入政府采购名录。建议出台脱硝电价，并提高现行的脱硫电价；提高对主要污染物排污费征收标准；提高主要污染物的排放标准。建立健全落后产能退出补偿机制。

探索制定绿色金融政策。探索绿色信贷、绿色保险和绿色审计等绿色金融政策，研究制定绿色信贷指南，指导云南省对不符合产业政策和环境违法的企业、项目进行信贷控制，遏制高耗能、高污染行业的盲目扩张。开展绿色保险需求调查，研究绿色保险评估技术，深化和扩大重点区域绿色保险试点，推进云南省环境污染责任保险工作。制定和完善绿色金融政策法规，形成系统的环境风险预防机制，为云南省在发展低碳经济、节能减排、产业结构调整等方面提供支持保障。

### （六）增强科技和环保产业支撑

加强科技研发支撑。加强环保关键领域的基础研究和科技攻关，提高污染防治和生态保护的技术水平。加大环境科技和研究条件的支持力度，建设环保科技基础平台。加强环境基础调查与研究，开展生态环境现状摸底调查，完善生态环境及生态安全评估体系，开展环境功能区划研究。深入推进水体污染控制与治理科技重大专项的技术研发、示范与推广，开展高原湖泊保护、资源开发与生态保护、清洁生产与循环经济、重金属及土壤污染防治、环境风险防范等重点领域的高新技术、关键技术、共性技术的研究，加强技术示范和成果推广，形成环境保护的技术支撑。紧密结合社会经济发展需要，加强生态安全体系构建、应对气候变化、区域生态补偿政策等重大环境问题的战略性、前瞻性研究，切实提高科学管理环境的能力。产学研相结合，培育环保技术研发风险投资，鼓励建立以企业为中心的环保产业技术创新体系。

积极发展环保产业。鼓励扶持环保企业自主创新和引进、消化国内外先进适用环保高新技术，提高环保企业的核心技术能力和市场竞争力。加快烟气脱硫技术和成套设备、城市垃圾资源化利用与处理关键技术和设备、环境监测设备和仪器在云南的本地化、市场化进程。建立以资金融通和投入、工程设计和建设、设施运营和维护、技术咨询和人才培训等为主要内容的环保产业服务体系。加大环保产业支持力度，加强监督管理，规范市场行为。研发、推广一批拥有自主知识产权的环保技术和产品。加大支持力度，加强监督管理，规范市场行为，加快环境咨询、节能服务、资源回收再利用行业发展。建设一批省级环保产业孵化园区，培育一批具有自主品牌、核心技术能力强的优势企业和本土龙头骨干企业，增强云南环保产业实力以及对本土环境保护工作的物质支撑能力。

加强环保关键领域的基础研究和科技攻关，提高污染防治和生态保护的技术水平。加大环境科技和研究条件的支持力度，建设环保科技基础平台。针对高原湖泊保护、资源开发与生态保护、清洁生产与循环经济等存在的技术问题进行研究，积极开展技术示范和成果推广，提高自主创新能力。紧密结合社会经济发展需要，加强重大环境问题的战略性、前瞻性研究，切实提高科学管理环境的能力。充分发挥行业协会等中介组织的作用；完善规范环保咨询服务业市场，建立统一规范的环保市场运作规则，积极按国家要求推行职业资格制度。

### （七）鼓励全民参与和环保行动

完善环境宣传教育体系，加强面向不同社会群体的环境宣传教育和培训，进一步增强公民的环境意识、生态意识和生态环境保护责任感。推进环境信息公开，推进企业环境监督员制度实施，建立涉及有毒有害物质排放企业环境信息强制披露制度，保障人民群众的知情权。建立环境保护重大决策听证、重要决议公示和重点工作通报制度，加强公众参与和监督。加强环境标志认证，倡导绿色消费。畅通环境信访、12369环境热线、各级环保政府网络邮箱等信访投诉渠道，实行有奖举报，支持环境公益诉讼。完善政府、企业和社团组织的环境保护参与互动机制。

加强环境保护国际和国内合作。积极参与国际环境保护合作，拓宽合作渠道，加大适用技术引进力度。继续开展“滇沪”“川滇”等环境合作，培养人才，增强云南省环境保护能力。

**（八）加强组织领导**

加强组织领导。各级政府是实施本规划的责任主体，要把规划的目标指标、任务措施和重点工程纳入本地区国民经济和社会发展总体规划，把规划执行情况作为地方政府领导干部综合评价的重要内容。各级政府要高度重视环境保护，确保规划全面实施。

明确职责分工，落实规划任务。政府各有关部门要根据职能分工，切实加强规划实施的指导和支持。环保部门主要负责规划的协调和环保工作的统一监管。发展和改革、工信、财政、税收、金融、价格等部门，组织制定有利于环境保护的经济政策，从产业结构调整和产业发展政策、投资建设、清洁生产以及环境行政和事业经费的支出基准、生态补偿等方面，加强指导和协调。公安、工商、质检、海关等部门要共同做好环保执法工作。住建、国土资源、农业、水利等部门依法做好各自领域的环境保护。宣传、教育、文化等要积极开展环保公益活动，普及环境教育。

实施重点环保工程，落实规划任务。为实现云南省“十三五”环境保护目标和任务，需调动各方面资源、集中力量，重点实施主要污染物减排等八项重大工程。建设资金除积极争取国家支持、省级财政投入外，要积极建立企业自筹、银行贷款、社会投入的多元化投入格局，定期开展重点工程项目绩效评价，提高投资效益。各州市政府应结合当地实际，选择实施一批重点工程，解决当地突出环境问题。加强考核评估，确保规划任务的完成。建立考核评估机制，加强对规划执行情况的督促和检查。在2018年底和2019年底，分别对规划执行情况进行中期评估和终期考核，评估和考核结果向省政府报告，并向社会公布，并作为考核地方各级人民政府政绩的重要内容。

# 第三章　可持续发展研究

## 第一节　可持续发展的内容

### 一、可持续发展的定义

#### （一）简介

可持续发展（Sustainable development）的概念的明确提出，最早可以追溯到1980年由世界自然保护联盟（IUCN），联合国环境规划署（UNEP），野生动物基金会（WWF）共同发表的《世界自然保护大纲》。1987年以布伦特兰夫人为首的世界环境与发展委员会（WCED）发表了报告《我们共同的未来》。这份报告正式使用了可持续发展概念，并对之做出了比较系统的阐述，产生了广泛的影响。

有关可持续发展的定义有100多种，但被广泛接受影响最大的仍是世界环境与发展委员会在《我们共同的未来》中的定义。该报告中，可持续发展被定义为："能满足当代人的需要，又不对后代人满足其需要的能力构成危害的发展。它包括两个重要概念：需要的概念，尤其是世界各国人们的基本需要，应将此放在特别优先的地位来考虑；限制的概念，技术状况和社会组织对环境满足眼前和将来需要的能力施加的限制。"涵盖范围包括国际、区域、地方及特定界别的层面，是科学发展观的基本要求之一。

1980年国际自然保护同盟的《世界自然资源保护大纲》："必须研究自然的、社会的、生态的、经济的以及利用自然资源过程中的基本关系，以确保全球的可持续发展。"1981年，美国布朗（Lester R.Brown）出版《建设一个可持续发展的社会》，提出以控制人口增长、保护资源基础和开发再生能源来实现可持续发展。1992年6月，联合国在里约热内卢召开的环境与发展大会，通过了以可持续发展为核心的《里约环境与发展宣言》《21世纪议程》等文件。随后，我国政府编制了《我国21世纪人口、环境与发展白皮书》，首次把可持续发展战略纳入我国经济和社会发展的长远规划。1997年的，党十五大把可持续发展战略确定为我国"现代化建设中必须实施"的战略。可持续发展主要包括社会可持续发展，生态可持续发展，经济可持续发展。

（二）广泛性定义

所谓的广泛性定义是在1987年由世界环境及发展委员会所发表的布伦特兰报告书所载的定义为：可持续发展是既满足当代人的需求，又不对后代人满足其需求的能力构成危害的发展。它们是一个密不可分的系统，既要达到发展经济的目的，又要保护好人类赖以生存的大气、淡水、海洋、土地和森林等自然资源和环境，使子孙后代能够永续发展和安居乐业。可持续发展与环境保护既有联系，又不等同。环境保护是可持续发展的重要方面。可持续发展的核心是发展，但要求在严格控制人口、提高人口素质和保护环境、资源永续利用的前提下进行经济和社会的发展。发展是可持续发展的前提；人是可持续发展的中心体；可持续长久的发展才是真正的发展。使子孙后代能够永续发展和安居乐业。也就是“决不能吃祖宗饭，断子孙路”。

**（二）科学性定义**

由于可持续发展涉及到自然、环境、社会、经济、科技、政治等诸多方面，所以，由于研究者所站的角度不同，对可持续发展所作的定义也就不同。大致归纳如下：

1. 侧重自然方面的定义

“持续性”一词首先是由生态学家提出来的，即所谓“生态持续性”（Ecological sustainability）。意在说明自然资源及其开发利用程序间的平衡。1991年11月，国际生态学联合会（INTECOL）和国际生物科学联合会（IUBS）联合举行了关于可持续发展问题的专题研讨会。该研讨会的成果发展并深化了可持续发展概念的自然属性，将可持续发展定义为：“保护和加强环境系统的生产和更新能力”，其含义为可持续发展是不超越环境，系统更新能力的发展。

2. 侧重于社会方面的定义

1991年，由世界自然保护同盟（INCN）、联合国环境规划署和世界野生生物基金会（WWF）共同发表《保护地球——可持续生存战略》（Caring for the Earth：A Strategy for Sustainable Living），将可持续发展定义为“在生存于不超出维持生态系统涵容能力之情况下，改善人类的生活品质”。

3. 侧重于经济方面的定义

爱德华·B·巴比尔（Edivard B.Barbier）在其著作《经济、自然资源：不足和发展》中，把可持续发展定义为“在保持自然资源的质量及其所提供服务的前提下，使经济发展的净利益增加到最大限度”。皮尔斯（D·Pearce）认为：“可持续发展是今天的使用不应减少未来的实际收入”，“当发展能够保持当代人的福利增加时，也不会使后代的福利减少”。

4. 侧重于科技方面的定义

斯帕思（Jamm Gustare Spath）认为：“可持续发展就是转向更清洁、更有效的技术，尽可能接近零排放或密封式工艺方法，尽可能减少能源和其他自然资源的消耗”。

### （三）综合性定义

《我们共同的未来》中对“可持续发展”定义为：“既满足当代人的需求，又不对后代人满足其自身需求的能力构成危害的发展”。与此定义相近的还有“所谓可持续发展，就是既要考虑当前发展的需要，又要考虑未来发展的需要，不要以牺牲后代人的利益为代价来满足当代人的利益”。

1989年“联合国环境发展会议”（UNEP）专门为“可持续发展”的定义和战略通过了《关于可持续发展的声明》，认为可持续发展的定义和战略主要包括四个方面的含义：

（1）走向国家和国际平等；

（2）要有一种支援性的国际经济环境；

（3）维护、合理使用并提高自然资源基础；

（4）在发展计划和政策中纳入对环境的关注和考虑。

总之，可持续发展就是建立在社会、经济、人口、资源、环境相互协调和共同发展的基础上的一种发展，其宗旨是既能相对满足当代人的需求，又不能对后代人的发展构成危害。

可持续发展注重社会、经济、文化、资源、环境、生活等各方面协调发展，要求这些方面的各项指标组成的向量的变化呈现单调增态势（强可持续性发展），至少其总的变化趋势不是单调减态势（弱可持续性发展）。

## 二、可持续发展的三大原则

### （一）公平性原则

这里的公平指的是本代人之间的公平、代际间的公平和资源分配与利用的公平。可持续发展是一种机会、利益均等的发展。它包括同代内区际间的均衡发展，即一个地区的发展不应以损害其他地区的发展为代价；也包括代际间的均衡发展，即既满足当代人的需要，又不损害后代的发展能力。该原则认为人类各代都处在同一生存空间，他们对这一空间中的自然资源和社会财富拥有同等享用权，他们应该拥有同等的生存权。因此，可持续发展把消除贫困作为重要问题提了出来，要予以优先解决，要给各国、各地区的人、世世代代的人以平等的发展权。

### （二）持续性原则

人类经济和社会的发展不能超越资源和环境的承载能力。即在满足需要的同时必须有限制因素，即发展的概念中包含着制约的因素；在“发展”的概念中还包含着制约因素，因此，在满足人类需要的过程中，必然有限制因素的存在。主要限制因素有人口数量、环境、资源，以及技术状况和社会组织对环境满足眼前和将来需要能力施加的限制。最主要的限制因素是人类赖以生存的自然资源与环境。因此，持续性原则的核心是人类的经济和社会发展不能超越资源与环境的承载能力，从而真正将人类的当前利益与长远利益有机结合。

#### （三）共同性原则

各国可持续发展的模式虽然不同，但公平性和持续性原则是共同的。地球的整体性和相互依存性决定全球必须联合起来，认知我们的家园。

可持续发展是超越文化与历史的障碍来看待全球问题的。它所讨论的问题是关系全人类的问题，所要达到的目标是全人类的共同目标。虽然国情不同，实现可持续发展的具体模式不可能是惟一的，但是无论富国还是贫国，公平性原则、协调性原则、持续性原则是共同的，各个国家要实现可持续发展都需要适当调整其国内和国际政策。只有全人类共同努力，才能实现可持续发展的总目标，从而将人类的局部利益与整体利益结合起来。

### 三、可持续发展的基本内涵

可持续发展战略，是指实现可持续发展的行动计划和纲领，是国家在多个领域实现可持续发展的总称，它要使各方面的发展目标，尤其是社会、经济与生态、环境的目标相协调，可持续发展是既满足当代人的需求，又不危及后代人满足其需求的发展。

可持续发展的核心思想是经济发展与保护资源、保护生态环境协调一致，让子孙后代能够享受充分的资源和良好的资源环境。同时包括：健康的经济发展应建立在生态可持续能力、社会公正和人民积极参与自身发展决策的基础上；它所追求的目标是：既要使人类的各种需要得到满足，个人得到充分发展；又要保护资源和生态环境，不对后代人的生存和发展构成威胁；它特别关注的是各种经济活动的生态合理性，强调对资源、环境有利的经济活动应给予鼓励，反之则应予以摈弃。可持续发展应该包括其社会学的内涵、经济学的内涵、生态学的内涵和伦理学的内涵。

#### （一）可持续发展的社会学内涵

可持续发展的社会学内涵强调的是“发展”。发展是可持续发展的基点，离开了发展，可持续发展就无从谈起。发展是人类共同的和普遍的权利，无论是发达国家还是发展中国家都享有平等的、不容剥夺的发展权利。可持续发展是“在生存不超出维持生态系统承载力的前提下，改善人类的生活质量”，并在报告中着重论述了可持续发展的最终落脚点是人类社会，即改善人类的生活质量，创造美好的生活环境。

#### （二）可持续发展的经济学内涵

可持续发展的经济学内涵是非常明显的。因为发展离不开经济增长，可持续发展概念很重要的一个方面就是改变了我们对经济增长方式的认识。可持续发展的经济学内涵已不是传统意义上的经济增长，而是在不破坏资源、不牺牲环境质量的前提下，实现真正意义上的社会财富的增加。这就要求在生产中采取清洁的生产技术、节约资源、减少浪费、少排不排废弃物、保护环境、将环境成本纳入生产成本核算中等等，从根本上转变对生产方式和经济增长的认识。

### （三）可持续发展的生态学内涵

IUCN首次提出可持续发展的概念，实际上是从生态学角度出发的。IUCN在报告中强调，发展必须考虑生物和非生物资源基础，使生物圈既能满足当代人的最大利益，又能保证其满足后代人需要与欲望的权利。可持续发展的生态学内涵要求人类对生物圈的作用必须限制在生物圈的承载力之内。资源与环境是人类生存与发展的基础和条件，在发展中一旦破坏了这一基础和条件，发展本身也就衰退了。

### （四）可持续发展的伦理学内涵

在《我们共同的未来》一书中第一次明确提出可持续发展的定义，即“可持续发展是既满足当代人发展的需要，又不危及后代人满足其发展需要的发展”，这一定义传达了可持续发展的一个十分明确的内涵，即其伦理学的内涵。伦理学内涵体现在可持续发展中就是其所追求的公平性原则，它包括三个层次的含义：本代人的公平，即同代人之间的横向公平性。可持续发展要满足全体人民的基本需求和给全体人民机会以满足他们要求较好生活的愿望。代际间的公平，即世代人之间的纵向公平性。人类赖以生存的自然资源是有限的，本代人不能因为自己的发展与需求而损害人类世世代代满足需求的条件。要给子孙后代以公平利用自然资源的权利。空间上的公平，即在区域内部和在不同区域之间公平分配有限的资源。

## 四、可持续发展的特征

可持续发展的核心思想，就是要在经济发展的同时，注意保护资源和改善环境，使经济发展能持续下去。我国的持续发展道路，首先应满足全体人民的基本需求；其次是尽快建立资源节约型的国民经济体系，从掠夺性开发向集约性经营转变，合理保护资源，提高资源的利用率，维持生态平衡和持续发展能力；最后实现社会、政治、经济、技术、管理等方面的全方位转变，建立有效、协调、创新的持续发展机制。

### （一）可持续性

可持续发展鼓励经济增长，而且它是国家实力和社会财富的体现。人类社会发展是一种长久维持的过程和状态，这是可持续发展的核心内容。具体来说又有三层含义：一是生态可持续性，即生态系统受到某种干扰时能保持其生产率的能力，这是实现可持续发展的必要条件；二是经济可持续性，即不能超越资源与环境承载能力的、可延续的经济增长过程，这是实现可持续发展的主导；三是社会的可持续性，即使社会形式正确发展的伦理，促进知识和技术效率的增进，提高生活质量，从而实现人的全面发展的能力，这是可持续发展的动力和目标。

**（二）公平性**

当代人对资源的索取不能威胁到后代人发展的需要可持续发展要以保护资源为基础，与资源与环境的承载能力相协调。公平性是指人类分配资源和占有财富上的“时空公平”，具体含义包括三层：一是国家范围内的同代人的公平，在贫富悬殊、两极分化的状态下是不可能实现可持续发展的；二是公平分配有限资源，主要是强调在发展中国家和发达国家之间公平分配世界资源；三是代际间的公平，当代人不能只顾满足自己的需求而忽视后代对资源、环境的要求和权利。

**（三）系统性**

可持续发展要以改善和提高生活质量为目的，与社会进步相适应。

应该把人类及其赖以生存的地球看作是一个以人类为中心、以自然环境为基础的系统，系统的可持续发展有赖于人口的控制能力、资源的承载能力、环境的自净能力、经济的增长能力、社会的需求能力、管理的调控能力的提高，以及各种能力建设的相互协调。在发展中不能片面地强调系统的一个因素而忽略了其他因素的作用。

**（四）共同性**

尽管由于各国历史、文化和发展水平的差异，可持续发展的具体目标、政策和实施步骤不可能完全相同，但地球的整体性、资源有限性和相互依存性要求我们采取联合行动，在全球范围内实现可持续发展这一共同目标。

## 五、可持续发展的具体内容

在具体内容方面，可持续发展涉及可持续经济、可持续生态和可持续社会三方面的协调统一，要求人类在发展中讲究经济效率、关注生态和谐和追求社会公平，最终达到人的全面发展。这表明，可持续发展虽然缘起于环境保护问题，但作为一个指导人类走向21世纪的发展理论，它已经超越了单纯的环境保护。它将环境问题与发展问题有机地结合起来，已经成为一个有关社会经济发展的全面性战略。

**（一）经济可持续发展**

可持续发展鼓励经济增长而不是以环境保护为名取消经济增长，因为经济发展是国家实力和社会财富的基础。但可持续发展不仅重视经济增长的数量，更追求经济发展的质量。可持续发展要求改变传统的以“高投人、高消耗、高污染”为特征的生产模式和消费模式，实施清洁生产和文明消费，以提高经济活动中的效益、节约资源和减少废物。从某种角度上，可以说集约型的经济增长方式就是可持续发展在经济方面的体现。

### （二）生态可持续发展

可持续发展要求经济建设和社会发展要与自然承载能力相协调。发展的同时必须保护和改善地球生态环境，保证以可持续的方式使用自然资源和环境成本，使人类的发展控制在地球承载能力之内。因此，可持续发展强调了发展是有限制的，没有限制就没有发展的持续。生态可持续发展同样强调环境保护，但不同于以往将环境保护与社会发展对立的做法，可持续发展要求通过转变发展模式，从人类发展的源头、从根本上解决环境问题。

### （三）社会可持续发展

可持续发展强调社会公平是环境保护得以实现的机制和目标。可持续发展指出世界各国的发展阶段可以不同，发展的具体目标也各不相同，但发展的本质应包括改善人类生活质量，提高人类健康水平，创造一个保障人们平等、自由、教育、人权和免受暴力的社会环境。这就是说，在人类可持续发展系统中，经济可持续是基础，生态可持续是条件，社会可持续才是目的。下一世纪人类应该共同追求的是以人为本位的自然经济社会复合系统的持续、稳定、健康发展。

作为一个具有强大综合性和交叉性的研究领域，可持续发展涉及众多的学科，可以在不同的方面开展。例如，生态学家着重从自然方面把握可持续发展，理解可持续发展是不超越环境系统更新能力的人类社会的发展；经济学家着重从经济方面把握可持续发展，理解可持续发展是在保持自然资源质量和其持久供应能力的前提下，使经济增长的净利益增加到最大限度；社会学家从社会角度把握可持续发展，理解可持续发展是在不超出维持生态系统涵容能力的情况下，尽可能地改善人类的生活品质；科技工作者则更多地从技术角度把握可持续发展，把可持续发展理解为是建立极少产生废料和污染物的绿色工艺或技术系统。

# 第二节　可持续发展思想的发展历程

## 一、可持续发展理论形成的背景

科学技术以前所未有的速度和规模迅猛发展，增强了人类改造自然的能力，给人类社会带来空前的繁荣，也为今后的进一步发展准备了必要的物质技术条件。对此，人们产生了盲目乐观的情绪，好像自己已经成为大自然的主人，可以长期掠夺资源而不会受到大自然的惩罚。然而，这种掠夺式生产已经造成了生态和生活的破坏，大自然向人类亮起了红灯。上个世纪中叶Rachel Carson推出了一本论述杀虫剂，特别是滴滴涕对鸟类和生态环境毁灭性危害的著作《寂静的春天》。尽管这本书的问世使卡逊一度备受攻击、诋毁，但书中提出的有关生态的观点最终还是被人们所接受。环境问题从此由一个边缘问题逐渐走向全球、经济议程的中心。

在这之后，随着公害问题的加剧和能源危机的出现，人们逐渐认识到把经济、社会和环境割裂开来谋求发展，只能给地球和人类社会带来毁灭性的灾难。源于这种危机感，可持续发展的思想在20世纪80年代逐步形成。1983年11月，联合国成立了世界环境与发展委员会（WECD）。1987年，受联合国委托，以挪威前首相布伦特兰夫人为首的WECD的成员们，把经过4年研究和充分论证的报告《我们共同的未来》（Our Common Future）提交联合国大会，正式提出了“可持续发展”的概念和模式。

## 二、可持续发展战略的酝酿与形成

以往人们对经济增长津津乐道，二十世纪六七十年代以后，人类赖以生存和发展的环境和资源遭到越来越严重的破坏，人类已不同程度地尝到了环境破坏的苦果，随着“公害”的显现和加剧以及能源危机的冲击，人们几乎在全球范围内开始了关于“增长极限”的讨论。

把经济、社会与环境割裂开来，只顾谋求自身的、局部的、暂时的经济性，给人类带来的只能是他人的、全局的、后代的不经济性，甚至灾难。伴随着人们对公平（代际公平和代内公平）作为社会发展目标的认识的加深以及范围更广、影响更深、解决更难的一些全球性环境问题（全球变暖、臭氧层破坏和生物多样性消失等）开始被认识，可持续发展的思想在20世纪80年代逐步形成。

此后，人们为寻求一种建立在环境和自然资源可承受基础上的长期发展模式，进行了不懈地探索，先后提出过“有机增长”“全面发展”“同步发展”和“协调发展”等各种构想。

1980年3月5日，联合国向全世界发出呼吁：“必须研究自然的、社会的、生态的、经济的以及利用自然资源工程中的基本关系，确保全球持续发展。”1983年11月，联合国成立了包括科学、教育、经济社会及政治方面的22位成员组成的环境与发展委员会（WCED），并要求该组织以“持续发展”为基本纲领，制订“全球变革日程”。1987年该委员会把长达4年的研究、经过充分论证的报告《我们共同的未来》（Our Common Future）提交联合国大会，正式提出了可持续发展的模式。该报告对当前人类在经济发展和保护环境方面存在的问题进行了全面和系统的评价，一针见血地指出，过去我们关心的是发展对环境带来的影响，而现在我们则迫切地感到生态的压力，如土壤、水、大气、森林的退化对发展所带来的影响。在不久以前我们感到国家之间在经济方面相互联系的重要性，而现在我们则感到在国家之间的生态学方面相互依赖的情景，生态与经济从来没有向现在这样相互紧密地联系在一个互为因果的网络之中。

可持续发展同上述其他几项构想相比，具有更确切的内涵和更完整的结构。这一思想包含了当代与后代的需求、国家主权、国际公平、自然资源、生态承载力、环境和发展相结合等重要内容。

1972年6月联合国在瑞典斯德哥尔摩人类环境会议，环境问题成为热门话题，1983年联合国第38届大会通过决议：成立世界环境与发展委员会，由挪威首相布伦特兰夫人任主席，该委员会集中专家用900天到世界各地考察，写成一份名为《我们共同的未来》于1987年42届联合国大会通过。到1992年联合国环境与发展大会（UNCED）通过的《二十一世纪议程》，更是凝聚了当代人对可持续发展理论认识深化的结晶。至此世界正式确立可持续发展战略。

### 三、可持续发展在我国的发展历程

1994年3月25日，时任国家总理李鹏主持召开国务院第十六次常务会议，讨论通过了《我国21世纪议程》（即《我国21世纪人口、环境与发展白皮书》），确定了可持续发展战略。人口、环境与发展问题越来越引起全世界的关注，成为制约各国持续发展的全球性问题。我国政府于1991年6月发起并在北京召开了发展中国家环境发展部长级会议。联合国也于1992年6月在巴西里约热内卢召开了环境与发展首脑会议，通过了《里约环境与发展宣言》《21世纪议程》等重要文件，李鹏代表我国政府出席会议并做出了履行《21世纪议程》等文件的承诺。

为履行承诺，由国家计委、国家科委等国务院52个部门共同编制了《我国21世纪议程》。此议程从我国国情和基本战略出发，提出促进经济、社会、资源、环境及人口、教育相互协调，可持续发展的总体战略和有关政策、措施方案。可持续发展战略成为制定我国今后国民经济和社会发展计划的重要指导原则。在1995年9月28日党的十四届五中全会通过的《中共中央关于制定国民经济和社会发展“九五”计划和2010年远景目标的建议》和其后八届人大四次会议通过的《国民经济和社会发展“九五”计划和2010年远景目标纲要》中，可持续发展战略作为重要目标的内容，得到了具体体现。

之后党的十五大报告指出：“我国是人口众多、资源相对不足的国家，在现代化建设中必须实施可持续发展战略。坚持计划生育和保护环境的基本国策，正确处理经济发展同人口、资源、环境的关系。资源开发和节约并举，把节约放在首位，提高资源利用效率。统筹规划国土资源开发和整治，严格执行土地、水、森林、矿产、海洋等资源管理和保护的法律。实施资源有偿使用制度。加强对环境污染的治理，植树种草，搞好水土保持，防治荒漠化，改善生态环境。控制人口增长，提高人口素质，重视人口老龄化问题。”

1998年10月十五届三中全会通过的《中共中央关于农业和农村工作若干重大问题的决定》指出：“实现农业可持续发展，必须加强以水利为重点的基础设施建设和林业建设，严格保护耕地、森林植被和水资源，防治水土流失、土地荒漠化和环境污染，改善生产条件，保护生态环境。”

2000年11月十五届五中全会通过的《中共中央关于制定国民经济和社会发展第十个五年计划的建议》指出：“实施可持续发展战略，是关系中华民族生存和发展的长远大计。”

在后来的党的十六大报告里，把“可持续发展能力不断增强，生态环境得到改善，资源利用效率显著提高，促进人与自然的和谐，推动整个社会走上生产发展、生活富裕、生态良好的文明发展道路”作为“全面建设小康社会的目标”之一，并对如何实施这一战略进行了论述。

2011年3月20日，国家林业局在北京举行新闻发布会，正式对外公布经国务院批准的《全国防沙治沙规划（2011—2020年）》，3A环保漆等品牌在甘肃、内蒙等地所投入建立的几十万株沙棘林受到广泛关注。

2013年9月12日，《大气污染防治行动计划》（下称《行动计划》）由国务院正式发布。《行动计划》提出，经过五年努力，使全国空气质量总体改善，重污染天气较大幅度减少；京津冀、长三角、珠三角等区域空气质量明显好转。力争再用五年或更长时间，逐步消除重污染天气，全国空气质量明显改善。

到2017年，经过二十多年的努力，我国实施可持续发展取得了举世瞩目的成就。生态建设、环境保护和资源合理开发利用方面。国家用于生态建设、环境治理的投入明显增加，能源消费结构逐步优化，重点江河水域的水污染综合治理得到加强，大气污染防治有所突破，资源综合利用水平明显提高，通过开展退耕还林、还湖、还草工作，生态环境的恢复与重建取得成效。

## 四、我国实现可持续发展的主要障碍

在发展中出现的资源和环境问题引起了我国党和政府领导集体的高度重视，在中外经验教训的基础上对资源、环境和发展的认识愈益深化，我国党和政府提出了一系列新的发展理念、发展目标和指导方针。尽管我国政府理念清晰、方针明确，但前面的分析表明，我国资源依存度不断上升、环境总体恶化趋势并没有得到根本性的扭转。其主要原因是，我国经济社会发展整体上还处在资源耗费型、环境损害型的状态，以至于发达国家上百年工业化过程中分阶段出现的资源、环境问题，在我国20多年里集中出现，并呈现结构型、复合型、压缩型特点，同时在整个社会经济发展中并没有真正建立起以人为本的可持续发展的体制和运行机制。主要表现在以下几个方面：

### （一）科学发展观未能得到有效贯彻落实

人们对经济发展的认识，经历了从增长到发展，再从发展到可持续发展的过程。可持续发展观成为截至目前人类所共同接受的最高境界的发展观，它使人类由只会向自然索取转变为关注、保护自然，有意识地与自然界和谐共处。但是在我国现有技术和经济发展评价指标体系下，无论是降低单位产品的资源消耗、实现资源的再生利用，还是限制对生态环境进行污染的生产过程，都会增加生产成本，限制某些对环境不友好或污染企业的发展，影响该地区、部门和企业的就业水平。因此，很多地方决策者依然注重“产值增量”而轻视“增长质量”，只重视资源生产价值而忽视资源生态价值。部分地方决策者以牺牲资源、环境和群众健康为代价，甚至违法违规审批、建设污染环境和破坏生态的建设项目。

目前我国解决环境问题的主要方式是“先发展、后治理”的末端治理，很多地方没有充分重视环境治理设施和环境保护基础设施的建设。一方面，末端治理投资大、费用高、建设周期长、经济效益低，微观经济主体没有积极性，难以为继；另一方面，末端治理往往使污染物从一种形式转化为另一种形式，不能从根本上消除污染。末端治理方式造成一些地区的生态环境边治理、边破坏，治理赶不上破坏，导致环境质量恶化。

### （二）粗放型经济增长方式还没有根本转变

“十二五”期间，粗放型经济增长方式没有得到根本转变。从产业结构来看，自2002年末开始，高能耗、高物耗的火电、钢铁、建材、有色、造纸等行业出现过热发展的态势，年平均增长率都在15%以上，几年生产能量的累积使我国产业结构日益重型化。我国能源生产和消费结构主要依靠化石燃料。2015年全国的能源消费量达到22.2亿吨标准煤，煤炭消费占到能源消费总量的68.9%，能源结构仍然以煤炭为主。由于目前生产活动的整体技术水平较低，能源消耗量大，污染物排放量大。

**（三）我国是资源消耗和污染的主要场所和受害者**

在过去的30多年改革开放进程中，发达国家对我国的直接投资主要为环境、资源、能源和劳动力密集产业，把主要的污染资源产业转移到了我国，例如钢铁、建材、水泥等行业逐渐从欧美、日本转移到我国。改革开放以来，我国的出口导向政策推动了我国经济的高速发展。但是，目前我国处于国际分工产业链的低端，生产和出口了大量的高耗能和高排放产品，而将污染物留在了我国。非但如此，发达国家还把某些污染物以所谓资源的形式流入我国，2016年我国可用作原料的废物进口量为9663万吨，其中进口量较大的主要是废纸、废钢铁、废五金电器和废塑料，绝大多数电子垃圾是违反《巴塞尔协议》非法进入的。这些都相应地减缓了废物出口国的环境污染压力和处理费用，却增加了我国的污染压力。

**（四）环保机制不健全导致监管能力十分薄弱**

1992年以来，我国已制定了9部环境保护法律，环境相关法律20多部，环境行政法规40多部，环境规章80多部。但现有环境保护法规不健全、操作性不强的问题没有得到根本改变。国家环保总局从事各项检查行动必须会同其他部委同时进行，环境管理多头交叉，缺乏统一有效的环保监管体制。地方环保部门行动受制于地方经济发展、政治和社会等多种因素的阻碍，环境违法处罚力度不够，环境守法意识较差，执法不严现象比较突出。现有环保执政系统中，环保机构及其人员数量、素质和专业技能与环保状况相比，都是极不成比例的。环境监测、执法、信息、宣传教育、科技手段能力滞后，环境标准体系不完善，缺乏进行综合环境评估的技术方法。应对突发重特大环境事件的处置能力明显不足，一些环保部门缺乏快速监测有毒有害污染物的手段，缺少必要的监测车辆和仪器。

## 第三节　可持续发展的发展战略

### 一、可持续发展战略

#### （一）可持续发展战略的指导思想

我国实施可持续发展战略的指导思想是：坚持以人为本，以人与自然和谐为主线，以经济发展为核心，以提高人民群众生活质量为根本出发点，以科技和体制创新为突破口，坚持不懈地全面推进经济社会与人口、资源和生态环境的协调，不断提高我国的综合国力和竞争力，为实现第三步战略目标奠定坚实的基础。

#### （二）可持续发展战略的发展目标

我国21世纪初可持续发展的总体目标是：可持续发展能力不断增强，经济结构调整取得显著成效，人口总量得到有效控制，生态环境明显改善，资源利用率显著提高，促进人与自然的和谐，推动整个社会走上生产发展、生活富裕、生态良好的文明发展道路。

1.通过国民经济结构战略性调整，完成从“高消耗、高污染、低效益”向“低消耗、低污染、高效益”转变。促进产业结构优化升级，减轻资源环境压力，改变区域发展不平衡，缩小城乡差别。

2.继续大力推进扶贫开发，进一步改善贫困地区的基本生产、生活条件，加强基础设施建设，改善生态环境，逐步改变贫困地区经济、社会、文化的落后状况，提高贫困人口的生活质量和综合素质，巩固扶贫成果，尽快使尚未脱贫的农村人口解决温饱问题，并逐步过上小康生活。

3.严格控制人口增长，全面提高人口素质，建立完善的优生优育体系和社会保障体系，基本实现人人享有社会保障的目标；社会就业比较充分；公共服务水平大幅度提高；防灾减灾能力全面提高，灾害损失明显降低。加强职业技能培训，提高劳动者素质，建立健全国家职业资格证书制度。

4.合理开发和集约高效利用资源，不断提高资源承载能力，建成资源可持续利用的保障体系和重要资源战略储备安全体系。

5.使全国大部分地区环境质量明显改善，基本遏制生态恶化的趋势，重点地区的生态功能和生物多样性得到基本恢复，农田污染状况得到根本改善。

6.形成健全的可持续发展法律、法规体系，完善可持续发展的信息共享和决策咨询服务体系，全面提高政府的科学决策和综合协调能力，大幅度提高社会公众参与可持续发展的程度，参与国际社会可持续发展领域合作的能力明显提高。

**（三）可持续发展战略的基本原则**

1.持续发展，重视协调的原则。以经济建设为中心，在推进经济发展的过程中，促进人与自然的和谐，重视解决人口、资源和环境问题，坚持经济、社会与生态环境的持续协调发展。

3.科教兴国，不断创新的原则。充分发挥科技作为第一生产力和教育的先导性、全局性和基础性作用，加快科技创新步伐，大力发展各类教育，促进可持续发展战略与科教兴国战略的紧密结合。

3.政府调控，市场调节的原则。充分发挥政府、企业、社会组织和公众四方面的积极性，政府要加大投入力度，强化监管，发挥主导作用，提供良好的政策环境和公共服务，充分运用市场机制，调动企业、社会组织和公众参与可持续发展。

4.积极参与，广泛合作的原则。加强对外开放与国际合作，参与经济全球化，利用国际、国内两个市场和两种资源，在更大空间范围内推进可持续发展。

5.重点突破，全面推进的原则。统筹规划，突出重点，分步实施；集中人力、物力和财力，选择重点领域和重点区域，进行突破，在此基础上，全面推进可持续发展战略的实施。

**（四）可持续发展战略的内涵补充**

可持续发展包含两个基本要素或两个关键组成部分：“需要”和对需要的“限制”。

满足需要，首先是要满足贫困人民的基本需要。对需要的限制主要是指对未来环境需要的能力构成危害的限制，这种能力一旦被突破，必将危及支持地球生命的自然系统如大气、水体、土壤和生物。决定两个要素的关键性因素有三个，首先是收入再分配以保证不会为了短期存在需要而被迫耗尽自然资源；其次是降低主要是穷人对遭受自然灾害和农产品价格暴跌等损害的脆弱性；最后是普遍提供可持续生存的基本条件，如卫生、教育、水和新鲜空气，保护和满足社会最脆弱人群的基本需要，为全体人民，特别是为贫困人民提供发展的平等机会和选择自由。

可持续发展综合国力是指一个国家在可持续发展理论下具有可持续性的综合国力。可持续发展综合国力是一个国家的经济能力、科技创新能力、社会发展能力、政府调控能力、生态系统服务能力等各方面的综合体现。

从可持续发展意义上考察一个国家的综合国力，不仅需要分析当前该国所拥有的政治、经济、社会方面的能力，而且需要研究支撑该国经济社会发展的生态系统服务能力的变化趋势。

关于可持续发展综合国力的研究，是以可持续发展战略理念、条件、机制和准则为据，全方位考察和分析可持续发展综合国力各构成要素在国家间的对比关系及其各要素对综合国力的影响，系统分析和评价综合国力及各分力水平，对比分析并找出不足，同时提出相应对策和实施方案，以期不断提升综合国力，达到国家可持续发展的总体战略目标。

站在可持续发展的高度，用可持续发展的理论去衡量综合国力，使综合国力竞争统一于可持续发展的宏观框架内，从而适应社会、经济、自然协同发展的需要，就必须从观念、作用、评价标准等方面对综合国力进行全面的再认识。可持续发展综合国力的价值准则是国家在保持其生态系统可持续性的基础上，推动包括社会效益和生态效益在内的广义综合国力的不断提升，实现国家可持续发展的过程。显然，可持续发展综合国力的内涵决定了在提升可持续发展综合国力的过程中，科技创新是关键手段，生态系统的可持续性是基础，经济系统的健康发展是条件，社会系统的持续进步是保障。

当代资源和生态环境问题日益突出，向人类提出了严峻的挑战。这些问题既对科技、经济、社会发展提出了更高目标，也使日益受到人们重视的综合国力研究达到前所未有的难度。在目前情况下，任何一个国家要增强本国的综合国力，都无法回避科技、经济、资源、生态环境同社会的协调与整合。因而详细考察这些要素在综合国力系统中的功能行为及相互适应机制，进而为国家制订和实施可持续发展战略决策提供理论支撑，就显得尤为迫切和尤为重要。

随着社会知识化、科技信息化和经济全球化的不断推进，人类世界将进入可持续发展综合国力激烈竞争的时代。谁在可持续发展综合国力上占据优势，谁便能为自身的生存与发展奠定更为牢固的基础与保障，创造更大的时空与机遇。可持续发展综合国力将成为争取未来国际地位的重要基础和为人类发展做出重要贡献的主要标志之一。在这样的重要历史时刻，我们需要把握决定可持续发展综合国力竞争的关键，需要清楚自身的地位和处境、优势和不足，需要检验已有的同时制定新的竞争和发展战略，以实现可持续发展综合国力的迅速提升的总体战略目标。

## 二、可持续发展战略的生态经济模式

要实现可持续发展，就必须改变传统的经济与环境二元化的经济模式，建立一种把二者内在统一起来的生态经济模式。

### （一）生产过程的生态化

在生产过程中，建立一种无废料、少废料的封闭循环的技术系统。传统的生产流程是“原料至产品至废料”模式。这里追求的只是产品，但加入生产过程与产品无关的都作为废料排放到环境中。而生态模式的生产中，废料则成为另一生产过程的原料而得到循环利用。封闭循环技术系统即节约资源，又减少了污染，在对生物资源的开发中，应当是“养鸡生蛋”而不应该是“杀鸡取蛋”。

### （二）经济运行模式的生态化

我们应当运用经济的机制刺激和鼓励节约资源和环境保护，把节约资源和环境保护因素作为经济过程的一个内在因素包含在经济机制之中。为此，首先我们应当重视社会能量转换的相对效率，并使它成为评价经济行为的重要指标之一。新经济学应当依据净能量消耗来测定生产过程的效率，把利润同能量消耗联系起来。其次应该把“自然价值”纳入经济价值之中，形成一种“经济生态”价值的统一体。在这里，资源的“天然价值”应当作为重要参考数打入产品的成本。资源价值应遵循着“物以稀为贵”的原则。随着某些资源的减少，资源的天然价值就会越高，使用这些资源制造的产品的价格也就应当越高。这种经济机制能够抑制对有限资源的浪费。最终应当建立一种抑制污染环境的经济机制。我们应当看到清洁、美丽的适合人类生存的环境本身就具有一种环境价值。所以要把破坏环境的活动看成产生“负价值”的活动而进行经济上的惩罚。例如，汽车的成本中不仅应当包括资源的自然价值、原料的价值、劳动力价值，而且还应当包括汽车生产过程中对环境的破坏的“负价值”和汽车在消费中对环境污染（如它排放的尾气造成的大气污染）、汽车在消费中可能出现的交通事故造成的危害等负价值打入汽车的成本，由生产者和消费者共同承担。这样，就会对损害环境的经济行为形成一种抑制效应。

### （三）消费方式的生态化

传统的消费方式也是一种非生态的消费方式。传统经济模式中生产并不是为满足人的健康生存的需要，而是为获得更大的利润。因此，生产不断创造出新的消费品，通过广告宣传造成不断变化的消费时尚，诱使消费者接受。大量地生产要求大量消费，因此，挥霍浪费型的非生态化生产造成了一种挥霍浪费型消费方式。这种消费方式所追求的不是朴素而是华美，不是实质而是形式，不是厚重而是轻薄，不是内在而是外表。这种消费方式的反生态性质主要表现在以下方面。

1.它追求一种所谓“用毕即弃”的消费方式。大量一次性用品的出现，不仅浪费了自然资源，而且污染了环境。仅以一次性筷子为例，我国每年出口到日本的一次性筷子达200亿万双，折合木材达40亿立方米，内地消费也不低于这个数目。因此林业专家警告说：“长此下去，将祸及我们的子孙后代”。我们的许多消费品都是在还能够使用时就被抛弃，因为它已落后于消费时尚。在服装消费上表现得最为突出。

2.在消费中追求所谓“深加工”产品，也是违反生态原理，特别是违反热力学第二定律（熵定律）的。所谓“深加工”产品只是追求形式上的翻新。对原料每加工一次，就有部分能量流失。在食品多次加工中，不仅浪费了能量，而且由于各种化学添加剂的加入，还对人的健康造成了威胁。有些深加工商品属于不同能量层次的转化，浪费的能量就更多。如用谷物喂牲畜，把植物蛋白转化成动物蛋白，浪费的能量更多。“这种因食用靠粮食喂养的牲畜所造成的能量损失如下，家禽百分之七十，牛百分之九十。”同时，过量地食用高脂肪食物还会危害人的健康。“据现在的估计，自然的长寿年龄在九十岁左右，但是在多数美国人至少少活了二十年，造成这些早亡的主要原因是滥用食物，其中高脂肪是男性癌症患者中40%和女性癌症患者中的60%的主要致病因素。”

总之，近代西方工业文明所形成的发展模式是一种非持续性的发展模式。要实现可持续发展，就必须在发展和发展模式上有一个革命性变革。当然，在全球经济趋向于一体化的今天，要彻底解决这个问题，并不是一个国家、一朝一夕可以做到的。当代人类面临的困难是全球性的，因此，只有通过全人类的长期的共同努力才能做到。

## 三、可持续发展的主要伦理机制

### （一）伦理命题的提出

发展伦理学这个概念是针对当代人类社会发展中出现的新问题提出来的。这些新问题就是当代人类面对的各种困境和危机。发展伦理学力图为解决这些新问题提供价值论和伦理的原则和规范。要解决这些新问题，就必须涉及下面两个方面的研究，一是对造成这些问题的传统的发展模式和道路进行价值论的评价和反思，探索造成这些问题的价值论上的根源；二是要对新的发展模式（可持续发展模式）进行伦理规范。这些就是发展伦理学的研究对象。

一个成熟的发展模式，要达到永远保持其合理性，不仅要有动力学的机制，而且应当具有自我评价、自我约束、自我反省、自我规范的机制。只有如此，才能避免付出那些本来可以避免付出的代价。近代西方工业文明的发展模式就是一种只有动力机制而没有自我约束、自我评价机制的发展模式。正如美国学者威利斯·哈曼博士所说，“我们惟一最严重的危机主要是工业社会意义上的危机。我们在解决如何使一类问题方面相当成功，但与此同时，我们却对‘为什么’这种具有价值含义的问题，越来越变得糊涂起来，越来越多的人意识到谁也不明白什么是值得做的。我们的发展速度越来越快，但我们却迷失了方向。”因此，对“发展的终极目的（价值）”问题的探寻，就成了发展伦理学的首要的核心问题。

如果说我们对发展的终极目的问题并不明确，很多人都不服气，他们会说：“怎么不明确？发展就是为了生活得更幸福吗！”发展是为了生活得幸福，这并不错。但是，我们再往下追问：“什么是真正的幸福？”人们就很难说清楚了，如果同旧社会比，我们在改革开放以前也感到是很幸福的，但同21世纪比，他们就感到不幸福了。你去歌舞厅折腾一夜，感到幸福极了，而我却对此感到心烦。因此，对什么是幸福，谁也说不清楚。近代工业文明的幸福观，把聚敛财富、挥霍财富看做幸福，把舒适的生活看作幸福。

因此，近代工业文明形成的发展道路追求的无非是两个目的，一是摄取尽量多的物质财富，并拼命地把它消耗掉；二是在技术发展上，追求尽量用外部自然力代替人力，代替人的天然器官的活动（用汽车代替脚，用机器代替人手的劳动，用药物代替身体的抗病机能等）。但我们再往下追问："这种发展值得吗？"这时我们就接触到了"终极价值"问题。这也是传统发展观和发展模式造成当代困境和危机的症结所在。这种发展模式的第一追求，是聚敛和消费尽可能多的物质财富，其后果就是造成资源匮乏和环境污染。由于其消费追求的不是有利于人的健康生存，而是感官刺激，因而同人的生命原理相冲突。且不说香烟、酒等消费品的生产和消费直接危害人的生命，即使是那些标志着人的生活水平提高的高脂肪的食用，也间接对人体造成危害。当人们在大吃大喝满足嘴的"幸福"时，由于高脂肪摄入造成的肥胖病、心脏病、动脉硬化、高血压等文明病便相继发生。癌症的发生也与高脂肪的摄入相关。

这种发展观的第二个追求，是尽量用外部自然力代替人的天然器官的活动功能。这种发展的价值追求也直接违反生命原理。人的生命器官的功能遵循着"用尽废退"的原理变化。当人们用药物代替人的免疫机能时，人的免疫机能就会降低；当人们使用空调器生活在不冷不热的环境中时，人的抗寒暑能力就会降低；当人们以车代步时，人的奔跑机能、心脏和血液循环等器官的机能也会降低。这样，片面追求用外部自然力代替人的器官的结果必然是生命质量的下降。

通过对发展的终极价值的追问，我们可以看到，人类面临的各种危机，实质是传统的发展模式的意义（价值）危机。我们不得不反思这样一个问题："这种发展对人类的健康生存和可持续发展来说是值得的吗？"

通过上述分析我们可以看到人类的健康生存和可持续发展，是发展伦理的终极尺度。它包括以下重要的命题：

1.全人类利益高于一切，当代科学技术和市场经济的发展，缩小了人们之间的距离。地球就像一个村庄（地球村）。全人类都坐在一条船上在风浪中航行，每个人的不轨行为都可能影响人类的生存。因此，发展伦理学要求个人利益、民族利益、国家利益这些局部利益要服从人类利益。应当以人类的生存利益为尺度，对自己的不正当的欲望进行节制。

2.生存利益高于一切，自然生态环境系统是人类生命的支持系统，能否保持自然生态环境系统的稳定平衡，是关系人类能否可持续生存的问题。因此，保持生态系统的稳定平衡，是我们人类一切行为的最高的、绝对限度。人类对自然界的改造活动，应当限制在能够保持生态环境的稳定平衡的限度以内。对可再生的生物资源的开发，应当限制在生物资源的自我繁殖和生长的速率的限度以内；生产活动对环境的污染，也应保持在生态系统的自我修复能力的限度内。

3.在满足当代人需要的同时，不能侵犯后代人的生存和发展权利，这是人类生存与发展的可持续性原则。我们的地球不仅是现代人的，而且是后代人的。我们不仅不应当侵犯其他人的权利，而且不应当侵犯后代人的权利。

**（二）伦理问题的解答**

这三个命题，是伦理学三个基本价值原则和伦理原则，它对发展中的全部伦理关系都起着决定作用。我们在这里只能举几个例子做一点简要说明。

1.公平与效率问题是当代社会发展面对的一个尖锐问题。它的解决，应当有伦理上的根据。党章中提出的让一部分人先富起来的方针，就涉及发展伦理问题。首先，我们必须打破平均主义的分配原则，只有如此，才能提高生产效率。因此，允许分配上的差别并不等于不公平。公平概念不等于“利益均等”。但是，这种差别不能无限扩大。差别保持在一定限度是公平的。但是，如果差别超过一定限度，使大部分人都不能从发展中获得好处，公平就转化为不公平。因此，我们的目的是走共同富裕之路，这才是我们最终的价值取向。

2.关于发展付出的代价问题，这其中也需要伦理根据。首先，为了全局利益、为了全人类利益和后代人的利益，局部的、暂时的代价的付出，是符合可持续发展伦理原则的。但是，为了局部的、眼前的利益而牺牲人类整体的生存利益、牺牲后代人的生存利益，则是违反伦理原则的。

3.发达国家和发展中国家的关系问题中也体现着可持续性发展的伦理原则。《北京宣言》指出：“发达国家对全球环境的恶化负有主要责任。工业革命以来，发达国家以不能持久的生产和消费方式过度消耗世界的自然资源，对全球的环境造成损害，发展中国家受害更为严重。”因此，它们有责任和义务帮助发展中国家摆脱贫困和保护环境。此外，发达国家与发展中国家之间的交往也应当遵循平等、公平和正义的伦理原则解决一切争端。这应当也是发展伦理学的问题。建立合理的国际政治、经济新秩序的依据，应当是发展伦理学的公平、平等和正义原则。

4.“浪费不可再生的稀有资源是不道德的行为，不管这些资源属于谁所有”。这应当成为发展伦理学的一个重要伦理原则。由于这些不可再生的稀有资源的合理使用直接关系到全人类的和我们后代的生存，因而我们必须超越传统的所有权观念，不能认为这些资源在我们国土上我就可以随便挥霍，也不能认为这些财产归我所有，我就可以随便浪费。

“我们中每个人使用的能量越多，身后的所有生命的可得能量就越少。这样，道德上的最高要求便是尽量地减少能量耗费”。

5.当代科学技术的高度发展，也需要对其评价和规范。这也是发展伦理学的重要内容。当技术发展到能够毁灭地球因而能够毁灭人类自身时，我们就应当坚持这样一个伦理原则，即“我们能够（有能力）做的，并不一定是应当做的”。因此，对于我们人类的每一个科学发现及其在技术上的应用，都应当首先进行评价和规范，使其在不伤害人类生存和发展的条件下得到利用。技术伦理，也是发展伦理学的重要组成部分。

### 四、实施可持续发展战略的意义

实施可持续发展战略，有利于促进生态效益、经济效益和社会效益的统一。有利于促进经济增长方式由粗放型向集约型转变，使经济发展与人口、资源、环境相协调。有利于国民经济持续、稳定、健康发展，提高人民的生活水平和质量。有利于推进新型工业化的进程。有利于农业经济结构的调整，保护生态环境，建设生态农业。

人类的需求是世代延续、无限上升的，而供人类利用的自然资源和环境质量却是稀缺而有限的。如果每一代人都在满足自己无限需求的理由下毫无节制地消耗世代累积的资源和环境，而不对其进行有效合理的代际分配，那么人类生活质量将一代不如一代，人类无限上升的需求将终难满足，资源和环境质量将在现有基础上进一步衰退，从而使未来几代人的生活质量持续下降。一个不关心后代利益的民族是毫无希望的民族。“如果每代人都只顾自己的需求和最大享受而不关注后代，则人类注定要完蛋。”因此，人类的生存和发展要求在资源和环境的配置上进行代际协调，这就意味着当代和后代所有成员进行假设性协商，根据某些准则来决定资源和环境的代际间分配。在后代人作为主体缺位的条件下，解决的办法是实行可持续性标准：“既满足当代人的需要，又不对后代人满足其需要的能力构成危害。”因此，必须实现可持续发展。

### 五、实施可持续发展战略的必要性

#### （一）实施可持续发展战略，是世界各国经济社会协调发展的共识

为满足迅速增长的人口和不断提高生活水平的要求，发展始终是人类的共同追求。世界发达国家单纯追求经济的高速增长，引发了许多矛盾，出现了环境污染和生态恶化等严峻问题。这些问题愈演愈烈，逐渐由局部发展到全球。从20世纪60年代以来，科学界开始探索走出困境的道路，提出了各种新的发展理论与发展战略。最终以20世纪80年代提出的可持续发展战略得到世界各国的共同认可，逐步形成共识。

#### （二）实施可持续发展战略，也是我国对联合国等世界组织作出的承诺

实施可持续发展战略，已成为世界各国经济社会协调发展的共识，也是我国对联合国

等世界组织做出的承诺。1992年6月，联合国在巴西召开了146个国家元首和政府首脑参加的第二次环境会议，发表了《里约环境与发展宣言》《21世纪议程》，并签署几个单项环境保护公约。这次大会和通过的文件，提出了建立经济、社会、资源和环境相协调、可持续发展的新模式。大会以后，许多国家相继制定了自己的可持续发展战略，有的制定了本国的《21世纪议程》。同年7月，我国也开始组织编制《我国21世纪议程》，经过反复论证和讨论修改，于1994年经国务院批准颁布，并把实施可持续发展战略纳入我国《国民经济和社会发展“九五”计划和2010年远景目标纲要》。

**（三）实施可持续发展战略，是由我国的国情所决定的**

我国是一个发展中大国，当前正处在经济快速增长的发展过程中，面临着提高社会生产力、增强综合国力和提高人民生活水平的历史任务，同时又面临着人口众多、资源匮乏、环境污染、生态平衡、失业增加等严峻的问题和困难。因此，只有将经济社会的发展与资源、环境相协调，走可持续发展之路，才是我国实现跨世纪发展的唯一正确选择。

1.实施可持续发展战略是我国实现现代化“三步走”发展战略的重要措施。我国现代化三步发展战略的重要措施，是党的第二代领导集体，凭借对我国国情和世界局势的深刻把握，为中华民族重新走在时代的前列而提出和确立的。现代化发展战略“三步走”的实现过程，是一个持续、快速、健康的发展过程。因此，只有实施可持续发展战略，继续深化改革，努力调整产业结构，加快转变经济增长方式，减少对非再生资源的依赖和使用量，加强对再生资源的开发利用和保护，才能全面完成现代化“三步走”的战略目标。我国人口数量多、增长快，对资源和环境造成了巨大的压力，严重影响了经济社会的发展和人民生活水平的提高。

2.实施可持续发展战略是关系中华民族生存和发展的长远大计。我国只有坚定不移地实施可持续发展战略，正确处理经济发展与人口、资源、环境的关系，促进人和自然的协调和和谐，努力开创生产发展、生活富裕、生态良好的文明发展之路，才能顺利实现社会主义现代化建设的宏伟目标，才能为中华民族世世代代的生存发展创造良好的条件。

3.实施可持续发展战略是谋求社会全面进步的根本保证。实施可持续发展战略，就要从人口、经济、社会、资源和环境相互协调中推动经济发展，并在发展过程中促进社会全面进步。社会进步的关键是提高劳动者素质。我国是世界上劳动力最充裕的国家，但目前我国劳动者文化技术水平低，文盲率高。实施可持续发展战略，有助于控制人口增长，发展教育，提高人口素质。合理的分配关系是可持续发展不可缺少的环节，分配的严重不公是社会稳定的大敌。为此，要保护合法收入，取缔非法收入，对合法的高收入通过税收手段进行调节。

## 六、实施可持续发展战略的基本措施

### （一）建立落实科学发展观的行政管理体制，提高环境执政能力

建立资源节约、环境友好型社会，落实科学发展观，都与健全的环境行政管理体制和强有力的环境执政能力密切相关。

1.建立跨部门、跨区域的环境统一综合治理体系，把国家环境保护总局升格为环境部，成为国务院内阁成员，通过增加预算和人员编制来加强中央政府环境执政能力，使其能充分履行在制定法规、执法、分析、监测和专业培训等方面的职责。

2.调整地方环境行政管理体制，形成省以下治理直管体制，使国家环保总局与省级环保局建立直接行政负责关系，强化各级地方政府环境执政能力。

3.建立有效的环境问责制，将环境指标真正纳入官员考核机制，必要时可采用一票否决制。地方发展规划必须进行环境影响评价，以确保地方经济发展符合地方和国家的总体环境保护目标。在环境法律法规中设立更严厉的处罚条款来加强对它们的遵守和执行，针对污染损害，加强民事处罚，并对严重的违法行为追究刑事责任。

### （二）建立适宜我国可持续发展的市场机制，促进经济增长方式的转变

在社会主义市场经济对资源配置起基础性作用的条件下，必须把生态环境作为影响经济活动的内生变量，把资源环境的供求关系纳入市场经济的价格体系，把物质财富的增长控制在自然资源与环境可自我恢复的阈值以内。

1.改革现有价格体系，建立起反映市场供求，反映资源的稀缺性，反映环境、资源等外部成本的价格形成机制。使参与市场的经济行为人自发地将资源、环境成本内部化，同时激励技术创新，减少实施的成本。

2.完善和进一步改革财税机制，形成财税对节能减排的激励和约束机制。出台限制高耗能、高污染的新税种，减少并停止对资源和环境有严重负面影响的财政补贴，实现从生产型增值税向消费型增值税的转变，避免生产、消费、贸易中的浪费行为。强化对节能减排产品的政府采购政策，建立财政贴息对提高资源利用率、推行循环经济、实现清洁生产、开发可再生能源的补贴制度。

3.建立生态补偿机制，以调节相关利益方在环境利益与经济收益分配之间的关系，并制定相关法律和政策以鼓励环境保护的行为。

4.严格节能减排的微观管制机制，为我国的企业引进环境、健康和安全方面的生产标准，提高排污费标准，开展排污权交易。

### （三）推动公众参与环境治理，建立环境后督察和后评估机制

如何将社会公众对资源价格上涨、环境污染的不满变成落实科学发展观的重要力量，取决于我国能否建立法律框架下的良性参与机制。社会公众在资源、环保问题上最为利益

攸关，理应成为落实可持续发展的推动力量。

1.鼓励地方社区、非政府组织以及企业界参与公开听证、福利诉讼以及其他自愿性的活动。

2.国家应在公众参与环境决策的机会方面进行宣传和教育。

3.改善公众对有关污染物排放及其造成后果方面的环境信息的获取，以便使他们能以更有意义的方式进行参与。

4.涉及资源开发和环境影响的重大项目申报应提前公告，有助于公众参与。

**（四）技术创新是落实科学发展观的重要支撑，因此要推动可替代的再生性能源研究，提高资源利用率、发展循环经济和清洁生产技术。**

1.突破建设资源节约、环境友好型社会的技术瓶颈制约，把能源、环境、农业、信息和生物等领域的重大适宜技术开发放在优先地位。重点组织开发有普遍推广意义的资源节约和替代技术、能量梯级利用技术、“零排放”技术、回收处理技术，以及降低再利用成本的技术等，不断提高单位资源消耗产出水平，尽快使资源消耗从高增长向低增长、再向零增长转化，使污染排放量从正增长向零增长、再向负增长转化，从源头上缓解资源约束矛盾和环境的巨大压力。

2.加快各种可再生能源的开发，如太阳能、风能、生物质能、地热能、海洋能等，促进能源供给结构的多元化，逐步改变依赖化石燃料的能源生产和消费结构。

3.积极建立循环经济、清洁生产的信息系统和技术咨询服务体系，及时向社会发布有关循环经济、清洁生产的技术、管理和政策等方面的信息，开展信息咨询、技术推广、宣传培训等。

**（五）加强农村地区的环境管理**

农村地区的粗放型发展模式和生活方式的改变已经加剧了农村资源短缺、生态和环境的恶化，对农村居民的身体健康和生活质量都产生了严重影响。应该在建设社会主义新农村的同时，统筹考虑农村经济发展与环境治理。

1.优先保障饮用水安全，重点改善公共卫生条件。

2.立足资源化和循环利用，提高废物的综合利用效率和效益。例如，开发并推广沼气池，在条件合适的地区推广太阳能和其他可再生能源。

3.高度重视农村面源污染，探索低成本治理方式和技术。

4.研究和探索能够吸收和固定碳的农业耕作方式，以获得社会、环境和全球利益。

**（六）坚持计划生育的基本国策，关于实行计划生育国策，是一项控制我国已经超过环境承受力的人口增长的决定性措施**

因为人口问题历来是中华民族生存与发展的主题之一，历朝历代统治阶级都把休养生息，充实人丁作为开国之初的基本政策。在1949年之初，我国人口已超过4亿，是数千年来中华文明人口的最高点，基于当时国际形势需要，我国并没有实行有计划的控制人口战略。十一届三中全会以后，人口过剩已经我国现代化建设兴衰成败，关系能否实现可持续发展的重大问题。党中央对计划生育极为关注，并逐步从人口、环境、自愿和发展相互关系的高度，指出控制人口的重要性，提出“人多有号的一面，也有不利的一面。在生产还不够发展的条件下，吃饭、教育和就业都成为严重的问题。”在谈我国现代化建设战略时反复讲到，“人多是我国最大的难题”，“人口问题是个战略问题，要很好控制”坚持计划生育的基本国策，是可持续发展的社会基础和战略核心，其中主要涉及人口基数、人口素质、生育政策和养老政策几个基本方面。

1.要切实控制人口增长，力争全国人口在近期维持在14亿左右。控制人口基数和人口分布，鼓励人群向广大中小城市和中西部地区迁移，既减轻大城市的发展压力和臃肿程度，又促进边远地区的经济发展。

2.重视教育问题，提高人口素质。要沿袭西方国家国民教育程度逐渐拔高的历史，不断提高“九年义务教育”上限，保证地区入学率的微小差距，减小地区间发展不平衡程度。加大高等教育投入和专业性技术学校支持力度，努力开发综合性人才和专业型人才并重的局面。

3.要认真执行计划生育政策，把控制农村和流动人口作为计划生育工作的重点，积极推行计划生育同发展农村经济、脱贫致富和建立文明幸福家庭三者相结合。

4.要重视人口老龄化问题，研究观察人口年龄结构的变化，推出后续政策尽快改善老龄化社会对发展带来的阻碍，逐步建立起适应老龄化社会所欲要的养老保障体系、提倡家庭子女赡养和老年自养。

**（七）制定经济、人口、资源、环境协调发展规划，经济与人口、资源、环境协调发展作为发展中国家，我国面临着发展经济和改善环境的双重任务**

对于我国来说，可持续发展的第一位任务是发展，既要满足当代人的基本需求，又要为子孙后代着想。在当前以及今后相当长的历史时期内，我们都必须毫不动摇地把发展经济放在首位，各项工作都要紧紧围绕经济建设这个中心来开展。因为无论是社会生产力的发展，综合国力的增强，人民生活水平和人口素质的提高，还是资源的有效利用，环境和生态的保护，都有赖于经济的发展。经济发展是我们办一切事情的基础，也是实现人口、资源、环境与经济协调发展的根本出路。同时，经济的发展也离不开人以及资源、环境的支持。高素质的人、丰富的资源和优化的环境是经济发展不可缺少的基础和条件。经济发展要受到人口、资源、环境的制约，经济发展必须与人口、资源、环境相协调。否则，经济发展难以持久，甚至人类生存将受到威胁。因此，在社会主义现代化建设中，只有把经济发展与人口、资源、环境协调起来，把当前发展与长远发展结合起来，才能使国民经济逐步走上良性循环的道路，达到可持续发展。

**（八）选择有利于节约资源的产业结构和消费方式，建立资源节约型的国民经济体系**

制定和实施有利于节约资源的产业政策，通过产业政策的调整，减少对资源的消耗和对环境的破坏。要严格限制那些能源消耗高、资源浪费大、环境污染严重的产业和企业的发展，大力发展质量效益型、科技先导型、资源节约型产业，要通过产业结构调整，限制发展污染严重的产业，对污染危害较大的企业限期治理，合理布局工业生产力，合理利用自然生态系统的自净能力，增强企业防治污染的能力。合理布局工业生产力，根据优化资源配置和有效利用的原则，制定工业发展的地区布局规划。要在不同地区建立起符合国家总体发展要求的合理利用资源的主导产业，促进资源的合理配置和地区经济的协调发展。

## 第四节　生态环境保护与可持续发展

### 一、生态环境对社会发展的作用

生态环境是人类社会赖以生存和发展的各种自然条件的总和。环境整体及其各组成要素都是人类生存与发展的基础。生态环境在人类社会的发展中起着重要的作用。

**（一）环境为人类提供舒适性环境的精神享受**

环境不仅能为经济活动提供物质资源，还能满足人们对舒适性的要求。阳光、空气和水是生命的基本要素。灿烂的阳光、清新的空气和洁净的水是工农业生产必备条件，也是人们健康愉快生活的基本需求。全世界有许多优美的自然和人文景观，征年都吸引着成千上万的游客。优美舒适的环境使人们心情轻松，精神愉快，有利于提高人体素质，更有效地工作经济越增长，对于环境舒适性的要求就越高。

**（二）生态环境提供人类活动不可缺少的各种自然资源**

环境是人类从事生产的物质基础，人类社会的发展一时一刻也离不开其赖以生存的自然环境。作为一定社会主体的人以及人的生产劳动，总要有一定空间和各种物质的、能量的资源，只有劳动向自然界结合，才能创造财富，才能为人类社会存在和发展提供保证。大自然慷慨地提供给我们生态资源、生物资源和矿物资源。

**（三）生态环境通过对社会生产以及对社会各方面的要求，对社会的发展起加速和延缓的作用**

当生态环境与经济发展相适应、相协调时，就会促进经济的持续发展。反之，当生态环境遭到破坏，就会阻碍经济的发展。自然环境对一个国家和地区来说，是重要的资源和财富相反，环境保护好了，就可以提高自然资源的再生和增殖能力，就有可能永远利用这些资源，促进经济持续稳定地增长。与此同时，保护自然环境需要经济发展，只有发展才能创造出包括适宜的环境在内的高度物质文明和精神文明。

**（四）生态环境具有自净功能**

环境对人类经济活动产生的废物和废能量进行消纳和同化即环境自净功能或环境容量。土地、江河、森林、矿藏等是自然界给予人类的资源，但自然界不能赐给人类产品。

## 二、生态环境与可持续发展的辩证关系

**（一）生态环境是人类社会存在和发展的根基**

环境是指作用于人类的所有自然因素和社会因素的总和。生态环境是指人类或生物集团与环境相互作用，通过物质流和能量流共同构成的生物——环境复合体的总称。生态环境为人类社会经济发展提供基本的生产资料和对象，如土地、森林、草原、淡水、矿藏等。同时，生态环境又是人类社会生产和生活中产生的废弃物的排放场所和自然净化场所。生态环境也为人类的生存和生活质量的提高提供条件，如经过地球大气层选择和吸收的阳光、特定质量的空气和水源，作为旅游资源的名山大川，作为天然基因库的野生动植物资源等等。可见，生态环境是人类社会经济发展的基础，也是人类社会存在和发展的根基。

生态环境是一个大系统，称为生态环境系统。它是由生物及其环境所组成的系统，简称生态系统。生态系统在不受人类社会经济活动冲击的条件下，它保持着一定的平衡状态，维持自身的正常运动。当受到人类社会经济活动冲击，违反生态规律，旧的生态平衡遭到了破坏，新的平衡又建立不起来，那就破坏了生态系统的平衡，包括内部结构的平衡、各生态群落之间的平衡和生态群落与它的周围环境之间的物质结构和能量输出输入之间的平衡。生态系统长期受到破坏，必将导致严重的后果。

在人类出现之前，自然界的发展和变化是一个纯粹的自然过程。人类出现以后，由于人类社会经济活动的介入，打乱了自然界原有的秩序，纯自然的过程就变成了从自然到社会过程。自然到社会过程的产物，就不再是纯粹的自然物，而是如马克思所说的“是真正的、人类学的自然界”。这就是所谓的“第二自然”或“人工自然”。生态系统的性质也由此发生了变化，由自然生态系统变成自然社会生态系统。

生态系统是一个非常复杂的大系统。人类改造自然，利用一部分自然物创造自己所需要的物质产品，必然对其他的自然物及其整个生态系统造成影响，甚至会造成严重的破坏。由于生态环境后果与生产者的利益关联不太直接，因而往往容易被眼前的利益所掩盖而不被人们注意。正如恩格斯所说的那样："人们对自然界和社会，主要只注意到最初的最显著的结果"，"那些只是在以后才显现出来的，由于逐渐的重复和积累才发生作用的进一步的结果是完全被忽视的。"社会主义社会经济发展正在寻找解决这个问题的办法，最终要达到使生产发展，生活富裕，生态良好。在理论上我们很明确，生态环境一定要保护。保护生态环境的目的在于促进社会经济发展。要在保护生态环境中发展社会经济，又要在社会经济发展过程中保护生态环境。不论何时何地，一定要很好地把两者结合起来。认真做到人与自然统一，建设和谐社会。

社会主义社会应该是人与自然和谐相处的社会，人与自然的统一是和谐社会的基础。从个人自我身心的和谐到人与人之间和谐以及个人与社会的和谐关系，其基础在于人与自然之间的和谐关系。只要人与自然之间的关系始终是和谐的，那么，他（她）无论身居何处，干何种事业，就会自我平衡，心态平和，安居乐业，从而他（她）与周围的人们就会和睦相处，与社会人群之间的关系也就会谦和融洽，整个社会呈现出和谐氛围，社会主义社会就会出现崭新的和谐的精神风貌，会极大地促进生产力的发展。

**（二）生态环境系统是生产力体系不可分割的重要组成部分**

众所周知，人类社会经济发展体现为生产力的发展，这种发展是人类在利用自然生产物质资料的过程中实现的。而人类利用自然的过程，是自然再生产和社会经济再生产的统一。自然生产过程形成自然生产力或生态生产力（自然力、自然资源、生产所必须的自然条件等等），社会经济再生产过程形成社会生产力（科学技术、生产工具、科学管理等等）。所以，生产力是自然生产力和社会生产力的集合体。生态生产力是生产力体系的一个不可分割的重要部分。马克思说："劳动首先是人和自然之间的过程，是人以自身的活动来引起、调整和控制人和自然之间的物质交换过程。"，"在社会生产中，人和自然，是同时起作用的。"同样我们也可以这样认为，在整个生产力体系中社会生产力和自然界的自然生产力也是同时起作用的。

因此，我们对生产力这个范畴就有新的认识。所谓生产力这个体系，是人与自然在物质变换过程中自然生态再生产与社会经济再生产相互作用的产物，是自然生态再生产能力和社会经济再生产能力的综合体现，是社会生产力（人类改造自然、协调人与自然关系的能力）与自然生态生产力的总和。我们对生产力的这样认识既把人类社会的物质资料生产纳入整个自然生态再生产的过程，又不把自然生态的再生产看成是纯粹的自然过程，从而把自然生态再生产和社会经济的再生产视为同一的过程，把自然生产力和社会生产力融为一体，是完全符合人类社会物质资料生产的实际情况的。

自然生产力和社会生产力是相互作用、相互制约的。人的劳动能力（脑力、体力、科学技术等）及其组合构成社会生产力。自然生产力则有狭义和广义之分：狭义的自然生产力是纯粹的自然力（如瀑布、河流等）；广义的自然生产力则不仅包括自然力，而且还包括自然资源以及生产所必备的自然条件等等。我们这里讲的自然生产力指的是广义的自然生产力。自生产力和社会生产力的相互作用和相互制约主要表现如下：

首先，自然生产力作用制约着社会生产力。马克思指出：“撇开社会生产的不同发展程度不说，劳动生产率是同自然条件相联系的。这些自然条件可以归结为人本身的自然和人的周围的自然。外界自然条件在经济上可以分为两大类：生活资料的自然富源，倒如土壤的肥力，渔产丰富的水等等；劳动资料的自然富源、如奔腾的瀑布、可以航运的河流、森森、金属、煤炭等等。”。这就是说，自然生产力对社会生产力的影响。既包括作为“生活资料的自然富源”对社会生产力的影响，又包括作为“劳动资科的自然富源对社会生产力的影响”。

1.自然生产力通过为人类提供生存资料影响“人本身的自然”。劳动者是构成社会生产力的首要因素，而自然界是人类生存所需要的衣食住行及所需的各类物质产品，无一不是来自于自然界。人类如果不从自然界中获取自身所需要的生活资料，人类就不能生存，则任何社会生产力就无从谈起。而人类从自然界获得的生存资料多寡和质量优劣，则取决于自然界再生产能力的强弱。自然再生产能力愈强，人类所获得的生存资料愈丰富，人本身的自然（人的脑力体力）等就愈发达，反之，自然再生产能力愈弱，人类所获得的生存资料就愈贫乏，质量愈差，则人本身的自然也就愈孱弱。如果自然生态系统被严重污染和破坏，则人类所取得的生存资料会危害人的健康，人类就必然会丧失生产能力。

2.自然生产力通过自然再生产为人类的经济再生产创造劳动资料和劳动对象。马克思指出：“经济的再生产过程，不管它的特殊的社会性质如何，在这个部门（农业）内，总是同一个自然的再生产过程交织在一起。”这里有两种情况：一是有的经济再生产过程本身就是一个自然再生产过程，如农业生态系统就是自然社会的生态系统，农业生态系统的演替进化就是一个自然再生产过程。二是通过自然再生产为经济再生产创造自然前提。人类的社会经济再生产离不开一定的自然条件和自然资源，而这种自然条件和自然资源（特别是可再生资源）是通过自然再生产而不断得到补充的。如果自然再生产能力被破坏，经济再生产的自然条件就会恶化。经济再生产所需要的各种物质资料就得不到及时的补充。甚至会枯竭，经济再生产就无法进行。

3.自然生产力直接影响劳动对象的数量和品质。社会经济再生产需要一定数量和质量的劳动对象。在自然再生产能力比较旺盛的区域，它就能为经济再生产提供的劳动对象就比较充裕。自然再生产就能在良好的生态环境中进行，它就能为经济再生产提供品质较为优良的劳动对象。反之，在一个严重污染的自然生态环境中，自然再生产的能力被抑制和破坏，自然再生产过程所能提供的劳动对象不仅数量减少，而且其品质也会大大降低，社会生产力就会受到极大的影响。

另一方面来说，社会生产力也作用和制约着自然生产力。这种作用和制约关系是这样的：一是社会生产力使自然生产力成为现实的生产力。自然生产力无论有多大，如果离开了人类劳动的参与，自然生产力只能是自然物，是潜在的生产力，不能形成现实的生产力。二是社会生产力可以极大地改变自然生产力。人类社会经济活动可以改变自然物的面貌，改善或破坏生物的生境，启动或消灭生物群落，从而给自然再生产以极大的影响。人的社会性愈是得到充分的展现，人们对自然再生产的影响也愈是巨大。从人类社会经济发展史看，在农业文明的初级生态农业条件下，自然生态较少受到破坏，人与自然处于低水平的平衡之中。而在现代农业发展中，以机械化、化肥为主要标志的农业生产，是依赖投入高能量获得高产量，虽然极大地促进了农业生产，然而也提高了农业成本，造成能源紧张，而且由于过多使用化肥和农药等物质，从而使土壤结构破坏，有机质含量降低。高毒残留农药还污染了生态环境，使有益昆虫、青蛙、鸟类等数量急剧减少，在很大程度上影响自然生态平衡。造成自然生态功能萎缩或复异。

现代工业生产所带来的物质文明，是一种追求高投入、高产出、高消费的生产、生活模式，本质上是以过度消耗资源，无控制地排放废弃物的一种生产模式和消费模式，因而是一种破坏生产力的社会生产方式和消费方式。人们已经清楚地认识到这是人类社会经济不可持续发展的生产方式和消费方式，必须改变这种破坏生态环境，保护人类生态家园，维护生产力体系的功能和完善。

自然生产力和社会生产力不仅是相互作用和相互制约，而且是相互渗透融为一体的。如前所说，自然生产力之所以成为现实生产力，就在于有人类的社会经济活动的参与，即社会生产力渗透其中。同样，社会生产力能持续稳定发展，也在于自然生产力旺盛，使经济再生产过程始终如一地有自然再生产过程相伴随。这就是社会经济再生产与自然生态的再生产相互渗透、相互交织，构成了生产力体系发展的全部过程。《国务院关于落实科学发展观加强环境保护的决定》指出，经济社会发展必须与环境保护相协调，促进地区经济与环境协调发展。可见，保护生态环境就是保护生产力，破坏生态环境就必然破坏生产力。社会物质资料的生产和再生产过程，任何时候都要把自然规律和社会规律结合起来，才会使社会经济持续快速健康发展。

### 三、生态环境保护与可持续发展的对策

#### （一）自觉保护生态环境，要从我做起，从现在做起，确立自然价值和文化价值相统一的价值观念

这种价值观念来源于人们对以往社会经济活动违反生态规律所带来的严重不良影响的反省。现在终于认识到，生态危机主要是由于人与自然关系的失调所致。为了生存与发展，人类必须自觉行动起来。保护自然生态环境。维护生态系统的正常功能，保持生态平衡。因此，人类的社会经济行为，决不能妄自称大，胡作非为。必须尊重自然，按自然规律办事。在社会生产和再生产过程中，保持人与自然和谐共进。我们这一代人要为以后的世世代代人的生存和发展创造条件，把一个良好的生态环境交给他们，决不能做贻害子孙后代的事情。保护生态环境，从我做起，从现在做起。

1.要充分认识到大自然是人类真诚的朋友和伙伴。要在感情上真切感到大自然是人类之母。生命之源，衣食之库，人的聪明智慧都是来自于大自然。要从整个人类整体的、长远的、根本的利益出发，来处理人类与自然环境的关系。人类并不是彼此分离、相互隔绝的各个实体，而是一个休戚与共的整体，这个整体是包括在地球命运共同体之中的，人类要摆正自己在大自然界中的位置，改善人与自然的关系。

2.要加强思想认识，加大投入力度。环境质量的变坏，不仅制约经济的发展，也危及人民生活水平的提高，因此，首先要在经济活动中保护环境，鼓励公众参与环境保护和可持续发展的综合决策和监督，把环保、可持续发展作为经济发展战略的指导思想。第二要增加环保投资。第三要明晰资产权关系。

#### （二）在社会生产中要大力发展循环经济

要把传统的依赖资源消耗的线性型经济增长方式转变为依靠生态型资源循环来发展经济。要设计生产过程中物质和能量多层次分级利用的产业技术系统。在这样的生产过程中，输入生产系统的物质在第一次使用生产第一种产品后，它的剩余物是第二次使用成为生产第二种产品的原料；接着第二种产品的剩余物是生产第三种产品的原料。如此类推，直到整个生产过程所有的剩余物全部都用完，最后才以对生态环境无害的形式排放。这就是社会生产过程中循环经济的思维。

#### （三）在消费领域崇尚简朴，摈弃过度消费和奢侈浪费的消费行为

人类应追求与自然同在，过简朴生活，达到节约资源和保护生态环境的要求。我们每个人都以勤俭节约为荣，奢侈浪费为耻，为自然生态环境负重减压。

#### （四）在科学技术上，不但重视科技的发明创造和使用，更重视科学技术发展向生态化转变

使整个科学技术体系的始终沿着有利于生态环境保护方向发展，成为人与自然和谐的

有力支撑。

**（五）强化行政管理，深化环境教育**

总量控制与绿色工程是实施可持续发展战略，确保环境目标实现的两大举措，各级党政一把手要亲自抓，总负责，做到“责任、措施、投入”三到位；建立合理的城市结构，重视城市规划布局和产业结构调整，大力发展第三产业， 严格管理城市环境，加快城市工业污染治理，减少“三废”及噪声污染。

**（六）实行以资源保护为核心的环境管理用新技术、新工艺开发新能源，可以提高资源利用率，同时，实施制度创新，实行环境资源的有偿使用，不断进行技术创新，由粗放式生产向集约型生产转变，通过提高资源的利用效率，最大限度地把资源转化为产品。**

合理利用和保护土地资源、水资源和生物资源，防止水土流失，控制环境污染，保护野生动植物资源，实现经济效益和环境效益的统一发展。环境问题产生的根源在于经济的外部性。我们可利用经济政策，通过市场机制，把由于物质利用不一致造成的经济外部性内化到各级经济分析和决策过程中。通过事后增加治理成本的方法来削减污染，实行环境资源的有偿使用，既能有效地约束污染者的排污行为，确保“污染者负担”，又能为政府进行环境集中治理筹集资金，或将资金用于清洁生产技术的研究开发等，实现环境与经济、社会的可持续发展。因此，实行环境资源的有偿使用，是解决污染的根本思路。保护环境的经济手段，主要有环境费、环境税、排污权交易等。

## 第五节　全球生态保护计划

### 一、全球十大环境问题

#### （一）全球气候变暖

由于人口的增加和人类生产活动的规模越来越大，向大气释放的二氧化碳、甲烷、一氧化二氮、氯氟碳化合物、四氯化碳、一氧化碳等温室气体不断增加，导致大气的组成发生变化。大气质量受到影响，气候有逐渐变暖的趋势。由于全球气候变暖，将会对全球产生各种不同的影响，较高的温度可使极地冰川融化，海平面每10年将升高6厘米，因而将使一些海岸地区被淹没。全球变暖也可能影响到降雨和大气环流的变化，使气候反常，易造成旱涝灾害，这些都可能导致生态系统发生变化和破坏，全球气候变化将对人类生活产生一系列重大影响。

### （二）臭氧层的耗损与破坏

在离地球表面10至50千米的大气平流层中集中了地球上90%的臭氧气体，在离地面25千米处臭氧浓度最大，形成了厚度约为3毫米的臭氧集中层，称为臭氧层。它能吸收太阳的紫外线，以保护地球上的生命免遭过量紫外线的伤害，并将能量贮存在上层大气，起到调节气候的作用。但臭氧层是一个很脆弱的大气层，如果进入一些破坏臭氧的气体，它们就会和臭氧发生化学作用，臭氧层就会遭到破坏。臭氧层被破坏，将使地面受到紫外线辐射的强度增加，给地球上的生命带来很大的危害。研究表明，紫外线辐射能破坏生物蛋白质和基因物质脱氧核糖核酸，造成细胞死亡；使人类皮肤癌发病率增高；伤害眼睛，导致白内障而使眼睛失明；抑制植物如大豆、瓜类、蔬菜等的生长，并穿透10米深的水层，杀死浮游生物和微生物，从而危及水中生物的食物链和自由氧的来源，影响生态平衡和水体的自净能力。

### （三）生物多样性减少

《生物多样性公约》指出，生物多样性“是指所有来源的形形色色的生物体，这些来源包括陆地、海洋和其他水生生态系统及其所构成的生态综合体；它包括物种内部、物种之间和生态系统的多样性。”在漫长的生物进化过程中会产生一些新的物种，同时，随着生态环境条件的变化，也会使一些物种消失。所以说，生物多样性是在不断变化的。近百年来，由于人口的急剧增加和人类对资源的不合理开发，加之环境污染等原因，地球上的各种生物及其生态系统受到了极大的冲击，生物多样性也受到了很大的损害。有关学者估计，世界上每年至少有5万种生物物种灭绝，平均每天灭绝的物种达140个，估计到21世纪初，全世界野生生物的损失可达其总数的15%至30%。在我国，由于人口增长和经济发展的压力，对生物资源的不合理利用和破坏，生物多样性所遭受的损失也非常严重，大约已有200个物种已经灭绝；估计约有5000种植物已处于濒危状态，这些约占我国高等植物总数的20%；大约还有398种脊椎动物也处在濒危状态，约占我国脊椎动物总数的7.7%。因此，保护和拯救生物多样性以及这些生物赖以生存的生活条件，同样是摆在我们面前的重要任务。

### （四）酸雨蔓延

酸雨是指大气降水中酸碱度（PH值）低于5.6的雨、雪或其他形式的降水。这是大气污染的一种表现。酸雨对人类环境的影响是多方面的。酸雨降落到河流、湖泊中，会妨碍水中鱼、虾的成长，以致鱼虾减少或绝迹；酸雨还导致土壤酸化，破坏土壤的营养，使土壤贫瘠化，危害植物的生长，造成作物减产，危害森林的生长。此外，酸雨还腐蚀建筑材料，有关资料说明，近十几年来，酸雨地区的一些古迹特别是石刻、石雕或铜塑像的损坏超过以往百年以上，甚至千年以上。世界已有三大酸雨区，其中我国华南酸雨区是唯一尚未治理的。

### （五）森林锐减

在今天的地球上，森林正以平均每年4000平方公里的速度消失。森林的减少使其涵养水源的功能受到破坏，造成了物种的减少和水土流失，对二氧化碳的吸收减少进而又加剧了温室效应。

### （六）土地荒漠化

全球陆地面积占60%，其中沙漠和沙漠化面积29%。每年有600万公顷的土地变成沙漠。经济损失每年423亿美元。全球共有干旱、半干旱土地50亿公顷，其中33亿遭到荒漠化威胁。致使每年有600万公顷的农田、900万公顷的牧区失去生产力。人类文明的摇篮底格里斯河、幼发拉底河流域，已由沃土变成荒漠。我国的黄河流域，水土流失亦十分严重。

### （七）大气污染

大气污染的主要因子为悬浮颗粒物、一氧化碳、臭氧、二氧化碳、氮氧化物、铅等。大气污染导致每年有30—70万人因烟尘污染提前死亡，2500万的儿童患慢性喉炎，400—700万的农村妇女儿童受害。

### （八）水污染

水是我们日常最需要，也是接触最多的物质之一，然而就是水如今也成了危险品。

### （九）海洋污染

人类活动使近海区的氮和磷增加50%到200%；过量营养物导致沿海藻类大量生长；波罗的海、北海、黑海、东我国海（东海）等出现赤潮。海洋污染导致赤潮频繁发生，破坏了红树林、珊瑚礁、海草，使近海鱼虾锐减，渔业损失惨重。

### （十）危险性废物越境转移

危险性废物是指除放射性废物以外，具有化学活性或毒性、爆炸性、腐蚀性和其他对人类生存环境存在具有害特性的废物。美国在资源保护与回收法中规定，所谓危险废物是指一种固体废物和几种固体的混合物，因其数量和浓度较高，可能造成或导致人类死亡，或引起严重的难以治愈疾病或致残的废物。

## 二、全球生态保护计划与措施

### （一）大自然保护协会

1.组织简介

大自然保护协会The Nature Conservancy（TNC）是全球最大的国际自然保护组织之

一，大自然保护协会成立于1951年，总部在美国华盛顿。协会致力于在全球范围内保护具有重要生态价值的陆地和水域，以维护自然环境、提升人类福祉。坚持采取合作而非对抗性的策略，用科学的原理和方法来指导保护行动。截止2012年，TNC已跻身美国十大慈善机构行列，位居全球生态环境保护非盈利非政府民间组织前茅。

2.详细介绍

（1）使命

通过保护代表地球生物多样性的动物、植物和自然群落赖以生存的陆地和水域，来实现对这些动物、植物和自然群落的保护。

（2）宗旨

保护重要的陆地和水域，使具有全球生物多样性代表意义的动物、植物和自然群落得以永续生存繁衍。

（3）愿景

协会期望一个拥有健康的森林、草地、沙漠、河流和海洋的世界；一个珍视自然系统与人类生活质量关联性的世界；一个所有生物赖以生存的环境可以世代长存的世界。

（4）目标

与合作伙伴携手，到2015年，确保地球上每种主要生境类型的至少10%的区域得到有效保护。

（5）手段

在过去半个世纪的发展里程中，协会奉行非对抗的工作原则，并逐步发展了一套全面、注重策略和实用性、并以科学为基础的保护工作方法：自然保护系统工程。藉此方法，甄选出了那些最具优先保护价值和最具有代表性的陆地景观、海洋景观、生态系统以及生物物种。

**（二）国际自然及自然资源保护联盟**

1.组织简介

国际自然及自然资源保护联盟（International Union for Conservation of Nature）于1948年10月5日在联合国教科文组织和法国政府在法国的枫丹白露联合举行的会议上成立，当时名为国际自然保护协会，1956年6月在爱丁堡改为现名。总部设在瑞士的格朗。国际自然及自然资源保护联盟，是一个非常特殊的组织，来自180多个国家的1000多名国际知名的科学家和专家为其下属的6个全球性的委员会工作。它在世界62个国家设有办事处，共有1000多名员工，服务于500多个项目。我国首次参加了在蒙特利尔召开的世界自然保护联盟大会，成为第75个成员国。

2.详细介绍

（1）组织形式

①世界自然保护大会

由IUCN全体成员参加的世界自然保护大会（World Conservation Congress），每3年召开一次，是联盟的最高层管理机构。大会（以前称“全会”，General Assembly）制定整个联盟的政策，通过联盟的工作计划，并选举联盟主席以及理事会成员。

②联盟成员的国家委员会和地区委员会

联盟的政府成员及非政府成员有915个，在得到理事会认可之后，这些成员可在某个国家或者地区成立委员会。这些国家及地区委员会在确定各个项目的优先顺序、协调各项规划和成员关系、执行各项规划方面，正发挥越来越大的作用。

③理事会

理事会由联盟主席、司库、选举出的24位地区理事、6个专家委员会主席以及增选的5位理事组成。其中，增选的5位理事是为弥补地区代表与经历的差别而设。理事会指导秘书处贯彻落实世界自然保护大会通过的各项政策和规划，并且在大会休会期间，代表联盟全体成员每年举行一次或两次理事会。

④专家委员会

IUCN的6个专家委员会由技术专家、科学家、政策专家组成工作网，他们都志愿为联盟奉献自己的才学和毕生精力。专家委员会主席由该联盟全体成员在世界自然保护大会上选出，并在理事会中担任理事。这6个专家委员会有多达8500多名专家致力于世界保护事业，活跃在大约180个国家。

（2）工作内容

IUCN开展的工作中，总是把人类的利益考虑在内，即在持续发展的前提下保护自然与自然资源。该联盟的各个项目由其使命及各成员的愿望和需要所推动。各个国家或者地区的成员定期聚会以便开展并促进这些项目的实施，联盟从不试图从外部横加干涉。相反，联盟与有关人员一同工作，帮助他们明白症结所在并找出解决办法。通常需要进行综合考虑，让涉及此事的所有风险承担人员加入讨论，不管这些人职务如何，为此必须进行多方探讨。联盟提供坚实的科学知识厚的技术，并考虑政治及文化因素，包括调节冲突及与团体和机构合作的社交技巧。IUCN在自然保护的传统领域处于领先地位，例如拯救濒危动植物种；建立国家公园和保护区以及评估物种及生态系统的保护并帮助其恢复。

不过IUCN在传统领域之外也有所发展。在地球上的许多地方，联盟认为自然资源的可持续利用是保护自然的良好方式，这种方式使得为满足其基本需求而利用自然资源的那些人成为保护自然资源的卫士。

联盟所保护的环境包括陆地环境与海洋环境。联盟集中精力为森林、湿地、海岸及海洋资源的保护与管理制定出各种策略及方案。联盟在促进生物多样性概念的完善方面所起的先锋作用已使其在推动生物多样性公约在各国乃至全球的实施中成为重要角色。

**（三）世界环境日**

1.项目简介

世界环境日为每年的6月5日，它反映了世界各国人民对环境问题的认识和态度，表达了人类对美好环境的向往和追求。它是联合国促进全球环境意识、提高政府对环境问题的注意并采取行动的主要媒介之一。联合国环境规划署每年6月5日选择一个成员国举行“世界环境日”纪念活动，发表《环境现状的年度报告书》及表彰“全球500佳”，并根据当年的世界主要环境问题及环境热点，有针对性地制定“世界环境日”主题，总称世界环境保护日。

2.详细介绍

（1）发展历史

20世纪60年代以来，世界范围内的环境污染与生态破坏日益严重，环境问题和环境保护逐渐为国际社会所关注。1972年6月5日，联合国在瑞典首都斯德哥尔摩举行第一次人类环境会议，通过了著名的《人类环境宣言》及保护全球环境的“行动计划”，提出“为了这一代和将来世世代代保护和改善环境”的口号。这是人类历史上第一次在全世界范围内研究保护人类环境的会议。

出席会议的113个国家和地区的1300名代表建议将大会开幕日定为“世界环境日”。我国代表团积极参与了上述宣言的起草工作，并在会上提出了我国政府关于环境保护的32字方针：“全面规划、合理布局、综合利用、化害为利、依靠群众、大家动手、保护环境、造福人民。”

同年，第27届联合国大会根据斯德哥尔摩会议的建议，决定成立联合国环境规划署，并确定每年的6月5日为世界环境日，要求联合国机构和世界各国政府、团体在每年6月5日前后举行保护环境、反对公害的各类活动。联合国环境规划署也在这一天发表有关世界环境状况的年度报告。

1972年6月5日，联合国在瑞典首都斯德哥尔摩召开了人类环境会议。这是人类历史上第一次在全世界范围内研究保护人类环境的会议，标志着人类环境意识的觉醒。出席会议的国家有113个，共1300多名代表。除了政府代表团外，还有民间的科学家、学者参加。会议讨论了当代世界的环境问题，制定了对策和措施。会前，联合国人类环境会议秘书长莫里斯·夫·斯特朗委托58个国家的152位科学界和知识界的知名人士组成了一个大型委员会，由雷内·杜博斯博士任专家顾问小组的组长，为大会起草了一份非正式报告——

《只有一个地球》。这次会议提出了响遍世界的环境保护口号：只有一个地球！会议经过12天的讨论交流后，形成并公布了著名的《联合国人类环境会议宣言》（Declaration of United Nations Conference on Human Environment），简称《人类环境宣言》）和具有109条建议的保护全球环境的“行动计划”，呼吁各国政府和人民为维护和改善人类环境，造福全体人民，造福子孙后代共同努力。

《人类环境宣言》提出7个共同观点和26项共同原则，引导和鼓励全世界人民保护和改善人类环境。《人类环境宣言》规定了人类对环境的权利和义务；呼吁“为了这一代和将来的世世代代而保护和改善环境，已经成为人类一个紧迫的目标”，“这个目标将同争取和平和全世界的经济与社会发展这两个既定的基本目标共同和协调地实现”，“各国政府和人民为维护和改善人类环境，造福全体人民和后代而努力”。会议提出建议将这次大会的开幕日这一天作为“世界环境日”。

1972年10月，第27届联合国大会通过了联合国人类环境会议的建议，规定每年的6月5日为“世界环境日”，让世界各国人民永远纪念它。联合国系统和各国政府要在每年的这一天开展各种活动，提醒全世界注意全球环境状况和人类活动对环境的危害，强调保护和改善人类环境的重要性。

许多国家、团体和人民群众在“世界环境日”这一天开展各种活动来宣传强调保护和改善人类环境的重要性，同时联合国环境规划署发表世界环境状况年度报告书，并采取实际步骤协调人类和环境的关系。世界环境日，象征着全世界人类环境向更美好的阶段发展，标志着世界各国政府积极为保护人类生存环境做出的贡献。它正确地反映了世界各国人民对环境问题的认识和态度。1973年1月，联合国大会根据人类环境会议的决议，成立了联合国环境规划署（UNEP），设立环境规划理事会（GCEP）和环境基金。环境规划署是常设机构，负责处理联合国在环境方面的日常事务，并作为国际环境活动中心，促进和协调联合国内外的环境保护工作。

（2）设立宗旨

地球是人类和其他物种的共同家园，然而由于人类常常采取乱砍滥伐、竭泽而渔等不良发展方式，地球上物种灭绝的速度大大加快。生物多样性丧失的趋势正使生态系统滑向不可恢复的临界点，如果地球生态系统最终发生不可挽回的恶化，人类文明所赖以存在的相对稳定的环境条件将不复存在。

世界环境日的意义在于提醒全世界注意地球状况和人类活动对环境的危害。要求联合国系统和各国政府在这一天开展各种活动来强调保护和改善人类环境的重要性。

### （四）世界自然基金会

1.组织简介

世界自然基金会（World Wide Fund for Nature or World Wildlife Fund）是在全球享有盛誉的、最大的独立性非政府环境保护组织之一，自1961年成立以来，WWF一直致力于环保事业，在全世界拥有超过500万支持者和超过100个国家参与的项目网络。WWF致力于保护世界生物多样性及生物的生存环境，所有的努力都是在减少人类对这些生物及其生存环境的影响。

2.详细介绍

“WWF”起初代表“World Wildlife Fund”（世界野生动植物基金会）。1986年，WWF认识到这个名字不能完全反映组织的活动，于是改名为“World Wide Fund for Nature”（世界自然基金会）。不过美国和加拿大仍然保留了原来的名字。WWF致力于保护世界生物多样性及生物的生存环境，所有的努力都是在减少人类对这些生物及其生存环境的影响。

从成立以来，WWF共在超过150个国家投资超过13000个项目，资金近100亿美元。WWF每时每刻都有近1300个项目在运转。

这些项目大多数是基于当地问题。项目范围从赞比亚学校里的花园到印刷在当地超市物品包装上的倡议，从猩猩栖息地的修复到大熊猫保护地的建立。

WWF的使命是遏止地球自然环境的恶化，创造人类与自然和谐相处的美好未来。为此，WWF致力于保护世界生物多样性，确保可再生自然资源的可持续利用，推动降低污染和减少浪费性消费的行动。

# 第四章　大数据技术概述

# 第一节　大数据技术

## 一、大数据的定义

大数据（Big Data），指无法在一定时间范围内用常规软件工具进行捕捉、管理和处理的数据集合，是需要新处理模式才能具有更强的决策力、洞察发现力和流程优化能力的海量、高增长率和多样化的信息资产。

在维克托·迈尔—舍恩伯格及肯尼斯·库克耶编写的《大数据时代》中大数据指不用随机分析法（抽样调查）这样捷径，而采用所有数据进行分析处理。同时IBM还给出了大数据的5V特点：Volume（大量）、Velocity（高速）、Variety（多样）、Value（低价值密度）、Veracity（真实性）。

对于大数据，研究机构Gartner给出了这样的定义。“大数据”是需要新处理模式才能具有更强的决策力、洞察发现力和流程优化能力来适应海量、高增长率和多样化的信息资产。

麦肯锡全球研究所对大数据给出的定义是：一种规模大到在获取、存储、管理、分析方面大大超出了传统数据库软件工具能力范围的数据集合，具有海量的数据规模、快速的数据流转、多样的数据类型和价值密度低四大特征。

## 二、大数据常用的单位与进制

最小的基本单位是bit，可以按顺序给出所有单位：bit（ Binary Digit）、B（Byte）、KB（Kilobyte）、MB（Megabyte）、GB（Gigabyte）、TB（Terabyte）、PB（Petabyte）、EB（Exabyte）、ZB（Zettabyte）、YB（Yottabyte）、BB（Brontobyte）、NB（NonaByte）、DB（DoggaByte）。

它们按照进率1024（2的十次方）来计算：

1 B =8 bit

1 KB = 1024 B = 8192 bit

1 MB = 1024 KB = 1048576 B

1 GB = 1024 MB = 1048576 KB

1 TB = 1024 GB = 1048576 MB

1 PB = 1024 TB = 1048576 GB

1 EB = 1024 PB = 1048576 TB

1 ZB = 1024 EB = 1048576 PB

1 YB = 1024 ZB = 1048576 EB

1 BB = 1024 YB = 1048576 ZB

1 NB = 1024 BB = 1048576 YB

1 DB = 1024 NB = 1048576 BB

## 三、大数据的基本特征

容量（Volume）：数据的大小决定所考虑的数据的价值和潜在的信息；

种类（Variety）：数据类型的多样性；

速度（Velocity）：指获得数据的速度；

可变性（Variability）：妨碍了处理和有效地管理数据的过程；

真实性（Veracity）：数据的质量；

复杂性（Complexity）：数据量巨大，来源多渠道；

价值（Value）：合理运用大数据，以低成本创造高价值。

## 四、大数据的结构

大数据包括结构化、半结构化和非结构化数据，非结构化数据越来越成为数据的主要部分。据IDC的调查报告显示：企业中80%的数据都是非结构化数据，这些数据每年都按指数增长60%。大数据就是互联网发展到现今阶段的一种表象或特征而已，没有必要神话它或对它保持敬畏之心，在以云计算为代表的技术创新大幕的衬托下，这些原本看起来很难收集和使用的数据开始容易被利用起来了，通过各行各业的不断创新，大数据会逐步为人类创造更多的价值。其次，想要系统的认知大数据，必须要全面而细致的分解它，着手从三个层面来展开：

第一层面是理论，理论是认知的必经途径，也是被广泛认同和传播的基线。在这里从大数据的特征定义理解行业对大数据的整体描绘和定性；从对大数据价值的探讨来深入解析大数据的珍贵所在；洞悉大数据的发展趋势；从大数据隐私这个特别而重要的视角审视人和数据之间的长久博弈。

第二层面是技术，技术是大数据价值体现的手段和前进的基石。在这里分别从云计算、分布式处理技术、存储技术和感知技术的发展来说明大数据从采集、处理、存储到形成结果的整个过程。

第三层面是实践，实践是大数据的最终价值体现。在这里分别从互联网的大数据、政府的大数据、企业的大数据和个人的大数据四个方面来描绘大数据已经展现的美好景象及即将实现的蓝图。

## 第二节　大数据的起源与价值

### 一、大数据的起源

尽管“大数据”这一理念直到最近几年才真正在国内受到高度的关注，但实际上早在上个世纪80年代，伟大的未来学家、社会思想家阿尔文·托夫勒（Alvin Toffler）就在其所著的《第三次浪潮》（The Third Wave）中提出了“大数据”这一理念，并在文中热情地称颂“大数据”为“第三次浪潮的华彩乐章”。《自然》（Nature）杂志在2008年9月推出了名为“大数据”的封面专栏，从科学及社会经济等多个领域描述了“数据信息”在其中所扮演的越来越重要的角色，让人们对“数据信息”的广阔前景有了更多的期待，对身处或即将来临的“大数据时代”充满了好奇。

而真正让“大数据”成为互联网信息时代科技界热词的是全球著名管理咨询公司麦肯锡的肯锡全球研究院（MGI）在2011年5月份发布的一份名为《大数据：下一个创新、竞争和生产力的前沿》（The next frontier for innovation，competition and productivity）的研究报告，该报告作为第一份从经济和商业等多个维度阐述大数据发展潜力的研究成果，对“大数据”的概念进行了描述，列举了大数据相关的核心技术，分析了大数据在各行业的应用，同时在文中也为政府和企业的决策者们提出了应对大数据发展的策略。可以说该份报告的发布，极大地推动了“大数据”的发展。

此后，大数据迅速成为科技热词，并引起了各国政府以及商业巨头的广泛关注。2012年1月，瑞士达沃斯世界经济论坛将大数据作为论坛的主题之一，并发布了《大数据，大影响：国际发展新机遇（Big Data，Big Impact：New Possibilities for International Development）的报告》；2012年3月，美国奥巴马政府颁布《大数据的研究和发展计划》，启动了一项耗资超过2亿美元、涉及12个联邦政府部门、共计82项与大数据相关的研究和发展计划，希望通过提高大型复杂数据的处理能力，加快美国科技发展的步伐；2012年4月，成立于2003年的SPLUNK公司成为大数据处理领域第一家成功上市的公司，在NASDAQ上市的首个交易日以109%的涨幅让无数人对大数据充满了想象空间；2012年5

月，英国建立世界上首个关于政府数据信息开放的研究所；2013年，澳大利亚、法国等国家先后将大数据上升到国家战略层面，这是继美国和英国之后，欧美主流国家又一轮关于大数据国家发展战略的动向。

在国内，从2012年开始，以BAT（阿里巴巴、腾讯、百度）为首的互联网企业以及传统的运营商企业也纷纷启动了关于大数据的研发和应用；2014年3月，“大数据”这一概念首次进入我国政府工作报告；2015年初，李克强总理在政府工作报告中提出“互联网+”行动计划，推动互联网、云计算、大数据物联网等与现代制造业的结合与应用。

## 二、大数据的价值分析

### （一）大数据的技术价值

1.识别与串联价值

顾名思义，识别的价值，肯定是唯一能够锁定目标的数据。最有价值的比如身份证、信用卡，还有E-mail、手机号码等，这些都是识别和串联价值很高的数据。京东商城和当当网识别用户的方法就是用户登录账号。千万不要小看这个账号，如果没有这个账号，网站就只能知道有一些商品被用户浏览了，但是却无法知道是被哪个用户浏览了，更不可能还原出某个群体的用户的购买行为特点。

当然，识别用户的方法不止登录账号一种，对用户进行识别的传统方法还包括cookie。所有的cookie就是在你浏览器里面的一串字符，对于一个互联网公司来说，这就是用户身份的一个标记，所以你会发现你在搜索引擎上搜索过一个词语，在很多网站都看到相关的资讯或者商品的推荐，就是通过cookie来实现的。很多互联网公司都非常依赖cookie，所以会采用各种cookie来记录不同的用户类别，单一的cookie没有价值，将用户登录不同页面的行为串联起来才产生了核心价值。

如果你想知道日常生活中哪些是很有价值的识别和串联数据，那么可以回想一下你的银行卡丢失以后，你打电话到银行时对方会问你的问题。一般来说，当你忘记密码后，对方会问你“你哪天发工资”“你家里的固定电话号码是什么”等类似问题，而这一系列问题就是在把你的个人数据做一个识别和串联。因为在银行怀疑某个人是不是你的时候，生日、固定电话号码是有权重的。有可能在有了两三个这样的数据后，即使你没有密码，银行还是会相信你，为你重办新卡。

所以，千万不要小看识别数据的价值，经验告诉我们，能够识别关系和身份的数据是最重要的。这些数据应该有多少存多少，永远不要放弃。在大数据时代，越能够还原用户真实身份和真实行为的数据，就越能够让企业在大数据竞争中保持战略优势。

2.描述价值

在女人圈，我们经常会听到很多关于“好男人”的标准，比如“身高180厘米、体重75公斤、月收入20000元、不抽烟不喝酒等”，这其实就是将“好男人”这样一个感性的指标数据化了，这里用到的数据就充当了描述研究对象的作用。

在通常情况下，描述数据是以一种标签的形式存在的，它们通过初步加工的一些数据，这也是数据从业者在日常生活中做得最为基础的工作。一家公司一年的营业收入、利润、净资产等数据都是描述性的数据。在电商平台类企业日常经营的状况下，描述业务的数据就是包括交易额、成交用户数、网站的流量、成交的卖家数等，我们就可以通过数据对业务的描述来观察交易活动是否正常。

但是，对于企业来说，数据的描述价值与业务目标的实现并不呈正比例关系，也就是说，描述数据不是越多越好，而是应该收集和业务密切相关的数据。比如一家兼有PC平台和无线平台业务的电子商务公司，在PC上可能更多地关注成交额，而在无线平台上更多关注的应该是活跃用户数。

描述数据对具体的业务人员来说，使其更好地了解业务发展的状况，让他们对日常业务有更加清楚的认知；对于管理层来说，经常关注业务数据也能够让其对企业发展有更好的了解，以做出正确的决策。

用来描述数据价值最好的一种方式就是分析数据的框架，在复杂的数据中提炼出核心的点，在使用者能够在极短的时间里看到经营状况，同样，又能够让使用者看到更多他想看的细节数据。分析数据的框架是对一个数据分析师的基本要求——基于对数据的理解，对数据进行分类和有逻辑的展示。通常，优秀的数据分析师都具备非常好的数据框架分析能力。

3.时间价值

如果你不是第一次在某一购物网上买东西，你曾经的历史购买行为，就会呈现出时间价值。这些数据已经不仅仅是在描述之前买过的物品了，还展示出在这一段时间轴上你曾经买过什么，以便让网站对你将要买什么做出最佳预测。

在考虑了时间的维度之后，数据会产生更大的价值。对于时间的分析，在数据分析中是一个非常重要，但往往也是比较有难度的部分。大数据一个非常重要的作用就是，能够基于大量历史数据进行分析，而时间则是代表历史的一个必然维度。数据的时间价值是大数据运用最直接的体现，通过对时间的分析，能够很好地归纳出一个用户对于一种场景的偏好。而知道了用户的偏好，企业对用户做出的商品推荐也就能够更加精准。

时间价值除了体现历史的数据之外，还有一个价值是“即时”——互联网广告领域的实时竞价，它是基于即时的一种运用。实时竞价就是当用户进入某一场景之后，各家需求方平台就会来进行竞价，对用户现实场景进行数据推送。比如，用户正在浏览一个和化妆品有关的页面或者正在网上商城逛，在这个场景中就会出现和化妆品有关的信息。这个化妆品的广告不是预先设置好的，而是在这个具体的场景中通过实时竞价出现的。

4.预测价值

数据的预测价值分为两个部分：

第一个部分是对于某一个单品进行预测，比如在电子商务中，凡是能够产生数据，能够用于推荐的，就都会产生数据，能够用于推荐的，就都会产生预测价值。比如，推荐系统推荐了一款T恤，它有多大的可能性被点击，这就是预测价值。预测价值本身没有什么价值，它只是在估计这个商品是有价值的，所以预测数据可以让我们对未来可能出现的情况做好准备。推荐系统估计今天会有10个用户来买这件T恤，这就是预测。再问一些追加问题："你有多大的信心今天能卖出10件T恤？"你说有98%的可能性，那么这就是对未来的预判及准确的预估。

预测价值的第二部分就是数据对于经营情况的预测，即对公司的整体经营进行预测，并能够用预测的结论指导公司的经营策略。在今天的电商中，无线是一个重要的部门，对于新的无线业务来说，核心指标之一就是每天的活跃用户数，而且这个指标也是对无线团队进行考核的重要依据。作为无线团队的负责人，到底怎么判断现在的经营状况和目标之间存在着多大的差距呢？这就需要对数据进行预测。通过预测，将活跃用户分成新增和留存两个指标，进而分析对目标的贡献度分别是多少，并分别对两个指标制定出相应的产品策略，然后分解目标，进行日常监控，这种类型的数据能够对公司整体的经营策略产生非常大的影响。

5.产出数据的价值

从数据的价值来说，很多数据本身并没有特别的含义，但是在几个数据组合在一起或者对部分数据进行整合之后就产生了新的价值。比如，在电子商务开始的初期，很多人都关注诚信问题，那么如何才能评价诚信呢？于是就产生了两个衍生指标，一个是好评率，一个是累计好评数。这两个指标，就是目前在电商平台的页面上经常看到的卖家好评率和星钻级，用户能够基于此了解这个卖家的历史经营情况和诚信情况。

但是，仅以这两个指标来对卖家进行评价，会显得略微有些单薄，因为它们无法精准地衡量出卖家的服务水平。于是，又衍生出更多的指标，比如与描述相符、物流速度等，这些指标最终变成了一个新的指标——店铺评分系统，可以用之来综合评价这个卖家的服务水平。

当然，某个单一的商品在电商网站上可能会出现几千条评价，而评价中又是用户站在自己的立场描述的，但是推及到某个用户上，每次买一样东西要阅读几千条评价显然不太可能的，因此就需要把这些评价进行重新定位，以产出新的能够帮助用户做出明智购买决策的数据，这些数据就是关键概念抽取。

在认识了数据的价值后，我们就能更好地识别出哪些是我们想要的核心数据，就能够更好地发挥数据的作用。精细的数据分类，严格的数据生产加工过程，将让我们在使用数据时游刃有余。

**（二）大数据的实用价值**

《大数据时代》一书的作者维克托认为大数据时代有三大转变："第一，我们可以分析更多的数据，有时候甚至可以处理和某个特别现象相关的所有数据，而不是依赖于随机采样。更高的精确性可使我们发现更多的细节。第二，研究数据如此之多，以至于我们不再热衷于追求精确度。适当忽略微观层面的精确度，将带来更好的洞察力和更大的商业利益。第三，不再热衷于寻找因果关系，而是事物之间的相关关系。例如，不去探究机票价格变动的原因，但是关注买机票的最佳时机。"大数据打破了企业传统数据的边界，改变了过去商业智能仅仅依靠企业内部业务数据的局面，而大数据则使数据来源更加多样化，不仅包括企业内部数据，还包括企业外部数据，尤其是和消费者相关的数据。

随着大数据的发展，企业也越来越重视数据相关的开发和应用，从而获取更多的市场机会。

大数据能够明显提升企业数据的准确性和及时性，同时还能够降低企业的交易摩擦成本，更为关键的是，大数据能够帮助企业分析大量数据而进一步挖掘细分市场的机会，最终能够缩短企业产品研发时间、提升企业在商业模式、产品和服务上的创新力，大幅提升企业的商业决策水平，降低了企业经营的风险。

随着移动互联网的飞速发展，信息的传输日益方便快捷，端到端的需求也日益突出，纵观整个移动互联网领域，数据已被认为是继云计算、物联网之后的又一大颠覆性的技术性革命，毋庸置疑，大数据市场是待挖掘的金矿，其价值不言而喻。可以说谁能掌握和合理运用用户大数据的核心资源，谁就能在接下来的技术变革中进一步发展壮大。

大数据可以说是史上第一次将各行各业的用户、方案提供商、服务商、运营商以及整个生态链上游厂商，融入一个大的环境，无论是企业级市场还是消费级市场，亦或政府公共服务，都正或将要与大数据发生千丝万缕的联系。

近期有不少文章畅谈大数据的价值，以及其价值主要凸显在哪些方面，这里我们对大数据的核心实用价值进行了分门别类的梳理汇总，希望能帮助读者更好的获悉大数据的实用价值。

1.帮助企业挖掘市场机会探寻细分市场

大数据能够帮助企业分析大量数据而进一步挖掘市场机会和细分市场，然后对每个群体量体裁衣般的采取独特的行动。获得好的产品概念和创意，关键在于我们到底如何去搜集消费者相关的信息，如何获得趋势，挖掘出人们头脑中未来会可能消费的产品概念。用创新的方法解构消费者的生活方式，剖析消费者的生活密码，才能让吻合消费者未来生活方式的产品研发不再成为问题，如果你了解了消费者的密码，就知道其潜藏在背后的真正需求。大数据分析是发现新客户群体、确定最优供应商、创新产品、理解销售季节性等问题的最好方法。

在数字革命的背景下，对企业营销者的挑战是从如何找到企业产品需求的人到如何找到这些人在不同时间和空间中的需求；从过去以单一或分散的方式去形成和这群人的沟通信息和沟通方式，到现在如何和这群人即时沟通、即时响应、即时解决他们的需求，同时在产品和消费者的买卖关系以外，建立更深层次的伙伴间的互信、双赢和可信赖的关系。

大数据进行高密度分析，能够明显提升企业数据的准确性和及时性；大数据能够帮助企业分析大量数据而进一步挖掘细分市场的机会，最终能够缩短企业产品研发时间、提升企业在商业模式、产品和服务上的创新力，大幅提升企业的商业决策水平。因此，大数据有利于企业发掘和开拓新的市场机会；有利于企业将各种资源合理利用到目标市场；有利于制定精准的经销策略；有利于调整市场的营销策略，大大降低企业经营的风险。

企业利用用户在互联网上的访问行为偏好能为每个用户勾勒出一副“数字剪影”，为具有相似特征的用户组提供精确服务，满足用户需求，甚至为每个客户量身定制。这一变革将大大缩减企业产品与最终用户的沟通成本。例如一家航空公司对从未乘过飞机的人很感兴趣（细分标准是顾客的体验）。而从未乘过飞机的人又可以细分为害怕飞机的人，对乘飞机无所谓的人以及对乘飞机持肯定态度的人（细分标准是态度）。在持肯定态度的人中，又包括高收入有能力乘飞机的人（细分标准是收入能力）。于是这家航空公司就把力量集中在开拓那些对乘飞机持肯定态度，只是还没有乘过飞机的高收入群体。通过对这些人进行量身定制、精准营销取得了很好的效果。

2.大数据提高决策能力

当前，企业管理者还是更多依赖个人经验和直觉做决策，而不是基于数据。在信息有限、获取成本高昂，而且没有被数字化的时代，让身居高位的人做决策是情有可原的，但是大数据时代，就必须要让数据说话。

大数据能够有效的帮助各个行业用户做出更为准确的商业决策，从而实现更大的商业价值，它从诞生开始就是站在决策的角度出发。虽然不同行业的业务不同，所产生的数据及其所支撑的管理形态也千差万别，但从数据的获取，数据的整合，数据的加工，数据的综合应用，数据的服务和推广，数据处理的生命线流程来分析，所有行业的模式是一致的。

这种基于大数据决策的特点是：一是量变到质变，由于数据被广泛挖掘，决策所依据的信息完整性越来越高，有信息的理性决策在迅速扩大，拍脑袋的盲目决策在急剧缩小。二是决策技术含量、知识含量大幅度提高。由于云计算出现，人类没有被海量数据所淹没，能够高效率驾御海量数据，生产有价值的决策信息。三是大数据决策催生了很多过去难以想象的重大解决方案。如某些药物的疗效和毒副作用，无法通过技术和简单样本验证，需要几十年海量病历数据分析得出结果；做宏观经济计量模型，需要获得所有企业、居民以及政府的决策和行为海量数据，才能得出减税政策最佳方案；反腐倡廉，人类几千年历史都没解决，最近通过微博和人肉搜索，贪官在大数据的海洋中无处可藏，人们看到根治的希望等等。

如果在不同行业的业务和管理层之间，增加数据资源体系，通过数据资源体系的数据加工，把今天的数据和历史数据对接，把现在的数据和领导和企业机构关心的指标关联起来，把面向业务的数据转换成面向管理的数据，辅助于领导层的决策，真正实现了从数据到知识的转变，这样的数据资源体系是非常适合管理和决策使用的。

在宏观层面，大数据使经济决策部门可以更敏锐地把握经济走向，制定并实施科学的经济政策；而在微观方面，大数据可以提高企业经营决策水平和效率，推动创新，给企业、行业领域带来价值。

3.大数据创新企业管理模式

当下，有多少企业还会要求员工像士兵一样无条件服从上级的指示？还在通过大量的中层管理者来承担管理下属和传递信息的职责？还在禁止员工之间谈论薪酬等信息？《华尔街日报》曾有一篇文章就说，这一切已经过时了，严格控制，内部猜测和小道消息无疑更会降低企业效率。一个管理学者曾经将企业内部关系比喻为成本和消耗中心，如果内部都难以协作或者有效降低管理成本和消耗，你又如何指望在今天瞬息万变的市场和竞争环境下生存、创新和发展呢?

我们试着想想，当购物、教育、医疗都已经要求在大数据、移动网络支持下的个性化的时代，创新已经成为企业的生命之源，我们还有什么理由还要求企业员工遵循工业时代的规则，强调那种命令式集中管理、封闭的层级体系和决策体制吗？当个体的人都可以通过佩戴各种传感器，搜集各种来自身体的信号来判断健康状态，那样企业也同样需要配备这样的传感系统，来实时判断其健康状态的变化情况。

今天信息时代机器的性能，更多决定于芯片，大脑的存储和处理能力，程序的有效性。因而管理从注重系统大小、完善和配合，到注重人，或者脑力的运用，信息流程和创造性，以及职员个性满足、创造力的激发。

在企业管理的核心因素中，大数据技术与其高度契合。管理最核心的因素之一是信息搜集与传递，而大数据的内涵和实质在于大数据内部信息的关联、挖掘，由此发现新知识、创造新价值。两者在这一特征上具有高度契合性，甚至可以标称大数据就是企业管理的又一种工具。因为对于任何企业，信息即财富，从企业战略着眼，利用大数据，充分发挥其辅助决策的潜力，可以更好地服务企业发展战略。

大数据时代，数据在各行各业渗透着，并渐渐成为企业的战略资产。数据分析挖掘不仅本身能帮企业降低成本：比如库存或物流，改善产品和决策流程，寻找到并更好的维护客户，还可以通过挖掘业务流程各环节的中间数据和结果数据，发现流程中的瓶颈因素，找到改善流程效率、降低成本的关键点，从而优化流程、提高服务水平。大数据成果在各相关部门传递分享，还可以提高整个管理链条和产业链条的投入回报率。

4.变革商业模式催生产品和服务的创新

在大数据时代，以利用数据价值为核心，新型商业模式正在不断涌现。能够把握市场机遇、迅速实现大数据商业模式创新的企业，将在IT发展史上书写出新的传奇。

大数据让企业能够创造新产品和服务，改善现有产品和服务，以及发明全新的业务模式。回顾IT历史，似乎每一轮IT概念和技术的变革，都伴随着新商业模式的产生。如个人电脑时代微软凭借操作系统获取了巨大财富，互联网时代谷歌抓住了互联网广告的机遇，移动互联网时代苹果则通过终端产品的销售和应用商店获取了高额利润。

纵观国内，以金融业务模式为例，阿里金融基于海量的客户信用数据和行为数据，建立了网络数据模型和一套信用体系，打破了传统的金融模式，使贷款不再需要抵押品和担保，而仅依赖于数据，使企业能够迅速获得所需要的资金。阿里金融的大数据应用和业务创新，变革了传统的商业模式，对传统银行业带来了挑战。

还有，大数据技术可以有效地帮助企业整合、挖掘、分析其所掌握的庞大数据信息，构建系统化的数据体系，从而完善企业自身的结构和管理机制；同时，伴随消费者个性化需求的增长，大数据在各个领域的应用开始逐步显现，已经开始并正在改变着大多数企业的发展途径及商业模式。如大数据可以完善基于柔性制造技术的个性化定制生产路径，推动制造业企业的升级改造；依托大数据技术可以建立现代物流体系，其效率远超传统物流企业；利用大数据技术可多维度评价企业信用，提高金融业资金使用率，改变传统金融企业的运营模式等。

过去，小企业想把商品卖到国外要经过国内出口商、国外进口商、批发商、商场，最终才能到达用户手中，而现在，通过大数据平台可以直接从工厂送达到用户手中，交易成本只是过去的十分之一。以我们熟悉的网购平台淘宝为例，每天有数以万计的交易在淘宝上进行，与此同时，相应的交易时间、商品价格、购买数量会被记录，更重要的是，这些信息可以与买方和卖方的年龄、性别、地址、甚至兴趣爱好等个人特征信息相匹配。运用匹配的数据，淘宝可以进行更优化的店铺排名和用户推荐；商家可以根据以往的销售信息和淘宝指数进行指导产品供应、生产和设计，经营活动成本和收益实现了可视化，大大降低了风险，赚取更多的钱；而与此同时，更多的消费者也能以更优惠的价格买到了更心仪的产品。

5.大数据让每个人更加有个性

对个体而言，大数据可以为个人提供个性化的医疗服务。比如，我们的身体功能可能会通过手机、移动网络进行监控，一旦有什么感染，或身体有什么不适，我们都可以通过手机得到警示，接着信息会和手机库进行对接或者咨询相关专家，从而获得正确的用药和其他治疗。

过去我们去看病，医生只能对我们的目前身体情况做出判断，而在大数据的帮助下，将来的诊疗可以对一个患者的累计历史数据进行分析，并结合遗传变异、对特定疾病的易感性和对特殊药物的反应等关系，实现个性化的医疗。还可以在患者发生疾病症状前，提供早期的检测和诊断。早期发现和治疗可以显著降低肺癌给卫生系统造成的负担，因为早期的手术费用是后期治疗费用的一半。

还有，在传统的教育模式下，分数就是一切，一个班上几十个人，使用同样的教材，同一个老师上课，课后布置同样的作业。然而，学生是千差万别的，在这个模式下，不可能真正做到因材施教。

如一个学生考了90分，这个分数仅仅是一个数字，它能代表什么呢？90分背后是家庭背景、努力程度、学习态度、智力水平等，把它们和90分联系在一起，这就成了数据。大数据因其数据来源的广度，有能力去关注每一个个体学生的微观表现：如他在什么时候开始看书，在什么样的讲课方式下效果最好，在什么时候学习什么科目效果最好，在不同类型的题目上停留多久等等。当然，这些数据对其他个体都没有意义，是高度个性化表现特征的体现。同时，这些数据的产生完全是过程性的：课堂的过程、作业的情况、师生或同学的互动情景等。而最有价值的是，这些数据完全是在学生不自知的情况下被观察、收集的，只需要一定的观测技术与设备的辅助，而不影响学生任何的日常学习与生活，因此它的采集也非常的自然、真实。

在大数据的支持下，教育将呈现另外的特征：弹性学制、个性化辅导、社区和家庭学习、每个人的成功等。大数据支撑下的教育，就是要根据每一个人的特点，释放每一个人本来就有的学习能力和天分。

此外，维克托还建议我国政府进一步补录数据库。政府以前提供财政补贴，现在可以提供数据库，打造创意服务。在美国就有完全基于政府提供的数据库，如为企业提供机场、高速公路的数据，提供航班可能发生延误的概率，这种服务这可以帮助个人、消费者更好地预测行程，这种类型的创新，就得益于公共的大数据。

6.智慧驱动下的和谐社会

美国作为全球大数据领域的先行者，在运用大数据手段提升社会治理水平、维护社会和谐稳定方面已先行实践并取得显着成效。

近年来，在国内，“智慧城市”建设也在如火如荼的开展。截至去年底，我国智慧城市试点已达193个，而公开宣布建设智慧城市的城市超过400个。智慧城市的概念包含了智能安防、智能电网、智慧交通、智慧医疗、智慧环保等多领域的应用，而这些都要依托于大数据，可以说大数据是“智慧”的源泉。

在治安领域，大数据已用于信息的监控管理与实时分析、犯罪模式分析与犯罪趋势预测，北京、临沂等城市已经开始实践利用大数据技术进行研判分析，打击犯罪。

在交通领域，大数据可通过对公交地铁刷卡、停车收费站、视频摄像头等信息的收集，分析预测出行交通规律，指导公交线路的设计、调整车辆派遣密度，进行车流指挥控制，及时做到梳理拥堵，合理缓解城市交通负担。

在医疗领域，部分省市正在实施病历档案的数字化，配合临床医疗数据与病人体征数据的收集分析，可以用于远程诊疗、医疗研发，甚至可以结合保险数据分析用于商业及公共政策制定等等。

伴随着智慧城市建设的火热进行，政府大数据应用已进入实质性的建设阶段，有效拉动了大数据的市场需求，带动了当地大数据产业的发展，大数据在各个领域的应用价值已得到初显。

7.大数据预言未来

著名的玛雅预言，尽管背后有着一定的天文知识基础，但除催生了一部很火的电影《2012》外，其实很多人的生活尚未受到太大的影响。现在基于人类地球上的各种能源存量，以及大气受污染、冰川融化的程度，我们获取真的可以推算出按照目前这种工业生产、生活的方式，人类在地球上可以存活的年数。《第三次工业革命》中对这方面有很深入的解释，基于精准预测，发现现有模式是死路一条后，人类就可以进行一些改变，这其实就是一种系统优化。

这种结合之前情景研究，不断进行系统优化的过程，将赋予系统生命力，而大数据就是其中的血液和神经系统。通过对大数据的深入挖掘，我们将会了解系统的不同机体是如何相互协调运作的，同样也可以通过对他们的了解去控制机体的下一个操作，甚至长远的维护和优化。从这个角度讲，基于网络的大数据可以看作是人类社会的神经中枢，因为有了网络和大数据人类社会才开始灵活起来，而不像以前那么死板。基于大数据，个体之间相互连接有了基础，相互的交互过程得到了简化，各种交易的成本减少很多。厂家等服务提供方可以基于大数据研发出更符合消费者需求的服务，机构内部的管理也更为细致，有了血液和神经系统的社会才真的拥有生命活力。

## 第三节　大数据的发展前景

就现如今的发展趋势而言，大数据技术的发展如火如荼。在各个领域都得到了广泛的应用，而且就其目前的发展情况来看，大数据技术具有十分良好的发展前景。现在社会的大数据公司主要可以分为三大类，分别是技术型、创新型、数据型这三种，不论是哪一种类型的大数据公司，都是现代社会不可获缺的。人们熟悉的技术型的大数据公司通常是IT公司，这些公司十分看重数据的处理这一模块。创新型的大数据公司需要一些非常有想象力的人，对于相同的数据，他们往往有不同的见解，并发现其中的不同。

而数据型的大数据公司，人们了解的比较多，如新浪、百度、网易、搜狐、淘宝等等，这些也是与人们的日常生活密切相关的，或者是一些零售的连锁企业、市政公司、金融服务公司等等，这些公司自身拥有较多的数据，也正是因为涵盖的数据较多，因而容易导致有价值的信息被忽略。在这三种不同的大数据公司中，技术型的大数据公司未来的发展将会使得技术趋向于多元化，制造出越来越多样的技术。不论是从哪个方面来说，大数据技术今后的发展都会越来越好。以下就大数据的技术发展前景和实用发展前景两个方面来对大数据的发展进行探讨。

### 一、大数据的技术发展前景

#### （一）开源软件得到广泛的应用

近几年来，大数据技术的应用范围越来越广泛。在信息化的时代，各个领域都趋向于智能化、科技化。大数据技术研发出来的分布式处理的软件框架Hadoop、用来进行挖掘和可视化的软件环境、非关系型数据库Hbase、MongoDb和CounchDB等开源软件，在各行各业具有十分重要的意义。这些软件的研发，与大数据技术的发展是分不开的。

#### （二）不断引进人工智能技术

大数据技术主要是从巨大的数据中获取有用的数据，进而进行数据的分析和处理。尤其是在信息化爆炸的时代，人们被无数的信息覆盖。大数据技术的发展显得十分迫切。实现对大数据的智能处理，提高数据处理水平，需要不断引进人工智能技术，大数据的管理、分析、可视化等等都是与人密切相关的。现如今，机器学习、数据挖掘、自然语言理解、模式识别等人工智能技术，已经完全渗透到了大数据的各个程序中，成为其中的重要组成部分。

### （三）非结构化的数据处理技术越来越受重视

大数据技术包含多种多样的数据处理技术。非结构化的处理数据与传统的文本信息存在很大的不同，主要是指图片、文档、视频等数据形式。随着云计算技术的发展，各方面对这类数据处理技术的需求越来越广泛。非结构化数据采集技术、NoSQL数据库等技术发展的越来越快。

### （四）分布式处理架构成为主要模式

大数据要处理的数据成千上万。数据的处理方法也需要不断地与时俱进。传统的数据处理方法很难满足巨大的数据的需求。随着人们的不断探索，在大数据技术的各个处理环节，分布式处理方式已经成为主要的数据处理方法。这也是时代发展的必然。除了分布式处理方式外，分布式文件系统、大规模并进行处理数据库、分布式编程环境等技术都得到了广泛的应用。

### （五）数据分析成为大数据技术的核心

数据分析在数据处理过程中占据十分重要的位置，随着时代的发展，数据分析也会逐渐成为大数据技术的核心。大数据的价值体现在对大规模数据集合的智能处理方面，进而在大规模的数据中获取有用的信息。要想逐步实现这个功能，就必须对数据进行分析和挖掘。而数据的采集、存储、和管理都是数据分析步骤的基础，通过进行数据分析得到的结果，将应用于大数据相关的各个领域。未来大数据技术的进一步发展，与数据分析技是密切相关的。

### （六）广泛采用实时性的数据处理方式

在现如今人们的生活中，人们获取信息的速度较快。为了更好地满足人们的需求，大数据处理系统的处理方式也需要不断地与时俱进。目前大数据的处理系统采用的主要是批量化的处理方式，这种数据处理方式有一定的局限性，主要是用于数据报告的频率不需要达到分钟级别的场合，而对于要求比较高的场合，这种数据处理方式就达不到要求。传统的数据仓库系统、链路挖掘等应用对数据处理的时间往往以小时或者天为单位。这与大数据自身的发展有点不相适应。

大数据突出强调数据的实时性，因而对数据处理也要体现出实时性。如在线个性化推荐、股票交易处理、实时路况信息等数据处理时间要求在分钟甚至秒极。要求极高。在一些大数据的应用场合，人们需要及时对获取的信息进行处理并进行适当的舍弃，否则很容易造成空间的不足。在未来的发展过程中，实时性的数据处理方式将会成为主流，不断推动大数据技术的发展和进步。

### （七）基于云的数据分析平台将更加完善

近几年来，云计算技术发展的越来越快，与此相应的应用范围也越来越宽。云计算的发展为大数据技术的发展提供了一定的数据处理平台和技术支持。云计算为大数据提供了分布式的计算方法、可以弹性扩展、相对便宜的存储空间和计算资源，这些都是大数据技术发展中十分重要的组成部分。此外，云计算具有十分丰富的IT资源、分布较为广泛，为大数据技术的发展提供了技术支持。随着云计算技术的不断发展和完善，发展平台的日趋成熟，大数据技术自身将会得到快速提升，数据处理水平也会得到显著提升。

### （八）开源软件的发展将会成为推动大数据技术发展的新动力

开源软件是在大数据技术发展的过程中不断研发出来的。这些开源软件对各个领域的发展、人们的日常生活具有十分重要的作用。开源软件的发展可以适当的促进商业软件的发展，以此作为推动力，从而更好地服务于应用程序开发工具、应用、服务等各个不同的领域。虽然现如今商业化的软件也是发展十分迅速，但是二者之间并不会产生矛盾，可以优势互补，从而共同进步。开源软件自身在发展的同时，为大数据技术的发展贡献力量。

## 二、大数据的实用发展前景

### （一）可视化推动大数据平民化

“可视化”已连续三次入选大数据发展十大趋势，最近几年，“大数据”概念深入人心。民众看到的大数据更多的是以可视化的方式体现的。可视化极大地拉近了大数据和普通民众的距离，即使对IT技术不了解的普通民众和非专业技术的常规决策者也能够很好地理解大数据及其分析的效果和价值，使得大数据可以从国计和民生两方面充分发挥其价值。

可视化是通过把复杂的数据转化为可以交互的图形，帮助用户更好地理解分析数据对象，发现、洞察内在规律。数据是人类对客观事物的抽象。人类对数据的理解和掌握是需要经过学习训练才能达到的。理解更为复杂的数据，必须越过更高的认知壁垒，才能对客观数据对象建立相应的心理图像，完成认知理解过程。好的可视化能够极大地降低认知壁垒，使复杂未知数据的交互探索变得可行。

可视化技术的进步和广泛应用对于大数据走向平民化的意义是双向的。一方面，可视化作为人和数据之间的界面，结合其他数据分析处理技术，为广大使用者提供了强大的理解、分析数据的能力。可视化使得大数据能够为更多人理解、使用，使得大数据的使用者从少数专家扩展到更广泛的民众。另一方面，可视化也为民众提供了方便的工具，可以主动分析处理和个人工作、生活、环境有关的数据。大约在10年前，可视化领域已经开始讨论为民众服务的可视化（Visualization For Mass）技术。在今天大数据的背景下，可视化将进一步推动大数据平民化。在这一过程中，急需更为方便、适合民众使用需要的可视化方法、工具。可视化也将进一步和个人使用的移动通讯设备相结合。我们预测，在这一过程中，将有更多面向民众的大数据可视化公司涌现。

### （二）多学科融合与数据科学的兴起

大数据并不是简单的“大的数据”。在近年对大数据的阐述中，至少有两种典型的提法：一种是点出“小数据”的重要性；另一种是去掉“大”字而强调“数据”本身，强调数据科学、数据技术、数据治理、数据产业等。

大数据技术是多学科多技术领域的融合，涉及数学、统计学、计算机类技术、管理类等；大数据应用更是与多领域交叉融合。这种交叉融合催生了专门的基础性学科——“数据学科”。基础性学科的夯实，使学科的交叉融合更趋完美。

在大数据领域，许多相关学科研究的方向表面上看来大不相同，但是从数据的视角来看，其实是相通的。随着社会数字化程度的逐步加深，越来越多的学科在数据层面趋于一致，可以采用相似的思想进行统一的研究。从事大数据研究的不仅仅是计算机领域的科学家，也包括数学等方面的科学家。

很多数据相关的专门实验室、专项研究院所相继出现，《数据学》等著作也纷纷出版。大家认为数据科学的雏形已经出现了。

### （三）大数据安全与隐私令人忧虑

每次大数据发展趋势预测，安全和隐私都会出现在十大趋势中。这一条代表了人们对于大数据所带来的问题的深刻忧虑。

1.大数据的安全问题，十分严峻。这里指当大数据技术、系统和应用聚集了大量有价值的信息的时候，必将成为被攻击的目标。虽然影响巨大的针对大数据的攻击还没有见诸报端，但是可以预见，这样的攻击必将出现。

2.大数据的过度滥用所带来的问题和副作用，最典型的就是个人隐私泄露。在传统采集分析模式下，很多隐私在大数据分析能力下变成了“裸奔”。类似的问题还包括大数据分析能力带来的商业秘密泄露和国家机密泄露。

3.心理和意识上的安全问题，包括两个极端，一是忽视安全问题的盲目乐观，另一个是过度担忧所带来的对大数据应用发展的掣肘。比如，大数据分析对隐私保护的副作用，促使我们必须对隐私保护的接受程度有一个新的认识和调整。

大数据受到的威胁、大数据的过度滥用所带来的副作用、对大数据的极端心理，都会阻碍和破坏大数据的发展。

**（四）新热点融入大数据多样化处理模式**

大数据的处理模式依然多样化。大数据处理模式不断丰富，新旧手段不断融合，比如，流数据、内存计算成为新热点。内存计算继续成为提高大数据处理性能的主要手段。以Spark为代表的内存计算逐步走向商用，并与Hadoop融合共存。与传统的硬盘处理方式相比，内存计算技术在性能上有了数量级的提升。批处理计算、流计算、交互查询计算、图计算等多种计算框架使数据使用效率大大提高。

很多新的技术热点持续地融入大数据的多样化模式，目前还没有一个统一的模式。从2015年我国大数据技术大会的众多技术论坛的安排，也可以看出这样的态势。技术各有千秋，将形成一个更加多样平衡的发展路径，满足大数据的多样化需求。这样的态势还会持续下去。

**（五）大数据提升社会治理和民生领域应用**

基于大数据的社会治理成为业界关注的热点，涉及智慧城市、应急、税收、反恐、农业等多个民生领域。在最易获得大数据应用成果的互联网环境之后，大数据走进国计民生成为必然。未来，大数据与民生有关的应用将成为热点。涉及民生的国计将是快速发展的热点中的热点，比如反恐、医疗健康等。

**（六）深度分析推动大数据智能应用**

在学术技术方面，我们认为深度分析会继续推动整个大数据智能的应用。这里谈到的智能强调涉及人的相关能力的延伸，比如决策预测、精准推介等，涉及人的思维和反射的延展，人的能力（智能和本能）的延展，这些都会成为大数据分析、机器学习、深度学习等学术技术发展的方向。

**（七）数据权属与数据主权备受关注**

数据权属与数据主权被高度关注。大数据问题从个人和一般机构层面来看是数据权属问题、从国家层面来看是数据主权问题。大数据凸显了数据的巨大价值。而数据的权属问题并不是传统的财产权、知识产权等可以涵盖的。数据成为国家间争夺的资源，数据主权成为网络空间主权的重要形态。

数据成为重要的战略资源。人口红利、地大物博、经济实力、文化优势等都纷纷体现为数据资源储备和数据服务影响力。而数据资源化、价值化是数据权属问题和数据主权问题的根源。

**（八）互联网、金融、健康保持热度，智慧城市、企业数据化、工业大数据是新增长点**

我国大数据应用领域最早获得成果的是互联网应用，如电商。而持续受到高度关注的还有金融和健康领域。互联网、金融、健康可以称为大数据应用领域的“老三样”。而智慧城市、企业数据化、工业大数据则成为新的增长点。这“新三样”其实就是城市、企业、工业的数据化，或者说是城市生活、企业贸易和管理、工业生产过程的数据化和大数据应用。“新三样”是一种更广泛的、覆盖更全的应用领域。

“最令人瞩目的应用领域”和“将取得应用和技术突破的数据类型”这两项调研投票的结果，印证了对“老三样”和“新三样”的判断。

**（九）开源、测评、大赛催生良性人才与技术生态**

大数据是应用驱动，技术发力。技术与应用一样至关重要。决定技术的是人才及其技术生产方式。开源系统将成为大数据领域的主流技术和系统选择。以Hadoop为代表的开源技术拉开了大数据技术的序幕，大数据应用的发展又促进了开源技术的进一步发展。开源技术的发展降低了数据处理的成本，引领了大数据生态系统的蓬勃发展，同时也给传统数据库厂商带来了挑战。对数据处理的能力、性能等进行测试、评估、标杆比对的第三方形态出现并逐步成为热点。相对公正的技术评价有利于优秀技术占领市场，驱动优秀技术的研发生态。各类创业创新大赛纷纷举办，大赛为人才的培养和选拔提供了新模式，完善了人才生态。技术生态是一个复杂环境。在未来，技术开源会一如既往占据主流，而测评和大赛将有突破性进展。

## 第四节　大数据研究的目的以及意义

### 一、大数据对工商业的意义

**（一）对顾客群体细分**

对顾客群体细分然后对每个群体量体裁衣般的采取独特的行动。瞄准特定的顾客群体来进行营销和服务是商家一直以来的追求，云存储的海量数据和大数据的分析技术使得对消费者的实时和极端的细分有了成本效率极高的可能。比如在大数据时代之前，要搞清楚海量顾客的消费情况，得投入惊人的人力、物力、财力，使得这种细分行为毫无商业意义。

**（二）运用大数据模拟实境**

运用大数据模拟实境，可以更好地发掘新的需求和提高投入的回报率。现在越来越多的产品中都装有传感器，汽车和智能手机的普及使得可收集数据呈现爆炸性增长。Blog、

Twitter、Facebook和微博等社交网络也在产生着海量的数据。云计算和大数据分析技术使得商家可以在成本效率较高的情况下，实时地把这些数据连同交易行为的数据进行储存和分析。交易过程、产品使用和人类行为都可以数据化。大数据技术可以把这些数据整合起来进行数据挖掘，从而在某些情况下通过模型模拟来判断不同变量（比如不同地区不同促销方案）的情况下何种方案投入回报最高。

### （三）使数据分享更加便利

提高大数据成果在各相关部门的分享程度，提高整个管理链条和产业链条的投入回报率。大数据能力强的部门可以通过云计算、互联网和内部搜索引擎把大数据成果和大数据能力比较薄弱的部门分享，帮助他们利用大数据创造商业价值。

## 二、大数据对农业的意义

农业大数据是大数据理念、技术和方法在农业领域的实践。农业大数据涉及到耕地、育种、播种、施肥、植保、收获、储运、农产品加工、销售、畜牧业生产等各环节，是跨行业、跨专业的数据分析与挖掘，对粮食安全和食品安全有着重大意义。

农业大数据的特征包括以下几个方面：一是从领域来看，以农业领域为核心（涵盖种植业、林业、畜牧业等子行业），逐步拓展到相关上下游产业（种子、饲料、肥料、农膜、农机、粮油加工、果品蔬菜加工、畜产品加工业等），并整合宏观经济背景的数据，包括统计数据、进出口数据、价格数据、生产数据，乃至气象数据等。二是从地域来看，以国内区域数据为核心，借鉴国际农业数据作为有效参考；不仅包括全国层面的数据，还应涵盖省市的数据，甚至地市级的数据，为精准区域研究提供基础。三是从粒度来看，不仅包括统计数据，还包括涉农经济主体的基本信息、投资信息、股东信息、专利信息、进出口信息、招聘信息、媒体信息、GIS坐标信息等。四是从专业性来看，应分步实施，首先是构建农业领域的专业数据资源，其次应逐步有序规划专业的子领域数据资源。如针对粮食安全的耕地保有量、土壤环境保护、市场供求信息等动态监测数据，针对畜品种的生猪、肉鸡、蛋鸡、肉牛、奶牛、肉羊等动态监测数据，甚至包括生物信息学的研究等。

农业科研和生产活动每年都在产生大量数据，集成、挖掘和使用这些数据，对于现代农业的发展将会发挥极其重要的作用。当前，农业领域存在诸多问题，如粮食安全、土壤治理、病虫害预测与防治、动植物育种、农业结构调整、农产品价格、农副产品消费、小城镇建设等领域，都可通过大数据的应用研究进行预测和干预。大数据的应用与农业领域的相关科学研究相结合，可以为农业科研、政府决策、涉农企业发展等提供新方法、新思路。

高等农业院校开展农业大数据研究具有广阔前景。高等农业院校在长期的办学实践和科学研究过程中积累了大量的数据，政府部门多年来也保留了关于农业方面普查、统计数据。而这些数据大多沉寂在资料库里，没有发挥它应有的作用。如果把这些资料用大数据技术加以开发利用，就会在指导生产、科学研究等方面发挥不可估量的作用。

**（一）为生产发展提供指导**

过去决策许多是凭经验，“跟着感觉走”，而用农业大数据来指导，将为生产发展和政府决策提供科学、准确的依据。比如，“谷贱伤农”的事件近年来屡屡发生，严重影响了农民的收入，挫伤了生产积极性。由于信息不灵、缺乏指导，市场上什么东西畅销，农民就种什么，等发现供过于求、产品滞销时已经来不及调整。如能整合天气信息、食品安全、消费需求、生产成本、市场摊位等数据并进行科学分析，就能更有效地预测农产品价格走势，帮助农民提前预判，也帮助政府出台引导措施。再例如粮食安全问题，涉及耕地数量、农田质量、气候、作物品种、栽培技术、平均单产、产业结构调整、农资价格、农机、生产成本、生产方式、食品加工、国际市场粮价等多种因素，如果能对这些数据加以分析，建立模型，就可以对粮食产量做出判断，及时预警，帮助政府采取应对措施。以山东农业大学为例，在开展大数据的研究和应用方面，山东农业大学应首先成为山东省农业方面的智库，今后随着研究的不断深人，还要成为全国农业发展的智囊。山东农业大学农业大数据产业技术创新战略联盟中有6个省直部门，几乎包含了涉农的各个方面，可以提供与农业相关的大量数据和其他支持。我们要把对大数据的研究与生产发展、市场销售、新农村建设等密切结合，加强基础数据建设，完善数据采集体系，建立数据监测系统，持续不断地收集相关数据，并针对特定主题建立数学模型，预测某个方面的发展趋势，为政府制定政策、宏观调控提供依据。只有在社会服务中不断有所贡献和建树，才能提升学校的影响力。

**（二）为企业提供支撑**

一个企业的产品，什么时候需要升级换代，产品市场什么时候达到饱和，如何调整市场结构等等，都可以用大数据加以分析预测，为企业提供咨询指导。比如，肥料生产，预测到有机肥的需求在什么时候会超过化肥，企业就可以提前准备转型，培育有机肥产业。大数据的优势就在于：发现机会并优化实施，辅助决策，推动业务持续发展，并做到风险评估。这样的分析、预测和评估，在养殖、种业、食品加工、植物保护等行业都可以开展。再例如，通过对天气、作物生长、农药使用、天敌情况等数据进行分析，可以对病虫害的发生做出预测预报，同时也可以引导农药企业的生产。这些分析都是带有战略性的，对企业决策发展有重要指导意义。联盟内有一批知名企业，涉及种子、肥料、食品加工、养殖等行业，相关专业的专家要走出校门，了解企业的需求，加强与企业的合作，在合作中开阔视野，提升服务社会的水平和能力。

### （三）为学科提升和转型提供平台

大数据可大幅度提升各个学科的学术水平。高校不但要把大数据的知识用于科学研究中，还要用于教学中。现在看来，“学好数理化，走遍天下都不怕”的说法还是很有眼光的。高等农业院校大多数学科的基础就是数理化，没有这个基础，许多学科便会受到发展的制约。实践中，许多学校都在强调用信息科学和生命科学提升传统学科。在用生命科学提升传统学科方面，已经取得明显进步，现在涉农学科的研究都可以做到分子水平；但在用信息科学提升传统学科方面尚未破题，没有找到结合的方法。而大数据恰恰为信息科学与传统学科的结合带来巨大的机会和潜力。数据爆炸式增长为科学研究发现带来新的方法、新的视野。就像4个世纪之前人类发明的显微镜一样，显微镜把人类对自然界的观察和测量水平推进到“细胞”的级别，给人类社会带来了历史性的进步和革命。而大数据，将成为下一个观察和检测大自然的“显微镜”。这个新的显微镜，将再一次扩大人类科学探索的范围，提升创新的水平。高校过去几十年上百年的教学、研究，积累了大量的数据，这些数据的价值在已经发表的学术论文中远远没有表现出来，因为我们没有认识到它的其他价值。但如果用大数据的方法把这些数据和其他类似研究收集的资料作为整体研究，就很有可能发现或预测某些规律，在这种预测的指导下开展更深入的研究。例如，通过农业部、国家发改委和海关相关数据整合而成的数据分析库，对近期奶牛的数量变化进行分析研究，发现成年母牛的出售数据与牛肉的成本利润率极具相关性，后者总是前置前者两个分析周期。这对相关奶牛、肉牛养殖政策的制定和宏观调控起到很好的辅助作用。

### （四）为提高管理水平提供手段

大数据的研究和应用，不仅在科学研究和社会服务方面有重要价值，在管理和其他方面也大有用武之地。高校的管理决策，人为的因素占很大比重，很多是靠经验，有的是凭感觉，很少建立在科学的数据和模型基础上，因而难免片面、失误，也容易出现政策的不连续性。要做到科学决策，就应当把管理建立在数据分析基础上。我国在过去20年的信息化建设中，沉淀了大量的宝贵数据。这些数据是整个社会经济活动的数字化记录，是不可或缺的管理和决策的依据。一旦实施“数据驱动的决策方法”，高校的管理将更有效率、更开放、更负责，数据分析能够有效监控政策实施情况，及时纠正偏差和失误。高校管理部门都应该结合大数据的应用，制订本部门相关的管理方案。例如说，在人才培养方面，可以制定教学质量评价体系；在人力资源管理方面，可以对新招聘人才的发展潜力进行预测评估，可以对教职工的绩效做更科学的评价；在财务管理方面，可以优化投资方案，建立风险预警；在科研管理方面，可以探索学校及各个学院各种科研经费和成果的规律性，为科研规划服务；在校友工作中，可建立校友资料库并对校友的成长成才规律进行分析，为学校教学育人改革提供依据，等等。高校教师、管理人员，只要对某一方面的管理感兴趣、愿意深入研究，都可以与相关的专业人员结合，用大数据的手段进行深入分析。

## 三、大数据对金融业的意义

### （一）大数据改良优化已有金融业务

大数据规模化处理数据，能做一些个性化的智能业务，事实上，对数据业务的理解已经经历了几十年的历程。早先机器辅助参考决策系统，比如专家系统、商业智能系统是面向人类来做决策的，系统面向有限商品有限数据集，在此之中我们人会基于机器中间状态数据结果，生成相对于的的规则。人的智商以及我们的经验和判断去做有限的商业策略，以面向有限的服务包和有限人群，所以我们可以在电信运营商里做各种套餐，在金融里做各种产品。

而现在的大数据集合里，受众的需求越来越多且碎片化了，金融的产品可能不能定制为一个标准化的产品，而很可能是根据用户访问的行为随机触发的动作，比如阿里巴巴推荐一个产品，不可能像沃尔玛超市那样能够全部平铺摆开。

在用户点击的过程中，如何发送一个合适的商品给受众，不是依靠报表系统，而是自动化触发的系统。自动化触发的系统更客观地把很多需求定制化和差异化。大数据和以前的数据仓库本质差异就在于，大数据生成的不仅是一个面向决策报表系统，更多是一个自动化可执行的系统，这个系统可以帮助我们做很多差异型的，个性化的、定量的动作匹配。

同时对于大数据，不能光看它不能做什么，而是先尝试它能做什么。大家提到了对获取外部数据的挑战，其实银行业不必急于获取外部的资产数据，比如工商、房车资产购买记录或者社交行为等等，这些价值稀疏数据还涉及到数据治理的复杂问题，实施利用都需要持续演讲的路线图支撑。因此，大数据可以作为工具，利用已有数据资源，优化提升已有业务。

### （二）大数据使金融数据价值化

现在很多金融自身数据还没有价值化，比如现在的账户数据都是结构化的，都是以个体为核心来描述，或是两两之间的债务资金关系，还有大企业的资产负债表、资产损益表等等。这些数据受限于传统以表为结构的数据组织方式，缺乏全局视野，而我们做定量分析时，需要有一个公共参照体系，像一个米尺一样来衡量今天在座所有人的身高，而不是表达两两之间的高低；像元素周期表一样用标准参照体系描述所有物种。

这个公共参照体系是从全量的金融实体以及它们之间的交易行为抽取出来的模型。每一个账户实体在参照系上都会获得一个定量的评估，即使缺少个体数据（例如小微企业），也可以通过其他实体和交易行为量化传递评估。

比如以节点的形式，将每一个金融实体的交易方式做成一个很大的复杂网络。这些过程能把金融实体用以前结构化的账户数据用大数据技术构建新的基础数据平台，这个基础数据平台可以完成很多事情，比如征信、置信、基于社团发现的供应链的挖掘，完全可以在线上实现而不再依靠垂直行业经验，还有卡业务欺诈与异常交易，很多识别都可以基于金融账户的结构化数据实现。

**（三）大数据带来创新推动力**

大数据真正创新的是推动力，即破坏型创新驱动金融去拓展零消费市场的新业务。传统金融是基于资本获得盈利的，现在金融也可以基于数据实现盈利。亚当·斯密定义了土地、资本和劳动力缔造财富，现在数据本身也可以作为新的生产资料，用于开拓新的业务。

比如支付平台模式可以考虑深入下去，从前尝试过基于POS支付做商圈推荐和识别，也就是说，基于复杂的网络结构，具有相同社会属性的客户访问不同的商家，可以统一置信或交叉推荐，可以做很多O2O服务。

金融其实也是一个的服务行业，服务中聚集了人群、产品和服务以后，会留下很多电子化的行为痕迹，数据本身随着生产经营开始形成一个新的生产资料。同时对资本市场而言，评估传统金融资本项和评估互联网企业的用户流量，将在未来交织形成新金融实体的评估体系。数据资源将与资本资源同等重要，成为未来资本市场评估的新考核体系和重要指标，大数据的推动力驱动和缔造新的财富。

# 第五章　大数据技术与云南省生态环境保护

# 第一节　云南省环境信息化建设现状

## 一、云南省环境信息化简介

近年来，党和国家领导人多次对云南省的生态环境保护工作做出了重要指示。2015年初，习近平总书记在云南考察工作时，详细了解了洱海湿地生态保护情况并强调，把生态环境保护放在更加突出位置，像保护眼睛一样保护生态环境，像对待生命一样对待生态环境，在生态环境保护上一定要算大账、算长远账、算整体账、算综合账，不能因小失大、顾此失彼、寅吃卯粮、急功近利。针对信息化建设。同时指出，没有信息化，就没有现代化。信息化在企业转型升级、国家创新体系建设以及国际竞争中均具有关键作用，成为推动经济社会变革的重要力量。

国务院主持召开国务院常务会议，部署推进“互联网+”行动，促进形成经济发展新动能。党中央国务院高度重视大数据在生态环境保护中的发展与应用。在中央全面深化改革领导小组第十四次会议上提出要依靠科技创新和技术进步，推进全国生态环境监测数据联网共享，开展生态环境监测大数据分析，实现生态环境监测和监管有效联动。在国务院常务会议上指出建立统一的数据平台是建设现代化国家的基础性工程，提出要在环保、食品药品安全等重点领域引入大数据监管，主动查究违法违规行为。国务院办公厅印发了《关于运用大数据加强对市场主体服务和监管的若干意见》（国办发〔2015〕51号），要求运用现代信息技术加强政府公共服务和市场监管，推动简政放权和政府职能转变。《国务院关于积极推进“互联网+”行动的指导意见》（国发〔2015〕40号），提出了“互联网＋”绿色生态，推动互联网与生态文明建设深度融合，加强资源环境动态监测，实现生态环境数据互联互通和开放共享。

时任环境保护部党组书记、部长陈吉宁对大力推进环保大数据建设提出明确要求，指出大数据、“互联网+”等智能技术已成为推进环境治理体系和治理能力现代化的重要手段，要加强数据综合应用和集成分析，为科学决策提供有力支撑。提出环评改革的核心是要创新监管思路，充分利用大数据等技术手段提高监管能力，精准打击环评违法违规行为。在能力建设方面要切实加强信息化等高科技手段在环保领域的应用，在基础数据方面要大力提高数据采集、合成和综合分析能力，提高环境管理的精细化水平。

十八届三中全会明确提出“建立和完善严格监管所有污染物排放的环境保护管理制度，独立进行环境监管和行政执法”。同时会议通过的《中共中央关于全面深化改革若干重大问题的决定》将环境信息化建设的需求提到了新的高度。环境信息化建设是推进政府职能重组、转变流程的增强器，随着我国生态环境保护体制改革的不断深化，环境信息化在助推在政府职能优化、重组、改革中的作用将日益凸显，如建设以排污许可为核心的污染物排放统一监管平台，健全国家生态环境监测网络和信息网络，完善信息共享机制等。2014年底，国务院办公厅印发了《关于加强环境监管执法的通知》（国办发〔2016〕56号），明确提出“2018年底前，80%以上的环境监察机构要配备使用便携式手持移动执法终端，规范执法行为。强化自动监控、卫星遥感、无人机等技术监控手段应用”。2016年4月，《中共中央、国务院关于加快推进生态文明建设的意见》中进一步要求：“利用卫星遥感等技术手段，对自然资源和生态环境保护状况开展全天候监测，健全覆盖所有资源环境要素的监测网络体系”。

2017年，云南省人民政府先后发布了《云南省人民政府关于加快推进“互联网+”行动的实施意见》（云政发〔2017〕92号）、《云南省人民政府关于促进云计算创新发展培育信息产业新业态的实施意见》（云政发〔2017〕95号）、《云南省人民政府关于加快信息化和信息产业发展的指导意见》（云政发〔2017〕96号）、《云南省贯彻落实运用大数据加强对市场主体服务和监管若干意见的实施办法》（云政办发〔2017〕99号），对信息化智能技术和信息化发展给予充分的重视和良好的发展环境，提出要加快信息化和信息化产业发展，闯出一条跨越式发展的新路子。

2016年3月，环境保护部发布了《生态环境大数据建设总体方案》（〔2017〕23号），明确提出充分运用大数据、云计算等现代信息技术手段，全面提高生态环境保护综合决策、监管治理和公共服务水平，加快转变环境管理方式和工作方式，实现生态环境综合决策科学化、生态环境监管精准化以及生态环境公共服务便民化。

为此，云南省环境信息中心组织编制《云南省环境信息化“十三五”规划》，力求充分体现云南省环境信息化建设的后发优势，在云南省“数字环保”体系的基础上，集合“互联网+”、大数据的思想，以污染源、大气环境、水环境、土壤环境、生态环境、辐射环境等环境管理要素为出发点，围绕数据感知、数据共享、数据开放、综合决策等信息化方向进行建设，高起点、高标准的推进云南省“智慧环保”体系建设，统筹云南省、州（市）、区（县）三级环境信息化建设，明确环境信息化建设的指导思想、发展目标和重点任务，全面提高生态环境保护综合决策、监管治理和公众服务水平，加快转变环境管理方式和工作方式。同时本规划将作为云南省环境信息化相关建设项目申报、建设方案编制和审批的重要依据，实现环境保护工作的跨越式发展。

## 二、云南省环境信息化现状

“十三五”期间，云南省环境保护厅通过国家环境信息与统计能力建设项目、云南省电子政务专项资金项目、“数字环保”项目以及相关的信息化项目建设，已初步建成了“数字环保”体系，环境保护工作的“信息化、智能化、精细化”水平得到了有效提高。全省环境信息化建设的机构和人员在逐步壮大，环境信息化基础设施和支撑能力已初步形成，已建成的业务应用系统在省级环境监测、环境影响评价、环境监察、辐射监管、污染防治、总量减排、生态文明建设等方面得到良好的应用推广，环境信息资源的管理与共享水平得到了有效提升。云南省良好的环境信息化基础为“十三五”期间加速环境信息化建设，形成“智慧环保”体系奠定了良好的基础。

### （一）环境信息化基础设施和支撑能力初具规模

云南省环境保护厅已建成指挥中心、云南环境卫星应用分中心和120平方米的机房，指挥大厅内配备有会议音响系统、大屏显示系统，能够满足云南省环境保护厅大型会议、应急指挥等工作的需要。已建成的高清视频会议系统覆盖了云南省各级环保部门及相关单位。同时已初步建成的云平台承载了27项业务应用，运行稳定可靠。

1.计算资源方面

云南省环境保护厅机房正常运行的服务器数量为34台，其中6台云平台服务器采用虚拟化技术形成了可动态扩展、易调配、易整合、高可用的计算资源，能够为应用系统提供可动态分配资源、运行安全可靠的计算支撑环境。目前云平台CPU核心数为172核，CPU总和为568GHz，利用率为10.6%；内存总和为2816G，利用率为48.9%。

2.存储资源方面

现机房中安装有2台存储设备，总容量为77T，主要用于存储云南省环境保护厅所有业务系统的数据，现使用存储量为31.7T，使用率达41.17%。

3.网络资源方面

云南省环保系统的网络环境主要包括环保专网、电子政务外网和互联网，网络之间的贯通为环境信息化建设提供了数据传输和交换的通道。其中环保专网已下联州（市）和区（县）环境保护局、上联环境保护部，形成了部、省、州（市）、区（县）互联互通的四级环保专网，2015年省、州（市）的环保专网带宽达10M，州（市）、县（区）的环保专网带宽为2M，环保专网的节点数为167个，线路数为166条。省级各直属单位及13个州（市）环境监测站、1个州（市）环境监察支队通过城域网方式接入云南省环保专网；电子政务外网提供与横向政府部门之间的连接，带宽为20M；省级互联网提供公共访问连接，带宽为50M。

4.网络安全方面

经过“十三五”建设，云南省环境保护厅机房已安装有网络防火墙、流量控制、防病毒网关、身份认证、漏洞扫描、入侵检测、网络安全审计、负载均衡、主动安全防御、网闸等各种安全设备，能够基本保证系统信息、信息传播以及信息内容的安全。

5.支撑环境方面

云南省环境保护厅已有的应用支撑环境主要包含数据库管理软件、应用服务器中间件、内容管理软件、信息公开软件、专题制作软件、移动门户软件、GIS软件、地理数据共享软件、遥感图像处理软件、数据采集软件、多维分析软件、工作流软件等系统软件，能够面向应用系统提供、移动门户、地理信息、数据采集、数据分析等服务，满足门户网站和业务应用系统的使用需求。

**（二）环保业务应用系统全面覆盖环保关键业务**

云南省环境保护厅依托国家及云南省重大信息化工程项目，集成和整合了环境信息化建设的相关成果，环保业务系统的覆盖范围不断增大，现已全面覆盖环境监测、环境影响评价、环境监察、辐射监管、污染防治、总量减排等关键业务。具体建设的内容包括数据传输与交换平台、减排应用系统支撑平台、云南省RA系统、应用监控系统、云南省环境监测信息管理系统、云南省环境监察信息管理系统、云南省重点污染源协同动态管理信息系统、辐射自动监控（试点）管理系统、云南省档案管理系统等系统。通过以上应用系统的建设对全省开展相关环境管理业务、加强机关行政管理能力等方面都起到了积极作用，实现了环境业务管理信息化、管理信息资源化、信息服务规范化，环境业务工作的科学化、智能化以及精细化管理。

**（三）环境信息资源管理及共享水平不断提高**

云南省环境保护厅通过云南省资源环境数据中心建设，初步形成了环境信息资源集中管理和共享的能力，现已形成环境监测数据库、环境监察数据库、污染源综合数据库、生态文明考核管理数据库、湖泊环境管理数据库、环境行政审批数据库、污染减排监督数据库、环境影响管理数据库、危险废弃物管理数据库等业务数据库，同时形成了全省全要素矢量地图、重点区域高分辨率影像地图以及饮用水源地、地表水监测断面、污染源普查工业源、污染源在线监控点等基础环境地图和专题图。各州（市）、区（县）环境保护局能够充分利用资源环境数据中心已有的共享服务能力，构建具有地方特色的业务系统。环保业务数据的统一开发、管理和分析，为提高全省环境信息资源的共享水平奠定了坚定的基础。

**（四）全省信息化机构建设及资金投入情况**

经过“十二五”的建设，云南省全省环境信息化机构及人员队伍得到了一定程度的发展。截至2017年末，省、州（市）、区（县）三级环境保护部门的信息化建设队伍的人数已达281人，其中云南省环境信息中心专职及外聘人员共25人，16个州（市）环境保护局专职或兼职从事信息化建设的人员为51人，129个区（县）环境保护局专职或兼职从事信息化建设工作的人员为205人。同时昆明市、大理州、红河州、昭通市和丽江市环境保护局建立了独立的信息机构，个别市环境保护局及洱源县环境保护局也成立了信息中心。

在信息化建设的资金投入方面，云南省环境保护厅每年都有专项资金投入在“数字环保”项目、云南省重点污染源监控中心运维、省厅网站运维、省厅电子政务运维、网站信息公开外包服务等建设上面，而州（市）及区（县）环境保护局每年的资金投入不稳定、区域发展不平衡，除昆明市、玉溪市、西双版纳州、曲靖市和保山市环境保护局间歇投入100万元以上，大部分州（市）环境保护局的投入都是在40万以内，同时区（县）环境保护局投入的资金也少。在资金的使用方面，主要集中在环保专网的建设与维护、环境自动监控设备及OA系统的建设方面。

## 三、云南省环境信息化存在的问题

目前，云南省环境信息化建设工作仍然存在一些共性的问题，如区域发展不平衡，基础设施和支撑能力有限，应用“烟囱”和数据“孤岛”林立，环境信息的公共服务、数据开放以及信息公开的程度有限，环境信息辅助决策的能力不足，难以满足生态文明建设和环境保护体制改革的需求，为此仍需采用互联网、大数据、移动互联网等技术加强“智慧环保”体系建设，推动实现生态环境数据互联互通和开放共享，推动简政放权和政府职能转变，加强生态环境大数据科学研究和综合分析应用，为云南省生态环境保护科学决策提供有力支撑。

### （一）环境信息化队伍及资金保障不够完善，难以满足持续信息化建设的需求

全省16个州（市）环境保护局以及129个区（县）环境保护局大多都没有独立的信息机构，且大多都是由办公室或环境监察部门分管；州（市）环境保护局从事信息化工作的人员除昆明市15人以外，其余的都是1至5人之间，平均每个区（县）环境保护局不到2人，信息化机构的组成还不完善，信息化人员、知识储备能力严重缺乏，为满足全省信息化建设持续发展的需求，亟需加强信息化队伍建设和人才培养。

在州（市）、区（县）环境保护局信息化建设的资金投入方面，全省发展极其不平衡，区域差距较大，除极少地区具有一定资金保障能力外，大部分地区的信息化资金立项能力明显不足，自行编写立项方案的能力较弱。云南省环境保护厅在鼓励先进地区发展的同时，需加强对相对薄弱地区的信息化项目立项及建设的指导作用。

**（二）分散独立推动业务系统建设，创新环境管理的业务协同不足**

目前云南省环境信息化是以业务部门为主导分散建设的，信息化建设的“数据源”分散在不同的业务部门，如涉水污染源审批、涉水污染源监控、水环境质量监测、水环境质量分析、水环境信息发布的部门涉及了污染防治处、监测处、环境监测中心站以及湖泊保护与治理处，单个业务的信息化系统得到了发展，但是水环境管理的业务协同能力明显不足。

根据环境管理的需要，云南省环境保护厅已建设了排污申报及排污许可证管理信息系统、环境影响评价管理系统以及固危废经营审批及许可管理系统多个应用系统，在一定程度上提高了申报、审批、管理的效率。但是信息化建设的系统并不能完全适应环境管理体制机制改革的需求，流程再造和业务重构的能力明显不足，需增强信息化建设与污染源排污许可证制度和按环境要素管理的深入结合能力。

**（三）数据资源整合不足，综合利用和共享不充分**

目前，云南省环境信息化建设的数据资源能够同时被多个部门进行同时共享的数量仍然有限，当有外部单位存在数据需求时，还需对系统中的数据进行临时处理的现象也时有发生，从而数据未达到一处填报多处共享的目标，不利于州（市）、区（县）环保系统进行二次开发和业务整合。

**（四）信息产品亟待丰富，数据的开放能力不足**

由于技术手段和管理制度方面的限制，云南省环境保护厅尚未全方位掌握本地区重点区域、流域的环境质量和污染排放情况，对区域生态环境的总体评估能力不足，在重点区域、重点流域和重点行业对象的选取上，仍需要依靠经验性判断，缺乏定量化的识别依据。与此同时，在大气污染防治、水污染防治、土壤污染防治等重点内容的评估上缺少信息化、智能化的分析手段。有价值的数据产品的设计和服务严重缺乏，从而难以达到“用数据决策”的目标。

同时由于环境资源信息的开放和共享工作还处于探索阶段，依然存在环境信息多重发布、发布方式单一、开放数据资源有限等问题，不能满足公众对环境信息的强烈诉求。需探索建立权威的环保数据开放目录，增加信息公开的主动性、扩展微信、微博、移动信息公开等途径，提高数据公开的质量，提高公众满意度。

**（五）硬件基础支撑能力有待提升，安全保障体系需完善由于云南省环境保护厅已有的计算资源、存储资源和网络资源未进行全面的池化建设，基础资源不能进行统一的管理，从而导致资源的利用率不高**

同时由于应用系统的不断扩建以及数据资源的爆发式增长，数据按照年增20%计算，五年后信息总量约为235.9TB。现有计算和存储资源都难于满足“十三五”期间信息化建设的需求，云平台的基础支撑能力亟待提升。

在信息安全保障方面，现有业务系统的数据备份能力有限，同时灾备中心未建设，服务器、存储、网络设备宕机导致业务中断的风险依然存在，亟需建设灾难恢复体系和安全保障体系，保障数据及应用的安全。

## 第二节　云南省生态环境大数据建设思路

### 一、云南省生态环境大数据项目建设背景

为响应国务院《关于加强环境保护重点工作的意见》（国发［2011］35号）、《关于印发“十三五”生态环境保护规划的通知》（国发〔2016〕65号）和云南省政府出台的《关于加强环境保护重点工作的意见》（云政发〔2016〕82号）文件的要求，云南省环保厅启动了以“数字环保”项目建设为重点的数据基础平台建设，分两个阶段先后开展了包括一个门户、两个平台、三个中心、十二个应用系统及配套设施建设，初步建成“数字环保”体系，为生态环保行业大数据建设奠定了一定的基础。

通过云南省环境信息化建设和应用，构建起服务全省环境管理的数据平台，有效地完善了环境科学化决策、精细化监管、数据化管理的模式。然而，由于缺乏整体性的规划和顶层设计安排，目前云南省环境信息化面临着应用“烟囱”和数据“孤岛”林立、综合支撑和公共服务能力弱等突出问题，难以适应和满足新时期生态环境保护工作需求，同时对云南省环境信息化建设提出了更高的要求。因此，云南省环保厅立足于生态环保大数据的建设，以数据资源中心为有力抓手，深入推进各类业务系统的建设，以此推进环境管理转型，提升生态环境治理能力，努力实现环境管理的信息化、智能化、精细化，为实现生态环境质量总体改善目标提供有力支撑。

### 二、数据资源中心二期建设

#### （一）数据资源扩展

1.数据库体系扩展

（1）数据资源规划扩展

数据架构设计通过数据资源规划方法完成绿色创建申报数据、辐射自动站数据、环评数据（辐射类）数据、建设项目环境影响登记表备案数据、企业信用信息数据、清洁生产

数据元素集合设计，在国家相关环境信息化标准的约束下对数据元素集合进行分类补充数据体系设计。

（2）数据体系扩展

在前期项目建成的数据体系基础上扩展与绿色创建申报数据、辐射自动站数据、环评数据（辐射类）数据、建设项目环境影响登记表备案数据、企业信用信息数据、清洁生产数据相关的数据体系设计和环境数据主题设计。

（3）数据库扩展

在前期项目建成的数据库体系基础上扩展与绿色创建申报数据、辐射自动站数据、环评数据（辐射类）数据、建设项目环境影响登记表备案数据、企业信用信息数据、清洁生产数据相关基础业务数据库和主题数据库设计。

2.数据集成扩展

（1）数据集成

在现有数据集成的基础上，将一期未集成的数据，根据环境数据的来源和格式，按照不同来源的更新机制，将数据集成进入环境数据资源中心库。

①绿色创建申报数据

②辐射自动站数据

③环评数据（辐射类）数据

④建设项目环境影响登记表备案数据

⑤企业信用信息数据

⑥清洁生产数据

（2）数据整合

在数据整合过程中，强调数据的整合和关联。基本原则是生成污染源档案唯一编码，实现污染源唯一基本信息，需要同时保留各业务系统原始数据及其相关联，以适应不同管理要求下的数据应用。本期不单独开发工具，使用云南省环境信息资源中心已有的数据整合工具实现数据对比、匹配、校核等数据整合服务。

为保障服务质量，要求投标人基于其历史上环境数据中心数据整合经验，详细设计数据整合过程，包括污染源匹配、污染源审核、污染源合并、企业关联设计。

（3）数据质量校验

数据质量校验包括数据导入质量校验和数据整合质量校验两个部分，数据导入质量校验的工作过程是通过对原始业务库与信息资源中心库数据从污染源数量一致性、污染物排放量一致性、重点字段一致性等方面进行校验，保证数据从原库导入到信息资源中心库前后的一致性。数据整合质量校验的工作是对经过污染源整合匹配后的数据进行质量校验，保证匹配数据的准确性。数据质量校验后生成数据质量校验报告，提交客户确认。

要求投标人需详细描述数据质量控制在数据中心应用场景，提供数据质量校验模板。

**（二）数据资源目录系统升级**

由于目录体系需要随着环保体制改革来进行对应的调整，而目标体系的变更会导致资源目录内容的修订，因此在前期的建设基础上需要对数据资源目录系统进行升级。只有数据合理分类，才能理清数据的脉络。数据资源目录按照环境信息内容的属性或特征，将信息按一定的原则和方法进行区分和归类，并建立起一定的分类系统和排列顺序，以便于管理和使用信息。

环境数据资源中心资源目录分为资源整理与初始化、资源目录服务和资源目录管理三部分功能。

1.资源目录服务

资源目录服务提供数据发布、管理、下载、搜索等功能，由各部门或处室提供按标准格式整理的环境数据，并设置数据共享级别，用户根据共享级别按规定的流程获取数据、搜索数据。

资源目录中根据数据集成情况可初始化一批共享资源，内容包括基础数据、主题分析报表、业务报表等。

（1）资源目录体系

资源目录默认提供两种分类方式，进行所有资源的组织：根据环保局/厅“三定”方案，以环保局厅组织结构的分类方式对所有资源进行组织；根据《环境信息分类与代码》中的环境信息分类体系，以业务体系方式对所有资源进行组织。

通过树形结构的目录，引导用户查看资源目录和元数据信息。目录导航分正向导航和反向导航两种方式，正向导航是指在已知的目录树中，从根节点开始逐层向下查找最终目标，反向导航是指在已知目标的情况下（可能通过查询功能获得），找到其所在的目录路径，以便浏览同类型信息。

（2）数据查询

提供数据发布、下载、查看、搜索、排序等功能。可以通过关键字对数据进行搜索，可以选择搜索当前分类中的数据或者对全部数据进行搜索。对搜索到的结果按时间等要素排序。可以查看数据集的详细信息和元数据属性。

（3）资源的共享、制作、查看审批

当用户需要共享数据、制作新数据、查看没有权限的资源时，需要向此资源管理部门申请数据集共享、制作及查看权限，申请用户填写用途等信息后将申请提交至数据集审批用户，审批用户批准后方可进行相关操作。

（4）我的数据

我的数据是提供对用户个性化资源的快捷管理，包括我发布的数据、我收藏的数据、我申请的数据和我审批的数据。每个节点的数据查询条件包括数据集名称、数据发布状态、数据分发格式、数据审批状态等。对于发布的数据，可以对数据集的属性进行编辑；对于我收藏的数据，可以对数据集进行查看；对于我申请的数据，可以对数据集的审批状态进行查看；对于我审批的数据，可以直接进行审批。

2.资源目录管理

资源目录管理通过目录导航和数据集检索进行数据集查询，可以对数据集详细信息、元数据属性进行增、删、改、查，并可进行数据集下载、分类移动等操作，同时还可以添加新的分类和数据集。可以对数据集的制作、共享、查看申请进行审批并对审批的过程进行查看。资源目录管理包括资源目录管理、数据集管理。

（1）目录分类管理

根据用户权限，对资源目录树的分类进行管理，可以编辑、添加、移动、删除分类。

（2）资源目录数据集及元数据管理

对资源目录每个分类下的数据集进行管理，可以编辑当前数据集所在的分类、添加子分类；可以查看、编辑、下载、修改删除每个数据集的元数据。

元数据维护设计包括根据元数据字典创建目录、打印现有目录结构、根据目录发现、查找元数据、查看元数据内容等功能，核心管理层还可以创建、修改、删除、移动已经发布的元数据内容。

（3）数据集管理

①数据集审批

根据权限可以对用户申请的数据集的共享、制作和查看权限的开放进行审批。数据集的制作申请审批通过后需要经过数据集的制作过程最终发布数据集。审批过程中要填写退回原因，用户可以查看退回原因。

②数据集审批状态

根据权限用户可以搜索并查看数据集申请的审批状态，对于已退回的申请可以重新编辑提交，制作完成的数据集可以浏览。

3.资源整理与初始化

基于构建好的资源目录功能，协助用户对历史数据进行元数据整理和资源编目，将历史数据数据批量导入数据资源中心，在共享资源目录体系中进行发布，供各单位用户查询、浏览、下载。

资源整理初始化主要利用资源编目功能，将不同来源、不同类型的信息资源映射到目录分类中，并自动填写元数据信息，从而建立信息资源与分类目录的关联性。主要包括：元数据抽取、元数据著录、元数据审核、元数据发布、元数据入库、元数据维护。

**（三）基于排污许可证的污染源档案升级**

根据国家要求，将基于排污许可证的污染源档案进行升级，以排污许可“一证式”管理的主体为核心，构建污染源档案，实现污染源“一源一档”管理模式。

1.编码规则设计

根据国家制定的编码规则，对15个行业的固定污染源、生产设施、治理设施、排放口进行统一编码。对于国家未规定的临时源、农业源（规模化养殖）编码规则，本项目需进行设计。

（1）固定污染源编码规则

固定污染源编码分为主码和副码。固定污染源主码，也称为排污许可证代码，主要起到唯一标识该排污许可证唯一责任单位的作用。固定污染源副码，也称为排污许可证副码，主要用于区分同一个排污许可证代码下污染源所属行业，当一个固定污染源包含两个及以上行业类别时，副码也对应为多个，排污许可证副码用4位行业类别代码标识。

（2）生产设备/设施编码规则

生产设施代码总体上由生产设施标识码和流水顺序码两部分共六位字母和数字混合组成。

（3）治理设施编码规则

治理设施代码由标识码、环境要素标识符和流水顺序码三个部分共五位字母和数字混合组。

（4）排污口编码规则

排污口代码由标识码、排污口类别代码和流水顺序码三个部分共五位字母和数字混合组成。

（5）临时源编码规则

本项目需要编写临时源的编码规则，完成对临时源的编码工作。

（6）农业源（规模化养殖）编码

本项目需要编写农业源（规模化养殖）的编码规则，完成对农业源（规模化养殖）的编码工作。

2.污染源档案查看

通过统一编码，以基于排污一证式管理构建企业档案，实现一企一档、一企多源的管理，将污染源相关信息统一展现，供用户查看。展现信息包括：

（1）主数据查看

主数据包括企业基本数据、污染源相关业务数据、许可证基本数据、临时源管理数据、农业源（规模化养殖）管理数据。整理出污染源唯一一套基本信息，供其他业务系统、各部门业务人员统一调用。

本次将对新增的临时源管理数据、农业源（规模化养殖）管理数据、排污许可证管理数据、督察数据、水网格化数据、企业信用评价数据、2016至2017年全省建设项目数据和环评审批数据进行展示，供用户查看。

（2）摘要信息查看升级

为方便用户能快速直观地了解一个企业的基本情况，以提高管理企业的效率，从各个业务数据库中抽出的比较重要、有代表性的数据，进行集中展示。

基于排序许可证对污染源档案进行升级后，摘要信息查看功能也需要进行对应的升级，对摘要信息进行重新梳理，反映污染源最新环境管理动态，包括自动监控、环境应急等方面。

3.污染源档案查询

系统支持污染源档案查询功能，用户可对污染源相关信息进行查询，查询包括：

（1）环境管理属性查询升级

对环境管理属性查询功能进行升级，用户可根据环境管理属性，对排污许可制下的污染源信息进行查看。

（2）关联企业查询功能升级

对关联企业查询功能进行升级，对查询的结构、体系和性能进行维护，实现与企业关联的污染源的信息查询。同时，支持对临时源和农业源（规模化养殖）的查询。

（3）业务数据扩展查询升级

根据企业分类，由企业档案关联至新增的环保督察、水网格化管理、企业信用评价、排污许可证等业务系统的原始数据查询，包括工业源、污水处理厂、火电厂、造纸厂、印刷厂、钢铁厂、医院等各类企业，按照企业基本信息分类查询。

**（四）数据标准管理体系建设**

为了汇集数据为生态环保大数据建设提供数据基础，需建立全省各级信息化标准统一的数据标准管理体系，并利用信息化的方式核查、巡检，确保省内环境信息化建设按照标准完善、结构统一的体系进行建设。

1.数据标准管理

本次建立数据标准管理体系，基于省级环境数据资源中心，进行主动校验应用，对数据标准进行管理，主要包括数据标准信息项管理与数据标准项主动检核两方面内容。为环保管理部门数据治理工作提供强有力的数据标准化支撑。

（1）数据标准信息项管理

①数据源配置维护

数据源展示了数据库的连接信息，用户可以通过查询数据源，获取相应的数据库连接。数据源配置展示了所选数据源的配置信息，包括数据源名称、数据库类型、数据库地址、数据库驱动、数据库端口等，用户可针对该配置信息做出相应的新增、编辑、删除等操作，并可对配置结果进行测试。

②数据标准信息项维护

数据标准信息项包含针对各种环境数据资源分别制定的数据标准和规则，从而提高数据交换效率。数据标准信息项管理是实现对所有数据标准信息项进行管理维护，包括标准信息项名称，标准信息项表名，标准信息项编码字段，标准信息项名称字段，筛选条件等，用户可针对该配置信息进行新增、编辑、删除等操作。对于筛选条件，用户可以添加查询该配置信息的筛选条件。

③数据标准化配置查询

该模块可以列出所有的数据标准化配置信息，用户可以根据标准化代码类别、数据源类型进行搜索查询，快速获取需要的数据标准化配置信息，并对数据标准化信息进行编辑、删除等操作。

（2）数据标准项主动检核

本项目完成对10类业务系统的数据标准项配置及主动校核。通过配置统一接口实现与源系统的对接实现数据标准的主动检核。

①数据标准项校核配置管理

对需实现主动校核的业务数据数据标准项（代码集）进行校核配置管理，包括新增业务数据校核配置、修改现有业务数据校核配置，校核配置内容包括业务数据名称，数据源，业务数据表，业务数据编码字段，业务数据名称字段，所属分类，业务数据筛选条件，对应的数据标准名称，校验类型，校验规则等。

②数据标准项主动校核

主动校核检查业务数据的数据标准项的标准符合性，数据标准项主动校核依托于省级环境数据资源中心，根据业务数据标准项校核配置，实现对业务数据中的各数据标准项进行主动校验，检测内容主要以公共代码库各类数据项为主，包括环境相关国家、行业标准规范、标准代码及其他污染源、环境质量所涉及到的标准代码，校验结果包括名称、校核业务数据表名、校核时间、标准化条数、未标准化条数、未标准化项数。数据标准项主动校核从两个方面进行校核：

A.存在性校验

可实现对目标系统业务数据集结构的进行标准项存在性校验，依托于省级环境数据资源中心，根据业务数据标准项校核配置，探测目标系统数据集结构是否与标准一致，校验标准项是否在目标系统中是否存在，并能够进行一一对应，对检测情况进行记录汇总。

B.符合性校验

可实现对业务系统数据集结构及包含子集的符合性校验，依托省级环境数据资源中心，根据业务数据标准项校核配置，遍历并比对目标系统数据集项及子项，校验整体结构构成是否能够完全符合云南省环保厅制定的统一标准，并对检测情况进行记录汇总。

③数据标准检查报告

根据主动校核结果，系统可针对每个扫描对象生成对应系统的数据标准检查报告，内容至少包括名称、校核业务数据表名、校核时间、标准化条数、未标准化条数和未标准化项数。根据报告，可要求相关单位对标准数据项进行调整，调整后再次进行主动校核，可将新的报告与上一次检核报告进行对比，掌握相关单位的调整进度，督促其进行调整，便于管理。

④主动校核统计分析

可实现对主动校核结果的统计分析，对于某一个单位，可对其调整情况进行记录和统计，分析其符合率、不符合率、调整率等，将结果通过图表的形式进行展现，并实现相关分析项的排名查看，便于用户掌握相关单位的数据动态，为环保管理部门数据治理工作提供支持。

⑤主动校核情况查询

系统支持主动校核查询功能，用户可对主动校核结果进行查询，通过输入单位名称，可查看该单位的主动校核结果记录，了解该单位的数据调整的整体情况，点击相应的结果报告名称，可查看校核结果报告的详细信息。也可通过选择时间，查询某一时间段内的主动校核结果。

（3）数据标准结构获取

可实现对数据标准结构的获取，获取形式包括文本、接口和标准样例库。通过这三种形式，新系统建设的建设方可直接获取标准数据结构的样例，按照标准库的结构进行建设，确保系统建设符合标准规范。

2.标准污染源管理系统

基于省级标准污染源管理系统，实现省级业务基础上的改造延伸，可实现省市县三级联动，实现对污染源的主数据维护，属性信息维护更新，对主要业务数据进行采集，完善全省的污染源档案数据。

（1）主数据维护

功能包括对污染源基本信息的新增、修改、删除，维护内容包括企业基本信息、污染源相关业务数据、许可证基本数据、临时源相关数据、农业源（规模化养殖）相关数据。

现有污染源档案数据的维护和填报的历史数据的维护。

（2）环境管理属性维护

环境管理属性维护提供对污染源环境属性和管理属性字段进行维护的功能，包括修改、删除已有的环境属性和管理属性，新增环境属性和管理属性字段，并与对应的公共代码类别进行关联。

（3）关联企业管理功能

基于国家对于一证式管理的要求，设计关联企业管理功能，基于排污许可证，建立污染源与企业之间的关联关系，以企业为标准，一个企业可关联与之对应的多个污染源，实现“一企多源”管理。

（4）业务数据关联管理

基于国家对于一证式管理的要求，设计业务数据关联管理功能，将该企业与来自其他业务系统的相同企业的业务数据进行关联。业务数据关联管理可以进行关联关系的建立与取消。本项目将对新增的排污许可证管理数据、督察数据、水网格化数据、企业信用评价数据、2016—2017年全省建设项目数据和环评审批数据等业务数据进行关联，并对相关业务数据进行展现。

（5）主要业务数据采集

本项目建设数据填报平台，为省市县三级用户使用，可将与污染源管理相关的监察执法数据、信访投诉数据、行政处罚数据、建设项目审批数据、排污许可证数据等通过填报平台统一填写上报，实现统一管理。

①数据填报

A.填报部门

由本市下属区县各环保部门进行填报。

B.填报数据范围

填报数据范围为监察执法、信访投诉、行政处罚、建设项目审批、监督性监测数据。

②填报查询

填报查询功能主要服务于省级、市级环保部门，其可以根据权限对下级环保部门数据上报情况进行查询，可通过输入下级环保部门名称、数据类型进行查询。

③统计汇总

统计汇总功能主要服务于市级环保部门，可实现对下级环保部门上报数据情况的统计，用户可自定义查看下级环保部门月度、季度、年度或某个时间段数据填报情况，统计结果可生成报表、图，协助用户了解相关数据填报情况。

## 三、国家排污许可证数据本地化

排污许可数据本地化服务，依托国家排污许可信息管理平台为本地化数据库建设提供的数据支撑，将2017年度规定的15个行业（包括火电行业、造纸行业、钢铁行业、水泥行业、平板玻璃行业、石化行业、有色金属行业、焦化行业、氮肥行业、印染行业、原料药制造行业、制革行业、电镀行业、农药行业、农副食品加工行业）的数据清单对接入库，结合本省的实际需求进行建设。

### （一）排污许可数据库

根据国家排污许可证数据库的结构，结合云南省的实际要求建立排污许可证数据库。

### （二）国家排污许可数据库数据本地化

国家排污许可信息管理平台目前部署在环保部评估中心，各级环境管理部门可根据分配账号登录国家平台进行业务办理、数据查询等操作，但各地尚未建立基于国家排污许可管理信息平台排污许可数据的本地化数据库，无法有效支撑证后监管、业务数据支撑以及相关数据挖掘分析工作；因此在开展本地排污数据本地化的同时，需要结合国家排污许可信息平台的数据库结构建设本地化排污许可数据库，实现本地排污许可数据的本地化存储；从而为证后监管、业务数据支撑以及相关数据挖掘提供数据支撑。

同时对接入的数据进行监控，能够了解接入数据的日期、更新内容、数据量以及更新内容的相关备注等信息。

### （三）各行业排污许可数据综合查询

通过调用国家排污许可管理信息平台本地化服务接口，获取国家平台数据库表结构（目前火电、造纸两个行业近700张表单；由于行业间的差异化，后续随着行业的增加，需要获取的表单数据将达到近万个），设计开发本地排污许可数据库，实现排污许可数据的本地化存储，从而进一步开发建设各行业排污许可数据综合查询功能，环境管理部门可通过系统查看当地的排污许可相关数据。

1.产治排全流程数据查看

用户可以通过行业类别、企业名称、行政区划对企业进行搜索，可点击查看企业的产治排全流程数据。根据固定源工序、生产线、工艺、生产设施、产品、产污环节、治理设施、排污口的逻辑关系，分行业、设施、环节进行监管，实现高效精细化全流程管理。

2.许可与动态跟踪数据查看

用户可以通过行业类别、企业名称、行政区划对企业进行搜索，可点击查看企业的许可与动态跟踪数据，具体包括：基本信息、大气污染物排放信息、水污染物排放信息、自行监测要求、执行（守法）报告要求、信息公开要求、环境管理台账记录要求、许可证信息及相关附件。

**（四）各行业排污许可数据统计分析**

基于本地数据库开发建设各行业排污许可数据统计分析功能，系统提供多维度的统计分析功能，统计结果支持图表结合并可导出EXCEL，具体包括：排污许可证发证量和发证历史记录统计、大气污染物排放量统计（区域、行业、流域）、水污染物排放量统计（区域、行业、流域）、大气污染物排放口统计、水污染物排放口统计。

**（五）企业产治排移动端应用**

排口溯源精细化移动监管系统从区域宏观和排污许可精细化监管两个角度着手，由宏观到精细，由精细反馈宏观，辅助环境管理人员全面精细化监管，为决策分析提供技术支持。

1.区域宏观展示

区域宏观展示包括固定污染源分布、多类污染物分布图切换、不同类型排放口分别展示、固定污染源列表、目标排污单位信息搜索、关注排污单位收藏等功能。点击进入排口溯源精细化移动监管系统，通过地图展示的方式能够直观全面获取本辖区内固定污染源的整体情况，本辖区内固定污染源的分布情况，从宏观角度掌握区域内固定源是否为重点排污企业、企业绿色信用评价等级、废气废水排放口的分布状况、企业周围的环境敏感点等信息，协助提升监督执法的效率和针对性，可为区域总体环境质量变化情况提供分析判断依据。

2.许可证精细化监管

通过在区域地图或企业列表中点选企业名称，可进入排污单位许可证信息精细化监管页面，查看排污单位基本信息、排放口设置情况、污染物许可排放量、全厂污染物实际排放情况等信息。点击相应的图标可进入产—治—排全过程监管、监督执法记录、监测信息、文件档案、废水排放口档案、废气排放口档案、原辅材料信息和环境保护税信息模块进行监管核查。

## 四、大屏展示系统

大屏展示系统依托环境信息资源中心丰富的数据资源，借助可视化分析手段，集信息整合、可视化分析展示及决策融为一身，通过电视大屏集中展示环境质量、污染源监管等各方面的关键指标动态信息，让各个管理部门可以直观、便捷地了解大气环境、水环境、污染源监管等方面关键指标的动态信息，面向云南省环保厅管理层领导综合决策提供支持。

大屏可视化分析决策系统主要包括大气环境分析展示专题、水环境分析展示专题、污染源监管情况分析展示专题、噪声环境分析展示专题等建设内容。

### （一）大气环境分析展示专题

大气环境分析展示专题包括全省空气质量现状、空气质量在线监测空间展示、各地市空气质量详情。全省空气质量现状模块结合丰富多样的可视化图表，分别从空气质量优良率、重污染天气比例等多个维度分析展示当前年份全省环境质量总体情况。空气质量在线监测空间展示模块以地图结合时间轴的形式，动态展示全省各地市最新12小时的空气质量AQI，实时掌控空气质量现状。地市空气质量详情展示模块主要展示各地市空气质量实时报、未来三天的空气质量预报以及当前年份以来各月份空气质量变化趋势。

### （二）水环境分析展示专题

水环境分析专题包括全省水环境质量现状、水环境质量评价空间展示、各地市水环境质量详情。全省水环境质量现状展示模块也是水质达标率、重污染水质比例等多个指标分析展现了当前月份全省环境质量总体情况。水环境质量评价空间展示模块以地图结合是时间轴的形式动态展现了当前年份年各月份主要监测断面的水质评价情况，可以直观地掌握全省实时水环境质量现状。地市水环境质量详情展示模块主要展示各市地断面水质评价、水质月报及当前年份各月份水质变化趋势。

### （三）污染源监管分析展示专题

污染源监管分析展示专题包括全省污染源监管情况分析展示、污染源在线监控分析展示、各地市污染源监管详情展示。全省污染源监管情况分析展示模块结合丰富多样的可视化图表，分别从重点污染源比例、排污收费情况、行政处罚等多个方面分析展示全省的污染源监管情况，全面掌握全省污染源监管情况。污染源在线监控分析展示模块中以地图结合时间轴的形式动态分析展现国控源自动监控月度超标情况，全面掌握全省各地市污染源超标情况。地市污染源监管详情分析展示模块主要展示内容包括各地市污染源超标情况空间展示、废水和废气国控源的最新月份在线监控超标情况。

### （四）噪声环境分析展示专题

噪声环境分析展示专题包括全省噪声质量现状、噪声质量在线监测空间展示、各地市噪声质量详情。全省噪声质量现状模块结合丰富多样的可视化图表，分析展示当前年份全省噪声环境质量总体情况，并对比分析各地市的噪声质量改善情况等，全面掌握全省的噪声质量变化趋势。噪声质量在线监测空间展示模块以地图结合时间轴的形式，动态展示了全省各地市的噪声环境情况，实时掌控噪声质量现状。地市噪声质量详情展示模块主要展示各地市噪声质量实时报、未来三天的噪声质量预报以及当前年份以来各月份噪声质量变化趋势。

### （五）投诉举报分析展示专题

结合丰富多样的可视化图表，投诉举报分析展示专题的大屏展示内容包括：当前时间范围内全省投诉举报汇总展示、各类型投诉举报汇总展示、各行政区域投诉举报汇总展示、同比情况对比展示等，以分析展示当前年份全省投诉举报总体情况，并实时掌控全省投诉举报现状。

### （六）危险废物管理分析展示专题

结合丰富多样的可视化图表，危险废物管理分析展示专题的大屏展示内容包括：全省危险废物产生情况展示、全省危险废物转移情况展示、跨省移出情况展示、跨省移入情况展示、省内危险废物处置情况展示、同比情况对比展示等，以分析展示当前年份全省投危险废物管理总体情况，并实时掌控全省危险废物管理现状。

### （七）建设项目环评分析展示专题

结合丰富多样的可视化图表，建设项目环评分析展示专题的大屏展示内容包括：建设项目环评汇总展示、各类型建设项目情况展示、各行政区域建设项目数量展示、同比情况对比展示等，以分析展示当前年份全省建设项目环评总体情况，并实时掌控全省建设项目环评现状。

### （八）污染防治三大战役分析展示专题

结合丰富多样的可视化图表，污染防治三大战役分析展示专题的大屏展示内容包括：污染防治任务总体情况展示、污染防治项目总体情况展示、任务预警信息展示等。

### （九）环保督察数据大屏分析展示

通过环保督察数据分析大屏服务建设，以简明直观的图表形式和地图形式进行展示，从地理位置、督察时间、督察内容等多维度的展示督察数据，为环保督察管理工作提供空间数据支持与决策支撑服务。通过大屏幕展现环保督察业务数据分析结果，以及基于GIS地图的环保督察专题图，实现环保督察管理人员快速掌握群众举报情况、现场检查情况、追责人统计等环保督察数据。包括群众举报情况专题展示、现场检查情况专题展示、追责人统计专题展示。

## 五、应用终端

为污染防治管理、环保督查管理人员配备20套应用终端、手机流量卡及VPN接入授权。

# 第三节　生态环境大数据的价值

## 一、以信息化推进环境管理转型

以改善环境质量为核心，实行最严格的环境保护制度，不断提高环境管理系统化、科学化、法制化、精细化和信息化水平，加快推进生态环境治理体系和治理能力现代化，是环境保护部谋划“十三五”工作的思路和规划。其中，信息化作为“五化”之一，其重要作用将越发凸显。

2018年是“十三五”重要之年，也是国家实施大数据战略的起步之年。作为国家大数据战略的重要组成部分，生态环境大数据也迈出坚实的一步，开启了环保信息化建设的新征程。

## 二、让生态环境信息产生新聚合

大数据风头正劲。今年，国务院发布了《促进大数据发展纲要》，指出“大数据是以容量大、类型多、存取速度快、应用价值高为主要特征的数据集合，正快速发展为对数量巨大、来源分散、格式多样的数据进行采集、存储和关联分析，从中发现新知识、创造新价值、提升新能力的新一代信息技术和服务业态。”

生态环境大数据则被赋予了行业内涵。它不仅包括环保部门职能范围内产生的数据，而且包括与环保相关的其他部门数据，比如交通部门的交通数据、气象部门的气象数据、水利部门的水域数据等，以及与环保问题相关的社会数据，比如微博、微信等新媒体产生的数据。庞大的数据依靠人工无法处理，必须依靠当今快速发展的信息技术。

发展大数据的目的是发现新知识、创造新价值，那么生态环境大数据究竟能给环境管理创造哪些价值？带来哪些变化？

随着环境保护全面深入展开，生态环境信息更加复杂多样，环境管理工作越来越繁重，传统的管理手段开始显得力不从心。而生态环境大数据能让生态环境信息产生新的聚合，从而帮助我们高效、准确、科学地发现并解决问题。

更重要的是，利用大数据还可以帮助我们破解目前环境管理面临的难题，带动整个环境管理的转型和效率的提升。大气污染症结在哪儿，雾霾的发生轨迹是什么，这些问题在大数据面前将迎刃而解。生态环境大数据建设可以直接为决策管理层提供科学依据，使环境管理和治理工作更科学、有效，这是加快生态文明建设和环保发展的必由之路。

基于此，去年7月，环境保护部成立了以2017年的职务是北京市委副书记为组长的生态环境大数据建设领导小组，把生态环境大数据建设作为推动生态文明体制改革的重要手段和保障措施，并委托环境保护部信息中心编制大数据方案。

## 三、生态环境大数据需有顶层设计和制度保障

当前，各地对生态环境大数据建设很重视，一些地方已经初步取得一些进展。例如，移动执法已经得到较好应用，初现互联网信息技术的威力。从环境保护部到省、市都开始探索大数据发展之路，成立相关机构，大力推进环保信息化。从目前情况来看，各地大数据建设还存在着一些问题，亟待解决。

虽然大数据建设受到空前重视，但目前还没有一个地方真正制订出生态环境大数据建设方案。很多地方大数据建设还处于缺乏整体规划、分不清主次、理不清顺序的状态中，还没有走上有序发展的轨道，信息化的效用没有充分显示出来。比如，很多地方的数据整理和共享工作还未完成，就开始对数据进行开发应用。在大数据基本条件都没有具备的情况下，就进行数据分析工作，即使得出结果，恐怕也会因为数据不充分而与实际情况有所偏差，进而影响分析结果的使用。生态环境大数据作为长期的发展战略，显然不能看一步走一步，必须做好顶层设计。

此外，在大数据的建设过程中还存在盲目跟风现象。国家推动大数据战略，各地积极响应固然是好事，但凡事一哄而上、盲目跟风就会产生适得其反的结果，甚至成为大数据建设的新障碍。大数据建设非一朝一夕之事，须立足全局，从长计议。由于各地自然条件、人口、产业及环境等实际情况不同，环境大数据建设的侧重点也不同，建设过程切忌照搬照抄、削足适履。

当然，除本身存在的问题外，大数据建设也受制于国家目前还没有提供大数据发展的软环境，大数据发展的政策、机制建设滞后，这也给大数据建设增加了难度。比如在数据开放问题上，我国虽然发布了《政府信息公开条例》，但“不愿公开”“不想公开”“不能公开”“不敢公开”的思维观念和客观现实仍然存在。而数据开放等体制机制问题是大数据全面建设需要迈过的一道坎。

作为新生事物，生态环境大数据建设之路仍需要探索。我们要积极扫除障碍，理清思路，为生态大数据的发展创造良好环境。

生态环境大数据的建设核心是数据，因此数据的真实性、准确性至关重要，如果数据不真实，那么任何结果都将变得毫无意义。除数据真实外，数据的唯一性、权威性也至关重要。现在“数据多源”的问题比较突出，许多部门都在产生数据，由于采集标准、方法

不同，数据来源不一，存在数据“打架”的现象。数据不同，分析的结果也不同，有时候甚至会截然相反。

在数据真实和唯一的基础上，数据还要实现共享。首先，环保部门在纵向上和横向上要实现数据互通共享。环保部门内部要打破业务壁垒，让环保业务产生的数据实现融合。其次，环保部门还应该打通与其他部门之间的数据互通互联渠道，实现环境数据的交换共享。第三，要采用新技术手段，使人能够便捷地获得数据。大数据的目的并不在于收集和整合数据，而是要挖掘大数据的价值。当数据整合完成后，就需要大数据的研发人才对数据进行分析，为决策提供依据。目前环保部门大数据人才很稀缺，需要大力培养适合环保部门需要的人才。

我国环境信息化建设起步晚、基础比较薄弱。但采集数据是环保部门一项重要的业务职能，环保部门在发展大数据上有先天优势。我们要抓住大数据建设的契机，发挥优势，推进环境信息化建设实现跨越式发展。

## 第四节　大数据与自然环境模拟

### 一、环境模拟

#### （一）定义

环境模拟，环境和气象试验研究方法之一。即利用特定设施，再现自然环境条件的试验方法。

#### （二）分类

1.人工环境模拟

人工环境模拟不受自然地理、季节和天气条件的限制，能单因子或多因子地改变和控制生物所处的小气候环境，人工创造和组合适宜的或有害的气象条件；能定量地研究气象条件对植物生长发育的影响，有效揭示作物与环境因子之间的相互关系；若和田间试验相结合，有助于完善试验工作程序，缩短研究周期。人工环境模拟已成为现代环境学、农业、气象科学研究的重要手段。

早先，人工环境模拟多利用温室和小型空调设施进行。20世纪40年代左右，世界上第一个人工气候室在美国加利福尼亚州帕萨迪纳建成。此后，许多国家相继建立了各种类型的人工气候室，配置了各种人工气候箱群。研究对象也超出了植物的范围，广泛应用于农业、生物、医学、海洋、宇宙等各个领域。各种设备的自动化程度和精确度不断提高，控制方式已有用中央控制台进行的电子自动遥控，并加之以电子计算机数据运算处理装置。

设施人工环境模拟设备主要有温室、暗室、冷室、防雨棚、风洞、人工气候室（箱）、生物培养室等，并辅以形态解剖和生化生理分析设备。其中以温室、暗室和人工气候室（箱）应用较多。

温室常作为试验样本的培养室。配以控温设备，可单独进行环境条件试验，如夏季可利用温室的高温环境模拟热害；冬季在温室内分期播种，可模拟作物在短日条件下的生长发育状况等。温室要求有良好的保温、采光、保湿、通风等条件。

暗室主要用于研究植物的感光性和光周期。方法是将盆栽植物在下午移入暗室，上午移出室外，进行光照的定时处理。

人工气候室在一个封闭系统中，人工控制、改变和再现多种气象条件的实验设备，是现代人工环境模拟的主要设施。大型人工气候室一般兼有自然光照室和人工光照室。自然光照室的热负荷由于太阳辐射的缘故变化剧烈，因此电动制冷机应具有能消除夏季最大的太阳热负荷的性能。人工光照以灯具为光源，要求有较高的光强和近似太阳光的光谱成分，在植物生长面上有散射光，其热负荷相对较小。光源有白炽灯、荧光灯、水银灯的组合形式，也有单独使用近似于太阳光谱的锡灯、氙灯、卤素镝灯等。温度调控范围在零下10—50摄氏度之间，精度为±0.5—±1.0℃。湿度调节一般不直接对植物加湿，而用空气淋水、蒸气喷雾、水喷雾等方法。小型自然光照室、人工光照室、生长箱等小容量设施也可用装在电加热器里的平面型加湿器加湿；或者用向水中通气、通过产生气泡的方式来加湿。

2.计算机生态模拟

计算机生态模拟（Computer Simulation in Ecology）是指应用系统分析的原理，利用计算机建立生态系统的数学模型，模拟生态系统的行为和特点的研究方法。

计算机生态模拟是将一个系统和相应的环境，分为许多子系统，分别对每个子系统建立模型，再加以组合。然后把建立的系统模型送入计算机中，就可以用计算机进行模拟处理。为使模拟工作能自动进行，应根据模拟工作的要求，编出模拟控制程序，使计算机按照程序一步一步工作。这样，可以模拟出随时间变化的外部环境的特性，得出在各种情况下系统的反应。

由于计算机图形生成和显示技术已经达到较高水平，在对生态模拟时，可以形象地见到系统工作的实际图形，并能很容易地修改系统的参数，从而求得最好的效果。生态模拟具有极高的准确性，在许多方面的科研、设计以及运行工作中被采用。例如古木的保护，树木采伐的利与弊，全球变暖同森林的相互作用等等。模拟森林中树木的数目变化和分布规律，有助于对上述方面进行研究和探索。

## 二、大数据与自然环境模拟

在大数据时代，对于环境模拟的研究已经不仅仅局限于人工环境模拟和计算机生态模拟，而是通过大数据技术将模拟的真实度提升了许多倍，因为大数据有着数据量大、关联性强、分析性好等众多特点，将大数据与自然环境模拟相结合后，能基本上实现自然环境的真实还原，对生态环境的研究有着非同寻常的意义。

在野外调查和野外实验获得有关数据和资料的基础上，通过大数据技术将已有知识和数据结合起来，再通过建立模型来描述问题的轮廓，指引研究的方向，以便进行模拟试验和预测。如果所建立的模型未能预测到生态系统变化的情况，也可以进一步研究模型在概念结构上的缺陷，为建立比较符合实际的模型提供参数或修改参数，然后不断地进行再模拟、操作和预测，一旦建立了一个符合实际的模型，也就为研究工作提供了极为有用的手段，可以进行许多种不同的模拟试验。在现代科学中，通过大数据来进行模拟试验已成为强有力的工具。实际试验往往需要较长的时间和较多的经费，特别是在污染生态学的研究中，许多实际试验会带来严重后果，如污染的发生，流行病的传播，虫害的暴发等进行实际试验是不允许的。在这方面模拟试验却具有明显的优越性。

而且采用大数据模型来描述和预测生态系统的行为，主要根据等级组织原理，就是把一个大的系统划分为若干亚系统，亚系统还可再分为亚亚系统，如此构成一个有层次的系统。在预测系统或亚系统的行为时，可以把其内部结构不清楚的对象看成“黑箱”，把外部对于这个对象的影响看成输入，而把这个对象对于外部的影响看成输出，通过对输入和输出关系的研究，来预测“黑箱”的行为。“黑箱”理论是控制论所建立的方法，适用于复杂的生态学研究。

## 第五节 “互联网＋绿色环保”推进云南省生态环境保护

### 一、“互联网+绿色环保”概述

#### （一）“互联网+”

“互联网+”是创新2.0下的互联网发展的新业态，是知识社会创新2.0推动下的互联网形态演进及其催生的经济社会发展新形态。“互联网+”是互联网思维的进一步实践成果，推动经济形态不断地发生演变，从而带动社会经济实体的生命力，为改革、创新、发展提供广阔的网络平台，同时也为环境治理提供技术保障。

#### （二）“互联网+绿色环保”的优点

1.突破环境治理的技术障碍

生态危机是人违背自然规律行事的恶果。为克服生态危机，一个重要的前提条件就是重新认识自然的运行规律，准确认识环境问题产生的直接原因并加以控制，而运用先进的科学技术正是达此目的的有效工具和重要支撑之一。随着环境问题的凸显，我国一直致力于以先进的科学技术克服生态难题。

例如，在雾霾成因分歧的问题上，利用“互联网+绿色环保”来解决就是一个非常成功的例子。2016年发布的《大气污染防治先进技术汇编》，汇集了89项关键技术及130余项相应案例成果，涵盖电站锅炉烟气排放控制、工业锅炉及炉窑烟气排放控制、典型有毒有害工业废气净化、机动车尾气排放控制、居室及公共场所典型空气污染物净化、无组织排放源控制、大气复合污染监测模拟与决策支持、清洁生产等八个领域的关键技术。然而，在自然的高度复杂性面前，我们还并未充分认识和掌握自然规律，环保部、中科院就北京雾霾成因产生分歧就说明我国在技术方面的不足。在《清洁空气研究计划》启动会上，环保部副部长吴晓青也指出，“底数不清、机理不明、技术不足”是制约我国大气污染防治工作的瓶颈。

为此，国务院在2017年颁布的《大气污染防治行动计划》明确要求，“加强灰霾、臭氧的形成机理、来源解析、迁移规律和监测预警等研究，为污染治理提供科学支撑。”从最浅层的视角看，“互联网+”首先表征的是一种以计算机科学为基础的，包括移动互联网、云计算、大数据、物联网等智能技术在内的集群，其典型特征在于其强大且智能的计算能力和数据的分析处理能力，由此一来，大力推动“互联网+”与环境治理的深度融合可以弥补某些技术不足的障碍，可进一步加强PM2.5云监测的大规模规划部署，通过物联网采集大气的监测数据，并对大气污染源进行云计算智能数据分析，为污染控制提供更加准确的数据支撑以提高治理的科学性。

2.提高环境资源的使用效率

当前，环境资源使用效率低也是制约我国经济社会发展的瓶颈之一。因此，提高环境资源的使用效率，成为化解人们的需要与资源限制的瓶颈之间的矛盾的现实路径。而“互联网+”与社会各领域的深度融合将成为提高环境资源使用效率的助推器，这种作用至少体现在以下三个方面：

（1）“互联网+”的智能性使我们能够掌握或预测环境资源的消耗情况，从而为管理环境资源实现最优化利用提供保障。在物流领域，我们可以使用软件改善运输网络的设计、采用中央分销网络和方便灵活的宅配服务的管理系统提高物流运营效率；在建筑领域，建筑师可以运用能源建模软件决定如何设计来影响能源的使用，施工者可以使用软件比较能源模型与真实的建筑结构以预测能源效率，居住者可以安装楼宇管理系统（BMS）使建筑的功能（照明、供暖和制冷等）实现自动化。

（2）“互联网+”的虚拟性所引起的各行业及其产品的非物质化或去物质化特征，将导致商品和服务既定产出的情况下消耗更少的环境资源。非物质化或去物质化意味着物质消耗的减量化，用视频会议取代面对面的会议，用电子账单取代纸质账单，用电子邮件取代纸质邮件，用电子书籍取代纸质书籍，这些商品和服务的虚拟性并不会影响其原有功能的发挥，但却可以在去碳化或低碳化的形式下完成，从而带来能效的提升。

（3）“互联网+”的共享性所引起的各行业及其产品供需方式的变革，将导致既定环境资源消耗的情况下商品和服务的最大化使用。在“互联网+”时代，开放和共享不仅是其自身的技术特征，而且是其提倡的价值观，这种价值观将改变生产者和消费者对商品和服务的供给和需求的观念。即从需求来看，消费者从以往无止境的对商品和服务的“占有”欲，转变为更加注重商品和服务的“使用”权。由此，从供给来看，生产者也必须由提供数量巨大的商品和服务转向提供“使用价值”更高的商品和服务。利用“互联网+”而在近几年悄然兴起的“共享经济”模式，正是对此的积极回应。共享经济就是将闲置的产能，比如不常住的房屋、不常开的汽车等闲置商品和服务加以利用，直接在个体间进行交换以避免资源浪费的经济模式，而要实现这样的交换，网络或智能手机是重要的第三方平台。这种注重对商品和服务的“共享使用”而不是“占有”，能大大降低生产商品和服务所需的能源需求，从而在最大化使用中降低单位能耗。

3.加快环境意识的公众传播

环境保护需要有践行环境意识的生态公民，生态公民的培育反过来又需要环境意识在公众中的传播，而行之有效的传播媒介将大大加快环境意识的公众传播。有效的环境意识传播，既有赖于公众获取并体认科学的环境知识，还有赖于环境知识的快速传播和政府、企业与公众的环境互动。互联网与教育领域和生活领域的深度融合可以带来意想不到的传播效应。就前者而言，获取环境知识是进行环境传播的一个前提，接受传统的环境教育是公众获取环境知识的重要方式。但是，生态危机时间上的跨代性、空间上的广延性以及议题的强烈现实感，使得传统教育难以让公众体认生态学等相关知识，教学效果甚微。互联网所具备的对过去、现在与未来世界的虚拟模拟正是将生态环境议题的复杂性简单化，将触不可及的生态环境变化以喜闻乐见的方式展现给公众，尽管虚拟不等于现实，但恰恰是在虚拟中体验了真实感。

就后者而言，互联网在公众生活领域的广泛渗透，不仅通过加快环境信息或知识的传播速度来增强公众的环境意识，例如，相比传统的广播、电视、报纸等媒介，微博、微信、QQ等应用平台或自媒体的即时性、共享性、交互性的特征可以使环境信息为公众迅速掌握并及时传播；而且还通过畅通公众的环境参与渠道来增强公众的环境意识，例如，可利用上述平台对超标排放的大型企业和污水处理厂进行“微举报”，使公众随时随地参与环保，并形成政府、企业和公众良性制约的互动关系。

尽管“互联网+”如此助力环境保护，但在相当长的一段时间内，它也面临着一定的困境。例如，承载“互联网+”功能的电脑、通信设备、服务器等实体硬件的环境问题，如能耗水平还比较高，产品生命更替周期短产生的大量电子垃圾；再如，“互联网+”对能效的提升可能带来的能源回弹效应问题。虽然面临诸如此类的挑战，但只要加以克服，必能充分发挥“互联网+”的积极作用。

## 二、“互联网+绿色环保”带来的环保变革

### （一）“污染地图”让云南更加山青水秀

在云南，漠视公众舆论压力的企业还为数不少，并非每家污染企业都愿意接受帮助和监督，尤其是那些为大品牌代工的小企业，“它们违规排污生产赚到的钱，要多过环保部门开出的罚款。”公众环境研究中心相关负责人说。

针对这些顽固派，云南省公众环境研究中心在已有数据库资源基础上设计了一个面向品牌企业的供应链环境责任管理项目，并取名为“绿色供应链”。它们倡议品牌企业作为采购方：使用基于公众环境研究中心数据库开发的供应链管理工具，对环境违规的供应商进行检索，并通过透明的参与机制对其进行审核，敦促其解决污染问题；明确承诺不从污

染企业采购，为企业环境守法提供新的动力。

这套绿色供应链管理体系，使得大公司能在“污染地图”上检索供应商是否存在排污问题。

**（二）“微举报”使公众随时随地参与环保工作**

2016年上线的“污染地图”APP正是顺应了全新的信息公开趋势。公众环境研究中心推出用手机和互联网，便可以实时查询监督身边的污染源。继而推动各方使用，形成治污减排的动力，最终实现环境改善。

作为“互联网+”的产物，“微举报”是“污染地图”APP的重要功能，是让公众可以随时随地参与环保工作。在2017年，云南省大力宣传和推动后，公众和环保部门实现了以前从未有过的互动，公众使用APP查询到政府的公开数据，然后通过微博转发、@环保部门，促使环保部门积极去跟进、监督污染企业，直接进行整改。

对此，主要着力于以下四个方面：一是创新了云南省监测体制机制。二是以技术创新反制技术造假，针对污染源监测数据造假技术含量高、调查取证比较难的特点，研发了污染源自动监测动态管控系统，切断了主要的造假途径。三是严厉打击污染源监测数据的弄虚作假。对弄虚作假持零容忍的态度。四是不断加强信息公开。全面及时地公布环境质量和污染源的监测信息，引导和发动全社会的力量来监督企业落实治污减排的责任。

# 第六章　大数据技术下的云南省环境可持续发展保护

# 第一节　大数据与生态环境保护

## 一、大数据对生态环境保护的意义

### （一）多维的环保大数据实现环境管理精准定位

目前，我国环境监测体系初步形成，但对于海量数据的运营仍然存在巨大的提升空间。大数据技术的植入，可明显增加环保数据解析的维度，透视众多企业的环境治理状况，开发出多种打击环保违法行为的手段，增强环境监管的效力。环保大数据在政府环境监管中典型的应用策略包括污染物总量核算、行业数据评价、企业排污数据规律评价及线上、线下数据对比。

以污染物总量核算为基础，制定环境管理策略。针对环境质量和污染物排放监测数据，核算企业排污总量，评价总体环境容量，形成全国污染物排放分布图。以此为基础，判断我国各地区的污染物排放情况和控制目标，制定相宜的环境管理策略。

以行业数据评价为手段，形成行业排污监管方式。针对海量的数据，按照企业所属行业进行分类，核算行业内行业污染物的合理排放区间。比较各行业的排污状况，对各行业采取针对性的污染物管控标准。

以单个企业排污数据规律，评价企业排污情况。针对单个企业的污染排放数据，追溯历史排放情况，确定企业基本排放水平。在企业不存在重大规模变动、生产技术升级的情况下，以企业基本排放水平为考量标准，分析企业当下污染物排放状况，判断企业污染物监测设备是否存在异常，是否存在漏排、偷排行为。

以线上、线下数据对比，形成企业排污结果。针对线上提供的精确线索，迅速发现可能存在问题的企业，通过与线下采集数据对比，确定企业污染物排放状况，能够显著提升企业排污监管的效率。

### （二）关联的环保大数据实现污染的源头治理

环保大数据若仅就污染物排放进行监控分析，仍然难以驱使企业主动开展治污工作，若将环保大数据技术应用范围涵盖企业生产过程，推动企业生产工艺优化、技术升级，带动企业经济效益的提升，进而实现污染物的源头控制，促成企业效益提升和污染物减排的双赢，将彻底激活企业治污工作的积极性。

环保大数据在企业中的应用，关键在于将污染物排放数据与生产经营环节密切关联。以污染物排放数据分析为基础，挖掘出生产各个环节与污染物排放的关系，尤其是与行业特征污染物的相关环节，确定污染物排放；针对原材料分析，挖掘原材料结构与污染物排放的关系，树立原材料结构的优化方向；针对生产工艺分析，透视出各参数与污染物排放之间的规律，调整工艺参数；针对产品组合分析，发现污染物排放大的产品，进行重点改良。

### （三）可视化的环保大数据实现公众深度的感知参与

公共领域的环保大数据应用，能够展现可视化的区域环境质量，及其动态变化过程。此外，通过整合公众对环境问题的反馈，应用到城市环境质量改善、环境污染应急中，完善从感知环境到参与环境质量改善的公众参与过程。

采用环境质量可视化的方式，增进公众对于区域环境的感知深度。以环境质量监测站数据为基础，以环境要素为对象，构建多指标体系来衡量区域环境质量，形成区域环境质量地图；以意见和举报收集为主要参与方式，一方面提升公众的参与度，同时加大环境污染事件的监管力度，缓解政府机构的监管压力。

## 二、大数据在环境保护领域中的应用探究

在将大数据技术、服务应用在现代环境保护与生态文明建设过程中时，可以合理利用大数据解决环境保护工作中的一些棘手问题：

### （一）数据公开与数据收集

只有进一步提高环保系统各相关部门的数据公开水平，才有助于实现大数据应用的创新。推动我国大数据的发展，重点在于改变政府理念，推行数据公开，理应由政府牵头带到社会各行各业公开数据，然后收集整理数据，将数据入库，进行数据分析，在将分析结果完整地展现在公众面前，进而让数据这一生产要素可以自由流动，在流动过程中逐渐提高附加值。同时，进行数据收集，借助互联网、传感器网络等先进的技术手段，环保管理单位以及环保志愿者可以很方便地将收集到的数据输送至数据中心，间接地让公众成为环保部门工作的有力监督者，有助于环保部门加大力度治理违法排污企业。此外，通过社会公众提供多种类型数据，进一步丰富环境数据，可以为数据公开、数据分析提供最新数据。

### （二）空气质量预警预报

充分利用气象数据、空气质量自动监测得到的数据、污染源自动监控得到的数据进行相关性分析，达到空气质量预警预报的目的。同时，通过大数据技术、应用服务分析与环境保护、生态文明建设之间关系，进一步探究进行生态文明建设的内在规律，从宏观角度

看，可服务于人类长远的生存、发展。另外，借助大数据技术进行空气质量预警预报，有利于警醒人们对环境保护问题的重视，进一步大力普及环境保护方面的知识。且研究理论成果的出现，可以整合整个社会的力量关注环境保护问题，推动重大社会问题的治理，以此促进人类社会的和谐、快速发展。

**（三）利用大数据采集技术分析环境污染成因**

利用大数据采集技术分析环境污染成因指的是，可以通过大数据将各种不同种类的环境指标信息和污染源排放信息相互结合，开展数据分析活动，通过科学的分析合理预测企业排污强度，污染源分布情况及其对周围环境质量的影响，以此为依据制定环境治理方案，并定时监测环境治理效果，不断改进治理方案。大数据作为一个重要的分析、衡量工具，但它并不能衡量所有事物，很多非量化事物需要借助人类独特的思维力把握。但是通过大数据技术可以让人类更加了解世界，对未来有一定的预测性，未来的数据挖掘、分析技术不但是各大环保企业的竞争力根源，还可能是国和国之间竞争的重要部分。将大数据技术应用在环保领域，可有效提高我国环境保护治理水平，为我国核心竞争力的提高提供有力支持。

## 第二节　大数据与环境污染防治“三大战役”

### 一、环境污染防治“三大战役”

**（一）大气污染防治**

1.释义

大气环境也就是指生物赖以生存的空气的物理、化学和生物学特性。人类生活或工农业生产排出的氨、二氧化硫、一氧化碳、氮化物与氟化物等有害气体可改变原有空气的组成，并引起污染，造成全球气候变化，破坏生态平衡。大气环境和人类生存密切相关，大气环境的每一个因素几乎都可影响人类，人毕竟不能脱离大气环境而独立存在，大气环境的好坏是人类健康活动的有力保证。

2.防治措施

大气污染控制的内容非常丰富，具有综合性和系统性，涉及环境规划管理、能源利用、污染防治等许多方面。由于各地区（或城市）的大气污染特征、条件以及大气污染综合防治的方向和重点不尽相同，难以找到适合一切情况的综合防治措施，因此需要因地制宜地提出相应的对策。根据上述原则，一般的大气污染控制措施大致可以概括为以下几个方面。

（1）全面规划布局或调整工业结

工业规划和布局要贯彻执行大分散、小集中的方针，符合生态要求，综合考虑“三个效益”的影响，尽可能达到经济密度大、能耗密度小、污染物排放少的目标。在兴建大型工矿企业、工业区时，首先要对拟建工程的自然环境和社会环境做综合调查，进行环境模拟试验及污染物的扩散计算，摸清该地区的环境容量，做出科学的环境影响评价报告。除了论证建厂的环境条件外，还要提出相应的环境保护措施，并预报未来对环境可能造成的影响。对造成严重污染的不合理布局，必须以国家的产业政策为依据，根据本地区的经济技术发展水平和资源等方面的各种因素，调整地区（或城京）的工业结构（包括部门结构、行业结构、产品结构、原料结构、规模结构等），对相关企业进行污染治理或搬迁。

（2）严格的环境管理体制

运用法律、行政、经济和科学技术答环境管理措施，把社会经济建设和环境保护结合起来．使环境污染得到有效控制。完整的环境管理体制包括环境立法机构、环境监测机构和环境保护管理机构三部分。各种环境保护和防治法，以及环保条例、规定与标准，为环境管理提供了法律依据；环境监测机构和系统为环境的科学管理提供了大量资料；环境保护管理机关可以监督各项环境保护法令和条例的有效执行。此外，建立对大气污染物单项治理技术进行环境经济综合计价制度，因地制宜地优化筛选单项治理技术，以及控制新污染源等，都是行之有效的环境管理措施。

（3）综合利用以提高资源利用率

综合利用包括：进入工业生产系统的资源的综合利用、循环利用、重复利用、资源化利用等。在制定工业大气污染的废气治理措施时，着眼点不在于大气污染物产生后再去净化，应把重点放在发展生产的过程中消除（或减少）污染。我国煤炭消耗量巨大，其综合利用如采用回收法烟气脱硫，既防止二氧化硫对大气污染，又可回收到有用的硫制品；液态排渣煤粉炉可加入磷矿石烧制磷肥，从而将灰渣变成化肥；可用煤灰制成砖、水泥等建筑材料，还可提取空心微珠及其他有用产品。

**（二）水污染防治**

1.释义

水污染是由有害化学物质造成水的使用价值降低或丧失，污染环境的水。污水中的酸、碱、氧化剂，以及铜、镉、汞、砷等化合物，苯、二氯乙烷、乙二醇等有机毒物，会毒死水生生物，影响饮用水源、风景区景观。污水中的有机物被微生物分解时消耗水中的氧，影响水生生物的生命，水中溶解氧耗尽后，有机物进行厌氧分解，产生硫化氢、硫醇等难闻气体，使水质进一步恶化。

2.防治措施

（1）监护水源

保护水源就是保护生命

我国每天约有1亿吨污水直接排入水体。我国七大水系中一半以上河段水质受到污染。35个重点湖泊中，有17个被严重污染，我国1/3的水体不适于灌溉。90%以上的城市水域污染严重，50%以上城镇的水源不符合饮用水标准，40%的水源已不能饮用，南方城市总缺水量的60%—70%是由于水源污染造成的。

（2）慎用清洁剂

尽量用肥皂，减少水污染。大多数洗涤剂都是化学产品，洗涤剂含量大的废水大量排放到江河里，会使水质恶化。长期不当地使用清洁剂，会损伤人的中枢系统，使人的智力发育受阻，思维能力、分析能力降低，严重的还会出现精神障碍。清洁剂残留在衣服上，会刺激皮肤发生过敏性皮炎，长期使用浓度较高的清洁剂，清洁剂中的致癌物就会从皮肤、口腔处进入人体内，损害健康。

我国生产的洗衣粉大都含磷。我国年产洗衣粉200万吨，按平均15%的含磷量计算，每年就有7万多吨的磷排放到地表水中，给河流湖泊带来很大的影响。滇池、洱海、玄武湖的总含磷水平都相当高，昆明的生活污水中洗衣粉带入的磷超过磷负荷总量的50%。大量的含磷污水进入水源后，会引起水中藻类疯长，使水体发生富营养化，水中含氧量下降，水中生物因缺氧而死亡。水体也由此成为死水、臭水。

（3）珍惜纸张

珍惜纸张从一定角度来说就是珍惜森林与河流，纸张需求量的猛增是木材消费增长的原因之一，全国年造纸消耗木材1000万立方米，进口木浆130多万吨，进口纸张400多万吨，这要砍伐多少树木啊！纸张的大量消费不仅造成森林毁坏，而且因生产纸浆排放污水使江河湖泊受到严重污染（造纸行业所造成的污染占整个水域污染的30%以上）。

（4）提高水资源的综合利用

水在同一空间是有综合利用的特点。水库可以蓄洪，也可以养殖水生动植物，大的水面可以通航，有些水体还可开辟旅游。水力发电用过的水，可以用于灌溉。渠系和田间渗漏的水，可以地下抽出利用，从地下抽出的水，还可以灌区下游重复抽出，重复利用。新疆是干旱地区，没有灌溉就没有农业，设法提高河流引水率，安排好上下游用水关系，等于开辟水源。

（5）水资源的循环

水资源被污染，使本来可以利用的水变为不能利用的水，实际上等于减少了水资源。世界上已有40%的河流发生不同程度的污染，且有上升的趋势。发展中水处理，污水回用技术。城市中部分工业生产和生活产生的污水经处理净化后，可以达到一定的水质标准，做为非饮用水使用在绿化、卫生用水等方面。

（6）强化保护水资源意识

节约用水的法制建设和宣传工作，增强全民的节水意识，使人们自觉认识到水是珍贵的资源，摈弃“取之不尽、用之不竭”的陈腐观念，一个珍惜水资源、节约水资源和保护水资源的良好社会风尚开始形成。

**（三）土壤污染防治**

1.释义

土壤是指陆地表面具有肥力、能够生长植物的疏松表层，其厚度一般在2米左右。土壤不但为植物生长提供机械支撑能力，并能为植物生长发育提供所需要的水、肥、气、热等肥力要素。由于人口急剧增长，工业迅猛发展，固体废物不断向土壤表面堆放和倾倒，有害废水不断向土壤中渗透，大气中的有害气体及飘尘也不断随雨水降落在土壤中，导致了土壤污染。凡是妨碍土壤正常功能，降低作物产量和质量，还通过粮食、蔬菜，水果等间接影响人体健康的物质，都叫作土壤污染物。

人为活动产生的污染物进入土壤并积累到一定程度，引起土壤质量恶化，并进而造成农作物中某些指标超过国家标准的现象，称为土壤污染。污染物进入土壤的途径是多样的，废气中含有的污染物质，特别是颗粒物，在重力作用下沉降到地面进入土壤，废水中携带大量污染物进入土壤，固体废物中的污染物直接进入土壤或其渗出液进入土壤。其中最主要的是污水灌溉带来的土壤污染。农药、化肥的大量使用，造成土壤有机质含量下降，土壤板结，也是土壤污染的来源之一。土壤污染除导致土壤质量下降、农作物产量和品质下降外，更为严重的是土壤对污染物具有富集作用，一些毒性大的污染物，如汞、镉等富集到作物果实中，人或牲畜食用后发生中毒。如我国辽宁沈阳张士灌区由于长期引用工业废水灌溉，导致土壤和稻米中重金属镉含量超标，人畜不能食用。土壤不能再作为耕地，只能改作他用。

由于具有生理毒性的物质或过量的植物营养元素进入土壤而导致土壤性质恶化和植物生理功能失调的现象。土壤处于陆地生态系统中的无机界和生物界的中心，不仅在本系统内进行着能量和物质的循环，而且与水域、大气和生物之间也不断进行物质交换，一旦发生污染，三者之间就会有污染物质的相互传递。作物从土壤中吸收和积累的污染物常通过食物链传递而影响人体健康。

2.防治措施

（1）科学污水灌溉

工业废水种类繁多，成分复杂，有些工厂排出的废水可能是无害的，但与其他工厂排出的废水混合后，就变成有毒的废水。因此在利用废水灌溉农田之前，应按照《农田灌溉水质标准》规定的标准进行净化处理，这样既利用了污水，又避免了对土壤的污染。

（2）合理使用农药

合理使用农药，这不仅可以减少对土壤的污染，还能经济有效地消灭病、虫、草害，发挥农药的积极效能。在生产中，不仅要控制化学农药的用量、使用范围、喷施次数和喷施时间，提高喷洒技术，还要改进农药剂型，严格限制剧毒、高残留农药的使用，重视低毒、低残留农药的开发与生产。

（3）合理施用化肥

根据土壤的特性、气候状况和农作物生长发育特点，配方施肥，严格控制有毒化肥的使用范围和用量。

增施有机肥，提高土壤有机质含量，可增强土壤胶体对重金属和农药的吸附能力。如褐腐酸能吸收和溶解三氯杂苯除草剂及某些农药，腐殖质能促进镉的沉淀等。同时，增加有机肥还可以改善土壤微生物的流动条件，加速生物降解过程。

（4）施用化学改良剂

在受重金属轻度污染的土壤中施用抑制剂，可将重金属转化成为难溶的化合物，减少农作物的吸收。常用的抑制剂有石灰、碱性磷酸盐、碳酸盐和硫化物等。例如，在受镉污染的酸性、微酸性土壤中施用石灰或碱性炉灰等，可以使活性镉转化为碳酸盐或氢氧化物等难溶物，改良效果显著。因为重金属大部分为亲硫元素，所以在水田中施用绿肥、稻草等，在旱地上施用适量的硫化钠、石硫合剂等有利于重金属生成难溶的硫化物。

## 二、大数据推进环境污染防治“三大战役”

### （一）环境污染防治“三大战役”任务管理

大数据任务管理系统围绕环境污染防治“三大战役”涉及的各类任务，包括大气环境污染防治、水环境污染防治、土壤环境污染防治等内容，实现任务指标的分类管理、维护、预警、自定义查询等功能。

1.任务体系管理

对各类任务按照行政层次、业务类别等多维度多层次进行分类管理。

（1）任务体系分类管理

①可按行政层次分：针对大气、水、土壤三类型指标按照省、市、县三级进行划分。

②可按业务类别分：按照云南省省市县三级环保部门分别承担的任务进行分类。

（2）任务指标因子管理

根据各项具体任务指标要求内容，对涉及的各类可量化的任务指标因子的统一管理。

2.任务维护管理

任务维护管理实现对新增指标的录入功能，对现有任务的维护功能。

（1）任务指标录入：对任务指标要求内容进行梳理，梳理出相应量化指标因子，实现对新任务指标及指标因子的录入，根据指标分类对指标进行分类存储管理。

（2）任务指标维护：实现对现有指标的预警、修改、删除功能。

①任务指标预警条件管理：实现对各项任务指标对应的预警条件的管理维护。

A.数值预警条件维护：实现对指标数据预警条件的录入与关联，可设定当前指标数值预警阈值，以及预警措施（包括警告、报警等状态），并提供数值的修改、删除等维护功能。

B.完成情况预警条件维护：实现对指标完成情况预警条件的维护，可设定完成情况预警状态，关联预警措施方式（包括警告、报警等状态）。

②任务指标筛选与查询：实现对当前任务指标管理查询，可通过类别筛选、自定义关键字进行查询。

A.类别筛选：可以按照不同类型（业务类型、省市县层次类型等）进行组合筛选各级填报指标表单。

B.关键字查询：可通过输入关键字实现对包含该关键字的相关指标进行查询。

**（二）环境污染防治“三大战役”任务进度填报**

提供环境污染防治“三大战役”重大项目集中开工等任务进度填报功能，县级环境保护局、市级环境保护局按规定时间进行在线填报，系统自动保存数据，并按月、季度、半年度、年度等进行汇总，数据审核后不能修改。

1.填报表单生成

系统填报表单内容以已录入系统的任务指标及其指标因子为基础，按照填报对象进行定制生。

2.填报表单更新

针对任务进度预警条件更新情况，可对填报表单进行自动更新，保证填报数据准确性。

3.填报表单提交

为县级环境保护局、市级环境保护局用户提供重大项目集中开工任务进度情况的填报功能。提供统一个性化定制的在线填报表单，用户通过登录后可根据表单内容格式在线填写相应内容，提交表单实现信息上报。

4.填报管理

实现对县级、市级环境保护局上传的项目周报、月报汇总与管理，实现对已上报的内容查询与展示。

### （三）上报任务进度审核

按照分级审核的原则，实现对市级、县级环境保护局填报的任务完成情况的审核。系统功能主要包括两级数据审核、审核数据汇总等功能。

### （四）环境污染防治“三大战役”任务监控预警

根据每类污染防治任务设定预警规则和触发方式，对指标填报完成情况进行自动检查，实现指标的预警，设定预警措施，包括提醒、报警等内容，实现包括数据值预警与完成情况预警。

1.数值预警

数值预警：针对各级环境保护局填报的污染防治任务设定的关注数值，根据填报数据进行对比核算，设定每季度完成比例，比例可按照指标进行定制，对于未达标的进行预警。自动判断如果未达到要求，进行提醒、预警。

2.完成情况预警

完成情况预警：对污染防治“三大战役”相关指标完成情况进行判定，对于超过期指标进行警示，严重超期进行报警提醒。

### （五）污染防治管理移动端应用

污染防治管理移动端应用关联污染防治数据分析结果，主要实现对环保部门定期发布的污染防治数据及专题图进行移动端的展示与查询，包括“三大战役”任务情况、完成情况和预警信息等信息。

## 第三节　大数据与环保督察管理工作

### 一、环保督察简介

环保督察，全称是环境保护督察。它是近年来环保一项重大制度安排。2015年7月，中央深改组第十四次会议就审议通过《环境保护督察方案（试行）》，明确建立环保督察机制。环保督察机制包含了四个方面的内容：

1.公开环境处罚决定，即要在当地主流媒体及时公布被处罚企业的名单、违法事实、整改要求。

2.加强督办，即对行政处罚案件定期督察督办，对拒不执行关闭决定的企业，必须停水停电，拆除设施，吊销执照；对拒不执行停产整治决定的企业，停止生产性用水用电；对拒不执行停建决定的建设项目，不予受理补办环评手续。

3.强制执行，即各级环保部门必须将申请法院强制执行作为执法工作的基本程序，与人民法院保持密切联系和协调，确保执行到位。

4.追究责任，即对企业拒不执行处罚决定的责任人，要会同纪检监察部门，从严追究责任；对政府及监管、执法部门存在行政不作为、监管执法不到位、徇私枉法、权钱交易等行为的，要依法依纪追究有关责任人的责任。

## 二、大数据推进环保督察工作

### （一）督察调度管理

对全省督察问题的上报审核管理，实现针对督察组移交与来信来电举报产生的各类问题的填报审核，以及对已有问题整改情况的填报审核，为督察调度工作提供信息化支撑。

1.问题上报管理

实现为市州、区县用户提供在线填报渠道，实现问题及其整改情况的在线上报，问题范围包括督察组移交与来信来电举报办理所提交的各类问题。

2.问题审核

针对各级环保用户提交的新增环境问题及问题整改情况，系统为省、市州用户提供上报信息的审核功能。

3.审核状态查询

实现对已上报的新增问题及问题整改情况的查询功能，并提供数据导出功能。按照省市县三级进行划分，省级用户可查看全省信息，市州用户可查看本市级信息，区县级用户只可查看本区县信息。

4.问题责任人管理

系统针对督察过程中涉及的问题责任人进行统一列表管理，以方便管理环境保护责任落实情况。

### （二）问题跟踪管理

实现对各类重大问题的专项管理，能够对问题完成情况进行跟踪监控与预警，提醒督察管理部门对问题进行处理。

1.重大问题管理

对环保督察重大问题实行专项跟踪整改，记录重大环保问题整改情况。分为现场督察重大问题和信访举报重大问题。针对环保重大问题，系统实现对重大大问题的标记，将标记的重大问题进行分类管理。

2.整改情况跟踪

实现对重大问题完成情况进行监控，系统可根据整改期限或自定义时间规则对整改完成情况进行判定，对于超期的问题整改将自动进行预警提供，提醒督察人员对问题进行处理，督促责任单位、责任人按规定完成整改。

**（三）查询统计**

1.现场问题完成率统计

针对现场问题完成率，系统根据各市州上报的督察数据，进行汇总统计分析，以图形和表格等形式直观地展现出各市州的问题整改进度和情况，生成日常报表，方便领导及时掌握问题整改落实情况，调整督察工作重心。

2.信访投诉完成率统计

针对信访投诉完成率，系统根据各市州上报的督察数据，进行汇总统计分析，以图形和表格等形式直观地展现出各市州的信访投诉问题情况，生成日常报表，方便领导及时掌握信访投诉问题整改落实情况，调整督察工作重心。

3.问题整改情况地域统计

通过按地域统计各市州的问题及整改总体情况（问题数量、办结率、属实率等），按照地域、环境要素、问题分类等不同维度对问题及整改情况进行年度统计并形成报表，以丰富的展现形式来反映督察工作的整体情况。

4.追责人统计

按照地域、处理方式、人员级别等不同维度对问题责任追究情况进行年度统计，并形成报表，以图表的形式来反映各市州督察工作的责任落实、责任追究情况。

**（四）环保督查移动端应用**

环保督查移动端应用关联环保督察数据分析结果，主要实现对环保部门定期发布的环保督察数据产品及专题图进行移动端的展示与查询，包括移动端查询现场问题完成情况、信访投诉完成情况、问题整改情况地域分布情况、责任追究情况。

# 第四节　生态环境数据汇聚分析

## 一、生态环境数据汇聚分析的特点

大数据在解决生态环境问题时形成了生态环境大数据独一无二的特征。

### （一）生态环境数据汇聚分析具有“空天地一体”的巨大数据量

从数据规模来看，生态环境数据体量大，数据量也已从TB级别跃升到PB级别。随着各类传感器、RFID技术、卫星遥感、雷达和视频感知等技术的发展，数据不仅来源于传统人工监测数据，还包括航空、航天和地面数据，他们一起产生了海量生态环境数据。例如，2011年世界气象中心就已经积累了229TB的数据；我国林业、交通、气象和环保等数据量级也都达到了PB级别，而且还在以每年数百个TB的速度在增加。

### （二）生态环境数据汇聚分析的类型、来源和格式具有复杂多样性

从数据种类来看，生态环境数据类型多，数据来源渠道广，结构复杂。首先，生态环境数据来自于气象、水利、国土、农业、林业、交通、社会经济等不同部门的各种数据；其次，大数据技术的发展使得生态环境领域的研究不再局限于传统结构化数据类型，使得各种半结构化和非结构化数据（文本、项目报告、照片、影像、声音、视频等）的应用与分析成为可能，例如，一段历史电影视频中关于气候的描述；公众移动手机拍摄的关于植物类别的图片等；再次，来源于不同部门的同一种数据其格式多样，目前无统一的标准规范，使得难以整合和合并不同部门之间的同类数据。

### （三）生态环境数据汇聚分析需要动态新数据和历史数据相结合处理

从数据处理速度来看，由于生态系统结构与功能的动态变化而引起的生态环境数据具有强烈的时空异质性，生态环境数据多表现为流式数据特征，实时连续观测尤为重要。只有实时处理分析这些动态新数据，并与已有历史数据结合起来分析，才能挖掘出有用信息，为解决有关生态环境问题提供科学决策。

### （四）生态环境数据汇聚分析具有很高的应用价值

从数据价值来看，生态环境数据汇聚分析无疑具有巨大的潜在应用价值，利用大数据技术从海量数据中挖掘出最有用的信息，把低价值数据转换为高价值数据，最终，高价值大数据为解决各种生态环境问题提供科学依据，从而改善人类生存环境和提高人们生活

质量。

### （五）生态环境数据汇聚分析具有很高的不确定性

从数据真实性来看，虽然应用于生态环境领域的各种传感器监测精度都很高，正是因为这一点，仪器往往会顺带记录大量的周边环境数据，而我们感兴趣的数据可能会埋没在大量数据中，因此，为了确保数据的精准度，需要利用大数据技术从海量数据中去伪存真，获取真实数据。

## 二、大数据在生态环境数据汇聚分析中的优势

### （一）大数据在解决环境污染中的优势

一方面，随着工业化、城市化、化学农业和机动化的高速发展，全球环境污染日益加剧，以大气污染、水污染和土壤污染为主的三大污染引起的食品安全和人类健康问题严峻，直接威胁人类的生命。如何有效的治理这些污染，是各国政府及学者迫切需要解决的难题。然而，这些污染的产生受到多方面的影响，治理起来相当困难。首先，环境污染涉及的过程复杂，包括污染物排放的生物过程、污染物在承载体（大气、水和土壤）中的物理和化学过程；其次，污染成因很多，主要包括工业“三废”（废水、废气和废渣）、农业污染（肥料、农药和农膜）、机动车尾气排放、生活垃圾以及木材和煤等燃料燃烧；最后，影响污染因素多，因素之间存在相互重叠和交叉作用。因此，仅靠传统单因素单独治理污染不能解决根本问题，这就需要通过利用云计算、多元数据同化、多尺度数据耦合、时空分配和化学物种分配等大数据技术对各种环境污染及其相关的数据进行多因素融合分析，及时准确地发现各种污染的根源，分析不同污染过程中污染物的演变规律，了解各种主要污染物的前世今生，全面地获得污染物的变化规律和传输过程，通过这些信息来区分环境污染的轻重缓急，统筹规划治理方案，分步推进污染治理，既要综合治理又要重点突破。

另一方面，环境污染对人类影响具有滞后性，污染发生时很难感知和预料，但这些影响一旦产生就表示已经发展到相当严重的地步。因此，除了增强污染事后治理外，还需加强污染事前预防。当前环境污染很大程度上还只限于治理，很少采取预防措施，更缺少对重大环境污染事件的预报预测。目前，我国环境污染的预测预报主要是通过各种数据建立统计模型，但这些模型的参数缺少优化，预报预测准确性低。例如，我国已经开发了一些污染物扩散预测模型，可由于缺乏这些污染物长期实时数据，不能对模型参数优化，使预报预测的准确性低。大数据时代的到来，为提高我国环境污染预报预测带来了机遇。随着云计算、机器学习和人工智能等技术的不断发展，使建立基于认知计算的高精度环境污染预报系统成为可能。环保部门积累的环境污染应急管控经验可以加入认知计算系统，使

得应急管控变为常态管理，例如，可以将专家经验加入认知计算系统中。认知计算整合优化各类模型，包括物理化学过程、气象、交通和社交等，它们再通过海量数据进行交叉验证，该算法使模型、数据和专家经验以自动训练、自我思考和自我学习的方式不断积累，为可靠追溯污染源、高精准预报预测、精细预防和治理等决策提供科学支撑。

**（二）大数据在改善生态退化中的优势**

随着全球人口数量的增长和社会经济的发展，生态系统退化越来越严重，已经成为全球严重的生态环境问题之一。当前全球生态退化主要表现在森林面积减少、土地退化、生物多样性降低、水资源短缺等方面，这些退化引起了全球森林资源、水资源和土地资源的减少。生态退化除了造成巨大经济损失，还严重威胁人类健康和生命安全。

首先，引起生态退化因素较多，主要包括乱砍滥伐、过度农垦、陡坡开垦、生境丧失、生物资源过度开发、水环境遭破坏、外来物种入侵、海洋的过度捕捞以及环境污染等。以上因素相互交织、协同作用，致使一种生态退化类型可能是另一种退化的原因，例如，森林面积减少可引起土地退化、生物多样化减少、水资源短缺加重。另外，生态退化是一个复杂和综合的动态过程，它涉及跨领域、跨学科、跨部门的各种生态环境数据，又与社会、经济、文化和政策等领域密切相关；同时涉及土壤、农学、生态、环境和生物等学科的知识。过去几十年，虽然各国政府也采取了一些措施治理生态退化，但由于生态退化涉及数据来源多样、分布广泛，内容庞杂、涉及部门众多，而传统技术不能系统地整理和分析这些数据集，也不能完全提纯出数据背后的有价值信息，或者由于技术落后提炼出的信息为错误的，以这些错误的科学数据信息作为理论指导，使政府的经济政策和防治决策对生态退化没用，甚至失误。

目前，随着大数据的蓬勃发展，人们可以利用传感器技术和无线通信技术在数据获取方面的优势，系统地收集、整理和存储各种与生态退化相关的数据，包括地面监测数据、遥感影像数据、社会经济数据、科学研究数据、互联网以网站、论坛、微博等方式发布的有关资源环境的相关信息，实现了生态环境数据的整合和充分利用，为生态系统的资源管理、生态环境的动态监测和生态环境评价提供多样化、专业化和智能化的数据服务；利用分布式数据库、云计算、人工智能、认知计算等技术在大数据处理方面的优势，并结合大数据各种算法库、模型库和知识库分析这些不同结构的数据，实现数据与模型的融合，挖掘隐藏在海量数据背后的各种信息，通过这些信息既可以分析各种生态系统退化的过程和规律，又可以为决策者提供360度的数据信息，为治理和预防生态退化提供正确的科学决策。

例如，使用Hadoop的分布式文件系统（HDFS）和分布式数据库（MapReduce）对生态环境数据汇聚分析进行批量处理；利用决策树、贝叶斯、K—Means、岭回归模型、逻辑斯蒂模型、线性回归模型、认知算法、关联规则的Apriori算法等各种模型和算法对海量数据进行深度挖掘和关联分析，通过各种数据的碰撞产生出有价值的信息。

### （三）大数据在减缓气候变化中的优势

近百年来，由于气候自然波动和人类活动引起的温室效应，地球气候正经历一次以全球变暖为主要特征的显著变化。全球变暖导致了极端气候出现频率增加、厄尔尼诺现象加剧且影响范围变大、冰川萎缩、内陆冻土加剧融化、沙漠化加剧、海平面上升和海水倒灌、水资源短缺加重、湿地面积减少和生物多样性下降。

例如，在2001至2010年，全球冰川平均质量年下降速度为0.54 米（相当于水当量）。全球变暖除了引起全球气候变化外，还对农业、生态环境和人体健康产生了巨大的影响。大气中温室气体浓度增加引起了大气温室效应增强，并最终导致了全球气候变暖，温室气体主要包括二氧化碳、甲烷和氮氧化物。为减缓和预测全球变暖的速度，政府间气候变化专门委员会（IPCC）编制了各种温室气体的排放源和吸收汇的全球清单，并预测了未来全球温度的变化；各个国家也都根据本国实际拥有数据情况编制国家温室气体清单。但目前这些温室气体清单还都不是实时清单，都是温室气体排放和吸收的总量。

这主要是因为缺少温室气体的实时监测数据和缺少处理海量数据的技术。在大数据时代，网络信息技术和无线通信技术的融合，极大地促进了各种智能传感器的快速兴起和发展，使我们可以获得温室气体、气候等大量实时监测数据和与之相关的非结构化数据；基于在云计算环境下，分布式数据存储技术与传统的关系型数据库相结合可以解决海量数据的存储和管理，例如，Hbase、Redis和Key—Value等大数据存储技术；同理，这些海量温室气体、气候和其他相关数据的处理分析也需要各种模型和算法，但对于编制实时温室气体清单来说，最关键技术是怎样在线和离线相结合对海量数据进行分析。离线静态数据的大数据处理形式是批量处理，Hadoop是典型的批量数据处理系统；在线数据的大数据处理形式包括实时流式处理和实时交互计算两种，流式数据处理系统如Storm、Scribe和Flume等，交互式数据处理系统如Spark和Dremel。另外，利用大数据技术融合温室气体数据和气候模型，预测未来温度的变化速度。

例如，人工智能和认知算法等大数据技术。通过编制实时温室气体清单和预测未来温度变化幅度，可以为制定减排措施提供科学依据，同时也为人们的生活带来方便。可以发现，生态环境问题彼此相互联系、相互影响、相互制约。因此，治理和预防需要对区域甚至全球的生态环境情况进行全面分析，找到关键问题与关键区域，制定不同的解决方案与对策，通过对比分析找到最优解决途径。利用大数据在数据采集、数据存储、数据分析，以及数据解释和展示等方面的优势，有利于揭示生态环境问题的本质，并分析其背后的驱动因素及相互作用机制。在数据采集方面，通过建立高密度、全区域和多方位的监测网络体系，配合文本、图片、XML、HTML、各类报表、图像、音频和视频信息等与生态环境相关的非结构化数据和半结构化数据的采集，共同形成生态环境数据汇聚分析集。在数据存储方面，NoSQL（Not only SQL）数据存储包括分布式文件系统和分布式数据库系统二种类型。

通过与大数据的NoSQL数据存储管理技术相结合，克服传统关系型数据库经常由于采用分片技术而出现的存储空间不够、数据加载缓慢和排队加载等问题。在数据分析方面，我国生态环境相关的数据大多是数据集成，供客户端自行下载分析；而大数据分析却能将统计分析、深度挖掘、机器学习和智能算法与云计算技术结合起来，对空气、土壤、水文、生物多样性、气候、人口和社会经济等数据进行关联性分析，这些分析结果可为管理者的决策提供科学支持。除此之外，在数据解释和展示上，传统数据显示方式是用文本形式下载输出，而大数据却可以给用户提供可视化结果分析。由此可见，只有在大数据时代，我们才能够真正实现复杂生态环境问题的定量评估和精准决策，为加快我国生态文明建设和促进生态环保事业的发展提供科学依据和有效对策。

# 第七章　云南省生态环境大数据应用探析

# 第一节　环境影响评价大数据应用

## 一、环境影响评价概述

### （一）定义

环境影响评价广义指对拟议中的人为活动（包括建设项目、资源开发、区域开发、政策、立法、法规等）可能造成的环境影响，包括环境污染和生态破坏，也包括对环境的有利影响进行分析、论证的全过程，并在此基础上提出采取的防治措施和对策。

狭义指对拟议中的建设项目在兴建前即可行性研究阶段，对其选址、设计、施工等过程，特别是运营和生产阶段可能带来的环境影响进行预测和分析，提出相应的防治措施，为项目选址、设计及建成投产后的环境管理提供科学依据。

### （二）简述

环境影响评价是建立在环境监测技术、污染物扩散规律、环境质量对人体健康影响、自然界自净能力等基础上发展而来的一门科学技术，其功能包括判断功能、预测功能、选择功能和导向功能。

《我国环境影响评价法》规定：环境影响评价，是指对规划和建设项目实施后可能造成的环境影响进行分析、预测和评估，提出预防或者减轻不良环境影响的对策和措施，进行跟踪监测的方法与制度。法律强制规定环境影响评价为指导人们开发活动的必须行为，成为环境影响评价制度，是贯彻“预防为主”环境保护方针的重要手段。

环境影响评价按时间顺序分为环境现状评价、环境影响预测与评价及环境影响后评价；按评价对象分为规划和建设项目环境影响评价；按环境要素分为大气、地面水、地下水、土壤、声、固体废物和生态环境影响评价等。

环境影响评价的基本内容包括：建设方案的具体内容，建设地点的环境本底状况，项目建成实施后可能对环境产生的影响和损害，防止这些影响和损害的对策措施及其经济技术论证。

### （三）常用术语

1.环境要素：环境要素也称作环境基质，是构成人类环境整体的各个独立的、性质不同的而又服从整体演化规律的基本物质组分。通常是指自然环境要素，包括大气、水、生物、岩石、土壤以及声、光、放射性、电磁辐射等。环境要素组成环境的结构单元，环境结构单元组成环境整体或称为环境系统。

2.环境遥感：用遥感技术对人类生活和生产环境以及环境各要素的现状、动态变化发展趋势，进行研究的各种技术和方法的总称。具体地说，是利用光学的、电子学的仪器从高空（或远距离）接收所测物体的反射或辐射电磁波信息。经过加工处理成为能识别的图像或能用计算机处理的信息，以揭示环境如大气、陆地、海洋等的形状、种类、性质及其变化规律。

3.环境灾害：由于人类活动引起环境恶化所导致的灾害，是除自然变异因素外的另一重要致灾原因。其中气象水文灾害包括：洪涝、酸雨、干旱、霜冻、雪灾、沙尘暴、风暴潮、海水入侵。地质地貌灾害包括地震、崩塌、雪崩、滑坡、泥石流、地下水漏斗、地面沉降。

4.环境区划：环境区划分为环境要素区划、环境状态与功能区划、综合环境区划等。

5.环境背景值：环境中的水、土壤、大气、生物等要素，在其自身的形成与发展过程中，还没有受到外来污染影响下形成的化学元素组分的正常含量，又称环境本底值。

6.环境自净：进入到环境中的污染物，随着时间的变化不断降解和消除的现象。

7.水源地保护：为保证饮用水质量对水源区实施的法律与技术措施。

8.水质布点采样：为了反映水环境质量而确定监测采样点位，采集水样的全过程。

9.水质监测：采用物理、化学和生物学的分析技术，对地表水、地下水、工业和生活污水、饮用水等水质进行分析测定的分析过程。

10.水质模型：天然水体质量变化规律描述或预测的数学模型。

11.生态影响评价：通过定量地揭示与预测人类活动对生态的影响及其对人类健康与经济发展的作用分析，来确定一个地区的生态负荷或环境容量。

12.生物多样性：一定空间范围内各种各样有机体的变异性及其有规律地结合在一起的各种生态复合体总称。包括基因、物种和生态系统多样性三个层次。

13.生物监测：利用生物个体、种群或群落对环境质量及其变化所产生的反应和影响来阐明环境污染的性质、程度和范围，从生物学角度评价环境质量的性质、程度和范围，从生物学角度评价环境质量的过程。

14.生态监测：是观测与评价生态系统的自然变化及对人为变化所做出的反应，是对各类生态系统结构和功能的时空格局变量的测定。

15.背景噪声。除研究对象以外所有噪声的总称。

16.大气污染：由于人类活动或自然过程引起某种物质进入大气或由它转化而成的二次污染达到一定浓度和持续时间，足以对人体健康、动植物、材料、生态或环境要素产生不良影响或效应的现象。

17.大气样品采样：采集大气中污染物的样品或受污染空气的样品，以获得大气污染的基本数据。

18.大气质量评价：根据人们对大气质量的具体要求，按照一定的环境标准、评价标准和采用某种评价方法对大气质量进行定性或定量评估。

**（四）环境影响评价的制度与法规**

1.环评制度

环境影响评价是《中华人民共和国环境保护法》律制度中的一项重要制度。所谓环境影响评价是对可能影响环境的工程建设和开发活动，预先进行调查、预测和评价，提出环境影响及防治方案的报告，经主管部门批准后才能进行建设的法律制度。

凡领域内设对环境有影响的建设项目都需要进行环境影响评价。环境影响评价不是一般的预测评价，它要求可能对环境有影响的建设开发者，必须事先通过调查、预测和评价，对项目的选址、对周围环境产生的影响以及应采取的防范措施等提出建设项目环境影响报告书，经过审查批准后，才能进行开发和建设。在我国的环境保护法和各种污染防治的单行法中，它是一项决定建设项目能否进行的具有强制性的法律制度。例如，环境保护法规定，建设污染环境的项目，必须遵守国家有关建设项目环境保护管理的规定。建设项目的环境影响报告书，必须对建设项目产生的污染和对环境的影响作出评价，规定防治措施，经项目主管部门预审并依照规定的程序报环境保护行政主管部门批准。环境影响报告书经批准后，计划部门方可批准建设项目设计任务书。

2.环评法规

根据《中华人民共和国环境保护法》和有关行政法规的规定，建设项目对环境可能造成重大影响的，应当编制环境影响报告书，对建设项目产生的污染和对环境的影响进行全面、详细的评价。具体建设项目大体上包括：一切对自然环境产生影响或排放污染物对周围环境产生影响的大中型工业建设项目；一切对自然环境和生态平衡产生影响的大中型水利枢纽、矿山、港口、铁路、公路建设项目；大面积开垦荒地和采伐森林的基本建设项目；对珍稀野生动植物资源的生存和发展产生严重影响，甚至造成灭绝的大中型建设项目；对各种生态类型的自然保护区和有重要科学价值的特殊地质、地貌地区产生严重影响的建设项目等。建设项目对环境可能造成轻度影响的，应当编制环境影响报告表，对建设项目产生的污染和对环境的影响进行分析或者专项评价；建设项目对环境影响很小的，也需要填报环境影响登记表。

### （五）环境评价审批

1.审批程序

环境影响评价的审批程序大体上是：首先由建设单位或主管部门通过签订合同委托具有相应资格证书的评价单位进行调查和评价工作；评价单位通过调查和评价制作环境影响报告书，评价工作要在项目的可行性研究阶段完成，建设单位在建设项目可行性研究阶段报批，但铁路、交通等建设项目经有审批权的环境保护行政主管部门同意，可以在初步设计完成前报批；建设项目的主管部门负责对建设项目的环境影响报告书（表）进行预审；建设项目环境影响报告书由有审批权的环境保护行政主管部门审查批准。

2.审批权限

建设项目环境影响报告书的审批权限是：核设施、绝密工程等特殊性质的建设项目，跨省级区域的建设项目和国务院审批的或者国务院授权有关部门审批的建设项目由国家环境保护总局审批。其他建设项目环境影响报告书的审批权限由省级人民政府规定。对环境问题有争议的项目，提交上一级环保部门审批。环境保护行政主管部门应当自收到环境影响报告书之日起60日内、收到环境影响报告表之日起30日内、收到环境影响登记表之日起15日内，分别做出审批决定并书面通知建设单位。

3.审批意义

环境影响评价制度的推行，收到了明显效果。

（1）环境影响评价制度和“三同时”制度，是我国贯彻“预防为主”的方针，控制新污染的两项主要制度。环境影响评价制度特别在保证建设项目选址的合理性上起了突出作用。因为，评价结果证明虽然投资效果好，但由于布局不合理，严重污染环境，破坏生态平衡，而影响长远发展的项目，就不能同意建设，必须另选地址。环境影响评价制度还可以对开发建设项目提出防治污染的措施，控制新污染。

（2）实施环境影响评价制度的步骤和程序都贯穿在基本建设各个阶段，使计划管理、经济管理、建设管理都包含环境保护的内容，从而把建设项目环境管理纳入国民经济计划轨道，在发展经济的同时保护好环境，促进经济建设和环境保护的协调发展。

（3）进行环境影响评价可以调动社会各方面保护环境的积极性，集思广益，群策群力；如，科研院所和高等院校，由于具备较齐全的实验测试条件，容易保证评价的科学性；工程设计单位由于熟悉国内外该类工程项目的发展水平和发展趋势，能有针对性地提出综合治理对策，做到技术、经济上的可行、合理；而管理单位则熟悉各种法规，就便于组织协调和监督。

### （六）环境影响评价的积极作用

1.环境影响评价制度是对传统的经济发展方式的重大改革。在传统的经济发展中，往往考虑直接的、眼前的经济效益，没有或很少考虑环境效益，有时甚至为获取局部的暂时的效益，以牺牲资源和环境为代价。结果就不可避免地造成环境污染和破坏，导致经济发展与环境保护的尖锐对立。实行环境影响评价制度，能有效地改变这种状况。进行环境影响评价的过程，是认识生态环境与人类经济活动相互依赖和相互制约关系的过程，认识的提高和深化，有助于经济效益与环境效益的统一，实现经济与环境的协调发展。

2.环境影响评价为制定区域经济发展规划提供科学依据。在传统的发展中，一个地区，一个城市由于缺乏社会的、经济的、特别是环境的综合分析评价，盲目性很大，往往造成畸形发展，出现资源和环境的严重破坏和污染。通过环境影响评价，掌握区域的环境特征和环境容量，在此基础上制定的社会经济发展规划才能符合客观规律并切实可行。

3.环境影响评价是为建设项目制定可行的环境保护对策、按行科学管理的依据。通过环境影响评价，可以获得应将建设项目的污染和破坏限制在什么范围和程度才能符合环境标准要求的信息和资料，据此，提出既符合环境效益又符合经济效益的环境保护对策，并在项目设计中体现。使建设项目的环保措施和设施建立在较科学可靠的基础上，同时也为环境管理提供了依据。

总之，环境影响评价制度是正确认识经济、社会和环境之间关系的重要手段，是正确处理经济发展与环境保护关系的积极施措，推行这一制度，对经济建设和环境保护都有着重大意义。

## 二、大数据对环境影响评价的意义

### （一）环境影响评价数据提取与集成

在获得环境影响评价数据的过程中，主要是建立在环境保护的相关法律法规以及环境现状数据等基础智商的，并且在当前的数据类型中变得越发多样化，相应的数据结构也更加复杂，很多情况下还会出现半结构化数据，体现广泛异构的特征。所以在当前的工作中，需要进一步对相关的数据进行应用，并且加以进一步的建设，这样才能为环境影响评价提供有效的信息，解决实际工作中存在的问题。

在进行数据提取的过程中，一般都是从专业人员的角度出发，并取决于专业技术人员的知识结构、专业水平和技术经验。在面对日益复杂的环境影响评价数据体系时，这种方式的工作难度大大增加，不仅影响评价的效率与质量，也给评价工作引入了不确定性因素。

由于环境影响评价基础数据符合大数据特性，对环境影响评价数据的提取和集成时，首先需要对数据进行“降噪”“清洗”和集成存储，以保证数据质量及可信度。针对环境影响评价数据特征建立专门的数据存储系统是提取和集成评价工作所需数据的基础。环境影响评价数据广泛异构的特征使传统的关系数据库已经不能适应环境影响评价数据存储和管理的需求。目前，可扩展的分布式文件系统的实现，为大数据时代环境影响评价数据提取和集成提供了一种方法和模式。

### （二）环境影响评价数据分析

环境影响评价数据分析是整个评价工作流程的核心，其技术体系包括环境问题识别技术、环境现状调查技术、环境影响预测技术、环境影响控制技术、利益协调技术等。经过30多年的发展，环境影响评价数据的分析技术已经相对完善，形成了一整套行之有效的分析体系。但是随着大数据时代的到来，环境自动监测网络、3D扫描、3D打印等新技术的快速发展，环境影响评价工作上游的数据形式将发生巨大变化；环境影响评价的对象也将从目前通过文字、图片描述和数字概化的现实逐渐向虚拟现实、全息显示、“智慧地球”等方向发展，评价概化的环境越加接近真实世界。这将给传统环境影响分析技术带来巨大的冲击和挑战。

### （三）环境影响评价结果解释

环境影响评价结果解释是整个评价过程的最后环节，在评价工作中至关重要。若数据分析的结果不能得到恰当的显示，则会对环境管理者产生困扰，甚至会误导环境管理者的决策。大数据时代的环境影响评价结果往往也是海量的，并且结果之间存在的关联关系极其复杂，以文本的形式对评价结果进行的传统解释方式将不能满足大数据技术支持的环境影响评价要求。

环境影响评价结果归结起来无非是环境污染物迁移、扩散的时空轨迹，以及对环境污染物迁移、扩散提出的一系列预防和控制措施。目前，环境影响评价解释方式主要以图、表、文本等形式，最终在环境影响评价报告中实现。通常一个环境影响评价报告书有上百页、数万字的文本篇幅，这不仅增加了对评价结果的理解难度，也大大影响了环境管理者的决策效率。研究认为，人类从外界获得的信息有80%以上来自于视觉系统，当大数据时代的环境影响评价结果以直观的可视化的如3D模型、全息显示影像等形式展示在评估与决策者面前时，他们往往能够一眼洞悉评价结果隐藏的信息并转化知识智慧和决策能力。

## 三、建立环境影响评价大数据平台

建立以环境影响评价为核心的全省环境影响评价大数据平台，将环境影响评价作为全省各级各地开展建设项目管理、环境污染防治、生态红线管理的基本依据，在统一的污染源和环境质量数据库的基础上，充分挖掘云南省生态环境大数据共享平台的社会、经济、地理、气象、水文等数据资源，通过环境影响评价模型的综合分析，理清不同区域和行业的污染物排放与环境质量变化之间的相互关联，推动监管所有污染物排放的环境保护管理制度的建立和落实，破解我国污染源分段管理的制度衔接与协调不足的矛盾；促进核心业务应用系统功能及性能的优化、互动、耦合、一体化。

## 第二节　环境监察执法大数据应用

### 一、环境监察执法概述

#### （一）定义

环境监察是一种具体的、直接的、微观的环境保护执法行为，是环境保护行政部门实施统一监督、强化执法的主要途径之一，是我国社会主义市场经济条件下实施环境监督管理的重要举措。环境监察要突出“现场”和“处理”这两个概念，即环境监察是在环境现场进行的执法活动，环境监察不是“环境管理”而是“日常、现场、监督、处理”。

#### （二）基本任务

环境监察的主要任务，是在各级人民政府环境保护部门领导下，依法对辖区内污染源排放污染物情况和对海洋及生态破坏事件实施现场监督、检查，并参与处理。

环境监察的核心是日常监督执法。环境监察受环境保护行政主管部门领导，在环境行政主管部门所管辖的辖区内进行，通常情况下同级之间不能够直接越区执法。

### 二、环境监察执法大数据应用

#### （一）水质指纹为污染留证

由我国与东盟环境保护合作中心和清华大学等单位联合研发的三维荧光指纹技术利用低浓度下，荧光强度与分析物质含量线性正相关的特点来测量荧光化合物的浓度。每种荧光化合物受到特定波长的激发光照射后，会诱导发出荧光。化合物荧光的激发和发射波长以及荧光曲线的形状是独一无二的，可以用来作为身份识别的可靠依据，同时荧光曲线的峰强度可以确定化合物的浓度。荧光强度以等高线的方式表现在激发发射波长的平面上，能直观地提供任何激发光发射波长所对应的荧光强度信息。由于三维荧光光谱与水样具备唯一对应的特点，就像人类的指纹一样。因此，水样的三维荧光光谱又被称为“水质指纹”。

根据三维荧光指纹技术研发的水污染预警溯源仪可以有效判断污染类型，并根据设定的预警阈值进行自动报警，同时可自动保留污染水纹，作为污染源查证的证据与鉴定的依据。

目前三维荧光水质指纹技术已成功应用于跨界水环境责任界定技术研究，饮用水水源地、地表水体重要控制断面水质监测预警，工业园区污染源管理，排查偷排漏排污染源、社会环境监测机构监管、海洋溢油来源解析等领域。

### （二）环保+大数据

在环境监管领域，特别是大气环境监管领域如何利用大数据技术？IBM我国研究院尹文君博士在环境监察工作创新研讨座谈会上介绍，IBM现在已转型成为大数据公司，在我国拥有4km×4km未来15天的气象数据。众所周知，在没有云、雾、霾遮挡的条件下，卫星遥感能监测到很多数据，而在重污染天气，卫星数据往往会受到较大限制。我们将气象数据引进来，能在一定程度上消除霾的影响，比较精准地预测重污染天气。同时我们开发了多卫星融合技术，最多时候用到17颗卫星，把这些卫星放到一起，分辨率会大大提高。

接下来将进一步提升网格的评估体系，一方面，考虑浓度变化高值区域的评估，基于人工智能网络进行筛选，重点检查小散乱或违规企业。逐步把更多的污染源数据收集起来，真正实现天、地立体的大数据整合体系，从而为国家层面、区域层面的污染防治和环境监管提供支持。另一方面，结合垂直管理思路，从城市级别往下到更清晰的网格化，现在我国已有很多地方实行城市网格化管理，这是一个好契机，希望能借此找到更好的办法支撑我国的环境监察执法工作。

### （三）移动设备绘制污染地图

这个技术的主要目标很简单，就是用低成本方式实现更精细化的监测。美国环保协会秦虎博士在环境监察工作创新研讨座谈会上介绍“利用谷歌街景车绘制污染地图与识别污染源”的技术时表示，通过实验车和谷歌车搭载不同的监测设备，实现风速风向、污染物浓度、地理位置三类数据的采集。在进行数据采集时，需要对参数进行设计，比如采集地点选择、车速设计等。由于不确定因素及技术限制，一般会安排了；两次以上的采样。根据实验测算，只跑一次样，漏采的几率可能实现20%以上，而跑三次以上的漏采率会降低到6%。街景车跑完以后可以形成可视化地图，识别出污染物不同浓度分布，从而可以判定污染设施排放情况。

对于污染排放量的计算，主要基于控制实验，设定人为排放源和排放浓度。计算结果大多是定义区间值，分为低泄漏、中泄露、高泄露等。当然，把这个直接作为执法依据还不够精准，但对于及时发现问题、调整执法理念有较大帮助。过去环保执法都是执法人员亲自去现场获取数据，现在要转变为企业安装设备，对监测数据进行报告，实现自我监管。

谷歌街景车采集的数据可用来做污染源识别，并对污染源进行控制；如果采集的是环境方面的信息，可以做一些健康方面的分析，如不同地区、居民小区面临的空气污染影响；不同出行路径的空气质量数据，从而为公众提供健康出行的最佳路线参考；同时可以帮助城市做空间规划，辅助进行社会宣传方面的工作。

## 第三节　环境监测大数据应用

### 一、生态环境监测概述

#### （一）定义

生态环境监测是指利用物理、化学、生化、生态学等技术手段，对生态环境中的各个要素、生物与环境之间的相互关系、生态系统结构和功能进行监控和测试。对人类活动影响下自然环境变化的监测，通过不断监视自然和人工生态系统及生物圈其他组成部分（外部大气圈、地下水等）的状况，确定改变的方向和速度，并查明多种形式的人类活动在这种改变中所起的作用。

#### （二）基本任务

对区域内珍贵的生态类型包括珍稀物种存人类活动影响下生态问题的发生面积及数量变化进行动态监测。对人类生产活动对生态系统的组成、结构和功能影响变化进行监测。目前排入大气、水甚至食物中的化学污染物不断威胁着人类的健康。尽管食物和水中的污染物含量很低。但由于生物及生物链传递的蓄积特性使其对人类健康具有潜在危害。

对人类活动时社会生态系统的恢复活动进行监测。世界上很多生态环境已受到人类活动的严重破坏。这些生境地的恢复同样也需要人类的介入。利用恢复生态学的原理可以使这些受害生态系统基本恢复或改善生态系统的状态，使其能被持续利用。

对监测数据进行处理分析。深入研究主要类型生态系统的结构、功能、动态和可持续利用的途径和方法，对生态环境质量的变化进行预测和预警。为地区和国家关于资源、环境方面的重大决策提供科学依据。

#### （三）特点

生态环境监测不同于环境质量监测，生态学的理论及检测技术决定了它具有以下几个特点：

1.综合性

生态环境监测是对个体生态、群落生态及相关的环境因素进行监测。涉及农、林、牧、副、渔、工等各个生产领域，监测手段涉及生物、地理、环境、生态、物理、化学、计算机等诸多学科，是多学科交叉的综合性监测技术。

2.长期性

由于许多自然和人为活动对生态系统的影响都是一个复杂而长期的过程，只有通过长期的监测和多学科综合研究，才能揭示生态系统变化的过程、趋势及后果，从而为解决这些变化造成的各种问题地提供有效途径。

3.复杂性

生态系统是一个具有复杂结构和功能的系统，系统内部具有负反馈的自我调节机制，对外界干扰具有一定的调节能力和时滞性。人为活动与自然干扰都会对生态系统产生影响，这两种影响常常很难准确区分，这给监测及数据解释带来了较大难度。

4.分散性

生态环境监测平台或生态环境监测站的设置相隔较远，监测网络的分散性很大。同时由于生态过程的缓慢性，生态环境监测的时间跨度也很大，所以通常采取周期性的间断监测。

5.具有独特的时空尺度

根据生态环境监测的监测对象和内容。生态环境监测可分为宏观生态环境监测和微观生态环境监测。任何一个生态环境监测都应从这两个尺度上进行。即宏观监测以微观监测为基础，微观监测以宏观监测为主导。生态环境监测的宏观、微观尺度不能相互替代，二者相互补充才能真正反映生态系统在人为影响下的生物学反应。

**（四）生态环境监测技术分类**

1.地面监测

地面监测是传统采用的技术。系统的地面测量（SGS）可以提供最详细的情况。采样线的走向一般总是顺着现存的地貌，如公路、小径、铁路线及家畜行走的小道。记录点放在这些地貌相对不受干扰一侧的生境点上。地面监测技术目前仍是非常重要的，因为其结果可以提供洋细情况。许多生态结构与功能的变化只能通过在野外进行监测。地面监测能验证并提高遥感数据的精确性并有助于对数据的解释。尽管遥感技术能提供有关土地覆盖和土地利用情况变化以及一些地表特征（如温度、化学组成）等综合性信息。但这些信息需要通过更细致的地面监测来进行补充。

2.航空监测

空中测量是当前三种监测技术中最经济有效的一种。航空监测首先用坐标网覆盖研究区域。典型的坐标是10km × 10km。飞行时，这个坐标用于系统地记录位置，以及发送分析获得的数据。坐标画在比例为1：250000的地图上或地球资源卫星的图像上。

3.卫星监测

利用地球资源卫星监测天气、农作物生长状况、森林病虫害、空气和地表水的污染情况等已经普及。卫星监测最大的优点是覆盖面宽，可以获得人工难以掌握的高山、丛林资料。由于目前资料来源增加，费用相对降低。这种监测对地面细微变化难以了解，因此地面监测、空中监测和卫星监测相互配合才能获得完整的资料。

## 二、生态环境监测大数据平台

建立全省各级环境保护、国土资源、住房城乡建设、交通运输、农业、林业、水利、卫生计生、气象等部门获取的环境质量、污染源、水资源、水土流失、农村饮用水源、地下水、农业生产环境等生态环境监测数据有效集成、互联共享机制，建设全省生态环境监测数据中心，构建生态环境监测大数据平台，加强生态环境监测数据资源开发与应用，开展大数据关联分析，统一、及时、准确发布全省环境质量、重点污染源及生态状况监测信息，加强全省空气质量预报预警分析能力。依靠科技创新与技术进步，建设涵盖大气、水、辐射等要素，布局合理、功能完善的生态环境质量监控网络预警体系。通过充分调查和研究云南省大气、水体的质量现状及发展趋势，强化云南省环境质量自动监测数据的准确性与实时性，并在已有的监测机制上，面向水、气环境监控对象，优化扩展监测点位。通过部署精确定量的自动监测、部署更具创新意义的快速检测设备，如小型设备和移动设备，形成以云南省重点区域为试点范围的网格化环境监控物联网，获取实时环境质量数据与时空变化趋势。

（1）水环境感知监控工程

以水质自动监测站实时准确定量监测为主，利用智能传感器等快速检测设备对水质断面的趋势变化特征等进行定性分析为辅，同时利用船载移动监测设备、移动监测车、实验室监测分析作为补充，优化现有水环境监控网络分布点位，并有计划地拓展扩充新的监控点位，优化水质自动监测网络，部署覆盖云南省主要湖库和试点河流断面、饮用水源保护区、农业灌溉水体、流动性景观水体、重要城市排水通道、主要内河涌及跨界断面、重点区域地下水体的水环境感知监控设备。

（2）大气环境感知监控工程

以大气自动监测站实时准确定量监测为主；以PM2.5、VOC及臭氧、重金属监测云网络作为空气质量辅助监测设备，配合城市现有的环境监测站点，增加公交车布点、工业点源布点、工地布点方式，弥补自动监测站点位不足、分布零散的缺陷；同时以空气质量移动监测车、实验室监测做补充；建设灰霾超级站，并布设PM2.5重金属元素在线分析仪，利用卫星遥感、红外热成像、激光雷达、无人机航拍等手段，部署覆盖全市所有镇街中心区、重要工业园区和集中区、生态屏障区、城市上下风向区、交通干道、大气污染扩散通道、建筑工地等区域大气感知监控设备。构建立体监测网明确区域污染程度、区域污染特征、区域污染来源，通过数据分析获得大气质量的空间趋势变化特征。旨在建立全面感知的大气环境监控网络。

## 第四节　污染源监管大数据应用

### 一、污染源监管概述

#### （一）定义

污染源监管是指对污染物排放出口的排污监测，固体废物的产生、贮存、处置、利用排放点监测，防治污染设施运行效果监测，“三同时”项目竣工验收监测，现有污染源治理项目（含限期治理项目）竣工验收监测，排污许可证执行情况监测，污染事故应急监测等。凡从事污染源监管的单位，必须通过国家环境保护总局或省级环境保护局组织的资质认证，认证合格后可开展污染源监管工作，资质认证办法另行制定。污染源监管必须统一执行国家环境保护总局颁布的《污染源监管技术规范》。污染源监管是一种环境监测内容，主要采用环境监测手段确定污染物的排放来源、排放浓度、污染物种类等，为控制污染源排放和环境影响评价提供依据，同时也是解决污染纠纷的主要依据。

#### （二）污染源分类

污染源的种类有很多，一般来说有代表性的是空气污染源和水污染源。

1.空气污染源

空气污染源包括固定污染源和流动污染源。固定污染源又分为有组织排放源和无组织排放源。有组织排放源指烟道、烟囱及排气筒等。无组织排放源指设在露天环境中的无组织排放设施或无组织排放的车间、工棚等。它们排放的废气中既含有固态的烟尘和粉尘，又含有气态和气溶胶态的多种有害物质。流动污染源指汽车、火车、飞机、轮船等交通运输工具排放的废气，含有一氧化碳、氮氧化物、碳氢化物、烟尘等。

2.水污染源

水污染源包括工业废水、生活污水、医院污水等。在制订监测方案时，首先要进行调查研究，收集有关资料，查明用水情况、废（污）水的类型、主要污染物及排污去向和排放量，车间、工厂或地区的排污口数量及位置，废（污）水处理情况，是否排入江、河、湖、海，流经区域是否有渗坑等。然后进行综合分析，确定监测项目、采样点、采样时间和频率，选择采样方法和监测方法，制定质量保证程序、措施和实施计划等。

## 二、污染源监管大数据应用

### （一）建设目标

通过污染源监管大数据应用平台建设，利用大数据技术对云南省污染源监管数据及相关数据进行统一采集、存储、管理，进而将污染源监管工作中看似相互之间毫无关联的信息、碎片化的监察和监测信息、反映问题某个方面表面现象的监管信息进行关联分析，从中发现趋势、找准问题、把握规律。

1.形成污染源监管大数据的数据体系

通过应用国际先进的Flume、Sqoop技术，打造海量污染源监管大数据采集平台，进行内外部数据整合，社会、企业、媒体数据抓取，形成广样本、多结构、大规模、实时性的污染源监管大数据体系，使得数据的特征关联和创新应用成为可能，形成“一个平台管理数据，各个部门、机构使用数据”的分工协作采集机制，对一个监管对象不重复采集数据，建立协调数据采集内容的工作机制。通过集中数据管理，提高部内数据的整合程度，提高环保工作效率。

2.以大数据为核心构建污染源监管新业态

按照环保部发布的《环境信息化建设项目管理办法》的要求，切实整合现有的环境信息系统，做好信息化和大数据相关规范和标准的建设。通过搭建污染源监管大数据管理平台，实现污染源监管大数据存储、管理、共享应用，形成促进数据共享、开放的体制机制。利用大数据支撑系统、机器学习算法系统成为“不下班”的数据保障系统，用数据打通排污许可、环境影响评价、污染物排放标准、总量控制、排污收费等各管理环节，用数据支撑业务，用数据整合管理，形成以污染源监管大数据为核心的污染源监管新业态。

3.打造促进环境管理科学决策的新动力

环境信息资源开发利用程度是衡量环境信息化水平的一个重要标志，信息资源开发利用对环境管理具有重要作用，是环保部门有效管理、科学决策和为民服务的基础。本项目通过搭建污染源监管大数据分析应用平台，应用大数据加速推动污染源监管资源的开发利用，筛选出云南省高危企业，提高环境形势分析能力，实现环境管理部门“用数据说话、用数据管理、用数据决策”，推动环境管理创新，加速环境中各类问题的有效解决，提高环境管理决策水平，促进环境管理和科学决策。

4.构建提高污染源监管能力的现代化新途径

建设云南省污染源监管大数据应用平台，通过对环保大数据进行分析，揭示数据之间的关联关系，发现现象背后的规律，提高污染源监管的精准性和有效性，从而变革环境治理、管理的思考方式，将成为提高污染源监管能力现代化的一个有效的手段。因此，将大数据引入环境治理，是管理现代化的必然要求，也是提高污染源监管能力现代化的新途径。

**（二）建设方案**

1.污染源监管大数据采集

实现污染源监管大数据应用的基础是实现污染源数据的收集获取，全面收集内外部污染源数据资源，整合、共享、联动、开发数据，努力实现全数据采集管理。

（1）数据源分析

污染源监管大数据应用平台采集的数据源主要包括两部分内容，环境管理过程中产生的直接污染源管理数据，公众、其他社会机构社会活动过程中产生的间接、关联的与与污染源相关的数据。

因此，污染源监管大数据采集将与环保部门现有环保业务系统进行整合，抓取污染源监管数据；将建立与环境管理部门外部信息系统的交换、共享机制，抓取整合其他社会机构产生的污染源潜在关系数据；应用爬虫等技术，抓取互联网、媒体网站上等社会公众交互产生的可能与污染源相关的数据，如投诉建议、环境问题论坛等等。

通过这两种来源汇集成的数据，又可细分为以下四种类型。

①污染源业务数据

污染源业务数据是指环保部门各个业务科室进行日常环境业务办理过程产生的数据资源，如执法数据、排污申报收费数据、排污许可数据、项目审批数据、环评数据、污染源监测监控数据、企业信用评价数据、危废管理数据、辐射业务数据等等。

②日志数据

日志数据是指用户应用污染源管理业务系统，系统记录用户及公众环境行为产生的数据资源，包括环境业务系统登陆次数，各个功能模块停留时间、访问频率，系统每天响应耗时时长，系统报错次数、报错类型，各种报错类型占比和报错界面频率等。

③互联网数据

公众应用互联网、媒体产生记录的环境行为数据，包括微博中环境投诉、建议数据，微信平台中相关环境行为数据，论坛中环境问题论坛数据和其他网站、APP中环境行为数据等。

④外部数据

环境业务与其他机构、行业业务也存在的关联关系，如企业信用评价中，涉及环境信用评价，环境管理部门对企业进行环境信用评价后，将评价结果数据共享银行，提供银行贷款管理方面的评估依据等；如环保部门需要对河流、水库进行环境质量预测分析，则需要水文数据支持，因此，大数据资源采集平台中需要考虑外部相关数据，包括经济公报、电网数据、水文数据、气象数据、遥感数据、国土数据、交通数据、银行数据。

（2）现有污染源数据采集整合

污染源监管大数据应用平台需要融合政务信息资源、城市信息资源、产业信息资源以及社会媒体信息资源等，为环境管理业务服务提供信息资源支持，同时还为各个政府门和企业单位、公众提供可共享的数据。

针对海量数据源产生的原始数据，结合大数据采集、集成技术、Hadoop数据收集与入库系统Flume与Sqoop等，实现各类型海量环境大数据的采集、交换入库。

①社会信用代码数据对接

社会信用代码库中污染源企业基本信息丰富且全面，通过Web service建设与社会信用代码库接口，接入社会代码库污染源基本信息。社会信用代码作为大数据资源库中污染源的唯一身份标识来使用。

②污染源业务数据采集

现有污染源业务数据源按照存储方式，可以分为结构化数据、半结构化数据，以及非结构化数据，针对不同类型环境业务数据应用不同的采集方法进行集成入库。

③日志数据采集

对于污染源监管业务系统登陆次数、系统报错情况等系统行为数据，一般会记录到Tomcat等Web容器中；部署到Windows上系统可以模拟Linux系统中的Tail命令，Linux上系统直接使用Tail即可，使用该命令实时的监控Tomcat等Web容器产生的日志文件，并使用Flume对实时的数据进行采集，如果是多个系统的多个日志文件，使用Kafka建立多个Topic，各个业务系统的日志分别流入到自己的Topic中，在平台上进行消费存储；

对于业务相关的行为数据和用户行为数据可以通过Log4j集成Flume，在系统产生日志的时候直接将数据打到Flume中，并采集到大数据平台上。

④互联网数据采集

互联网数据主要使用爬虫工具获取数据，目前市场上已有很多成熟的爬虫软件，爬虫的基本过程如下：

A.配置需要爬取的站点地址以及爬取的关键字规则，例如环保配置我国环保网，关键字配置为污染、环保等。

B.运行爬虫程序，如果爬取的站点和关键字比较多，可以采用多线程多队列的方式构成分布式的爬取方式，在真正的爬取解析之前还需要对爬取的URL进行去重，这样可以过一部分的重复数据。

C.在爬取到网页后，爬虫程序会将网页的标题、来源以及网页主题内容等信息解析出来，并构成一条完整的结构化数据，进行存储。

⑤外部数据采集

A.协议共享

与其他政府部门建立数据协议共享机制，以共享协议方式，交换国土、水利、气象、银行等部门，采集与环境管理密切相关的气象、水文、交通、社会经济等数据，为大数据辅助决策分析提供扎实数据基础。

B.系统对接

预留大数据应用平台数据交换、共享接口，提供与外部系统对接入口，实现信息推送、共享。

2.污染源监管大数据管理

获取海量污染源监管大数据资源后，对数据的存储管理，通过建立污染源大数据综合服务库，将采集的海量数据汇聚进入到数据仓库、数据集市中，聚合原有分散的数据，分类存储管理和应用，并按照大数据管理标准及要求，进行集中管理与维护。

大数据信息资源存储中心是整个项目的数据基础，通过该平台将大数据采集系统采集、整合、清洗后的海量环境资源进行集中汇聚存储管理，规范统一数据组织、整合、存储、访问、交换及发布的标准，同时建立信息资源共享交换机制，实现跨部门数据的共享交换与服务，大幅度提升环境数据服务保障能力和应用水平。

（1）环保业务系统数据存储

环保业务系统数据主要是Sqoop工具导入到大数据平台上的，在导入的时候可以直接导入Hive数据仓库，前提是需要提前设计和创建好数据仓库相关的业务表，后续的操作跟日志数据基本相似。

（2）日志数据的存储

日志数据从Flume打到Hdfs上时形成结构化的数据，建立数据仓库的步骤如下：

①建立Hive数据仓库使用到的表，这里需要考虑分区等信息。

②ODS源数据层：这一层的数据一般是直接将hdfs上的数据加载到Hive的表中，Ods层的数据表会以“业务系统Ods”为前缀，便于区分。这里的表实际上只是一个外部分区表，只是对外部数据做了一个连接，并没有真正的移动数据；

③Middle中间层数据：这一层的数据需要Ods层的数据做一些清洗整理等操作，让数据变得更可用，数据的存储表前缀为“业务系统Middle”，这部分的数据不像ods那样只是单纯的外部表数据，这里需要建立完善的内部表并将清洗完毕的数据加载到表中；

④App层数据：App层的数据主要是对Middle的数据做了跟业务相关的查询和抽取的数据，这部分的数据是可以通过Sqoop工具导出到关系型数据，供web端调用做可视化操作的。数据的前缀可以为“业务系统App”，此类的数据一般量不是很大，在导出的时候基本上是可以达到实时的。

⑤源数据存储：这里的源数据是最原始的打入到平台的数据，这份数据由于后期可能需要做一些实时的查询，所以需要存储到Hbase数据库中，数据库的设计跟上面公文数据的设计基本相似。

（3）互联网数据存储

互联网数据在到达大数据平台时已经被转换成了结构化的数据，原始数据选择存储在Hbase中，Rowkey的设计可以使用倒叙域名+关键字类别+时间戳，列簇只需要一个即可，所有其他信息都以列的形式存储，由于互联网数据存在多个关键词，再加上标题等信息，存在多个索引条件，所以需要对这些关键词做索引，通过使用ES对每条数据的关键词、标题等简历索引，实现快速的索引，同时在HBase之上架构一层Phoenix接口，可以通过类Sql的API实现对HBase中的数据的通用访问，ES和Phoenix结合就可以实现通用快速的查询。

3.污染源监管大数据分析

（1）大数据分析支撑管理

①报表统计及多维分析

报表统计及多维分析提供即席查询、多维分析、汇总分析、仪表盘、平衡记分卡等功能，使不同层次的用户都能使用智能分析，它的功能包括以下几种。

A.即席查询

报表分析工具具备即席查询和分析功能，使得用户更轻松的从数据库中获取数据，满足业务人员自助的、零编程的查询需要。即席查询使界面更加简单易用，支持纯浏览器Web界面，不需要安装任何插件，使不同层次的用户都能使用智能分析。通过友好的纯浏览器Web界面轻松地拖拽数据项，最终用户自己可以快速地创建查询和报表。在不需要复杂培训的条件下，用户就能通过拖拽多个区域来创建出报表、图表和直观的分析。

B.多维分析功能

主要通过Olap操作对数据进行分析，能够向各种用户提供对于数据综合的、多角度、多层次、多指标地分析结果。支持多维数据组织方式，使用多维数组存储数据。多维数据在存储中将形成“立方块（Cube）”的结构，支持对数据“立方块”进行复杂等操作。

C.汇总分析功能

提供对各项汇总指标进行关联、同比、环比等分析：

②数据挖掘与建模

数据挖掘是通过分析每一条数据，进而从大量数据中寻找其规律的技术，主要有数据准备、规律寻找和规律表示3个步骤。数据准备是从相关的数据源中选取所需的数据并整合成用于数据挖掘的数据集，规律寻找是用某种方法将数据集所含的规律找出来，规律表示是尽可能以用户可理解的方式（如可视化）将找出的规律表示出来。

③文本分析引擎

文本分析引擎充分利用语义分析技术能够理解自然语言和分词，自动挖掘将非结构化文本转化为结构化关键元数据，并提供预测分析及关联分析能力，提供增强式的主题跟踪与分析，多维度展现热点的趋势，交互式的用户体验等。

④数据挖掘和分析方法

大数据只有通过分析才能获取很多智能的、深入的、有价值的信息。越来越多的应用涉及到大数据，而这些大数据的属性与特征，包括数量、速度、多样性等都是呈现了不断增长的复杂性，所以大数据的分析方法就显得尤为重要，可以说是数据资源是否具有价值的决定性因素。

大数据分析的理论核心就是数据挖掘，各种数据挖掘算法基于不同的数据类型和格式，一方面，可以更加科学地呈现数据本身具备的特点，正是因为这些公认的统计方法使得深入数据内部、挖掘价值成为可能。另一方面，也是基于这些数据挖掘算法才能更快速的处理大数据。

大数据分析的使用者有大数据分析专家，同时还有普通用户，二者对于大数据分析最基本的要求是可视化。可视化分析能够直观地呈现大数据特点，同时能够非常容易被使用者所接受。

大数据分析离不开数据质量和数据管理，高质量的数据和有效的数据管理，无论是在学术研究还是在商业应用领域，都能够保证分析结果的真实和有价值。

（2）环保执法大数据分析

采集历史的和云南省的监管执法数据，包括污染源企业类型、执法人员数据、表单数据、调查取证数据等，利用模型分析手段对云南省的执法情况、执法人员和污染源情况进行综合分析。主要包括执法实时动态分析、执法排名分析、执法频次分析、污染源分析、专项行动分析。

①执法实时动态分析

实现对监管执法实时动态的分析，系统提供按天、按周、按月、按年综合分析云南省监管执法的出动人次、检查家次、执法情况的地区排名情况、趋势变化情况等。

A.执法出动人次/检查家次地区排名分析：系统可分析当日云南省各个区县的出动人次和检查家次，系统以柱状图形式展示，同时在地图上可以动态热力图形式展示执法出动人次和检查家次的变化情况。

B.执法出动人次/检查家次变化趋势分析：系统可分析近7日的出动人次和检查家次的变化趋势情况，系统以折线图形式展示，同时在地图上可以动态热力图形式展示执法出动人次和检查家次的变化趋势情况。

②执法情况分析

实现对执法情况的全面分析，主要包括执法排名分析、执法趋势分析、经济关联分析和污染源与执法次数地区排名对比分析。

A.执法排名分析：全面分析执法出动人次、检查家次、执法笔录的区域排名情况，系统可分析执法出动人次排名前10名及环比变化情况和执法出动人次排名后10名及环比变化情况，系统以条形图进行展示。

B.执法趋势分析：系统提供按月度、按年度分析出执法出动人次/检查家次月度趋势统计，系统以折线图形式展示。

C.经济关联分析：提供按区域分析GDP与出动人次关联分析，分析不同经济水平下的区域执法出动情况，系统以点状图形式展示。

D.污染源与执法次数地区排名对比分析：提供污染源与执法次数地区排名对比分析，系统以面积图形式展示。

③执法频次排名分析

全面分析不同执法频次的执法人数、占比情况，实现污染源与执法频次地区分布及排名交叉分析，分析出那个行政区域工业污染源较多，但相对执法数量较少，应该加强检查力度；那个污染源数量较少但出动检查次数多，可以减少检查频次。

④特定行业污染源数量地区分布分析

采集云南省的污染源企业的行业情况，分析出云南省主要行业类型的企业的数量地区分布排名，分析出云南省特定污染源企业的分布特点。系统以柱状图形式展示不同地图的分布排名情况。

⑤违法问题排名分析

全面采集执法表单中的违法问题类型进行统计，分析出不同的违法问题的排名情况。常见的违法问题包括拒绝环保部门检查、在环保部门检查时弄虚作假、违反排污申报登记规定、未按规定缴纳排污费、违反建设项目环境影响评价制度等问题。

（3）环评大数据分析

基于大数据平台采集、存储的海量项目审批相关信息资源，包括该项目选址、地区分布、污染物增量情况等，建立关联分析模型分析出项目审批情况，为领导决策提供数据支撑。

①审批机关分析

采集不同行政区域的审批项目数、报告书审批数、报告表审批数、总投资情况、环保投资情况等数据分析出不同审批机关的审批工作量情况，比如云南省评审批机关在一季度批了多少个项目，项目总投资和环保投资金额，哪个区县审批项目数多（前五名），哪个区县批的报告书数量/分布在哪些区县（前三名）。

②行业分布分析

采集历史环评审批项目行业数据，分析出不同时间段的审批项目行业分布情况。系统提供按季度、按年度的审批项目行业情况，分析出每季度/每年度哪些行业项目数量最多，审批报告书数量最多的行业有哪些，审批报告表数量最多的行业有哪些。从而搜索出行业排名前十的项目，是环保投资提供数据支撑，为房地产和社会事业与服务业是建设热点提供基础数据。

③污染物增量分析

通过采集云南省审批项目的主要污染物因子数据（污染因子、污染浓度）、项目分布情况，分析出不同污染因子的同比、环比新增量情况。系统提供从区域角度统计主要污染物增量情况，从行业角度进行主要污染物排放量统计，包括水污染物的主要是哪些行业，气污染物的主要是哪些行业。

A.按时间分析污染物增量情况

通过大数据分析，分析不同时间段的不同污染物增量情况，包括化学需氧量新增量、氨氮新增量、二氧化硫新增量、烟尘新增量、氮氧化物新增量，通过新增量和之前污染物实际排放量情况进行对比，分析污染物的增量占比情况。

B.按区域分析污染物增量情况

通过大数据分析，按行政区域情况，分析各地市的不同污染物增量情况，包括化学需氧量新增量、氨氮新增量、二氧化硫新增量、烟尘新增量、氮氧化物新增量，通过新增量和之前污染物实际排放量情况进行对比，分析污染物的增量占比情况。

C.出具评估项目污染物增量分析报告

系统根据污染物增量分析的数据情况，系统可自动根据设置好的分析报告模板，出具评估项目污染物增量分析报告。

（4）重点行业项目分析

主要分析钢铁、水泥、造纸、化工、火电、铸造、电镀、平板玻璃、印染、制革、有色冶炼、焦化、氯碱、采矿等重点行业的建设项目的区域性，污染物增量情况，同比环比情况等。

（5）重要区域项目分析

利用大数据分析工具，分析每个区域（重点区域）的情况，包括面积、人数情况和技术评估项目分布情况。分析重要区域技术评估项目总数（报告书总数、报告表总数）、总投资情况、环保投资情况，主要涉及的行业类型情况，区域的主要污染物增量情况等。重要区域项目分析系统以柱状图、表格、饼状图形式展示分析结果。

（6）环评机构从业分析

环评机构从业分析主要包括环评机构数量分析、环评机构业务情况分析和环评机构市场份额情况分析。

A.环评机构数量分析

通过大数据分析，分析区域内、外埠环评机构分别有多少家，新增/减少可以看出业务的集中度趋势。

B.环评机构业务情况分析

分析排名前十的机构业绩数量情况，包括各环评机构做环评文件的项目数据、分布区域、占总数的比例；项目数小于5个的环评机构数量、占比情况等。

C.环评机构市场份额情况分析

分析每个环评机构市场份额情况，可以按地市级、区县级级别挖掘，找那些市场份额排名前十的环评机构，分析其市场份额主要在哪些区县、地市。进而可以让市局抽查这些机构做的环评报告书、报告表的质量，发现问题后可以对这些环评机构进行处罚。

4.危废转移大数据分析

危废转移大数据分析按照转移时间、危废年产规模、不同行业类型危废产生情况、危废种类、处置方式等类别分门别类统计分析危废产生情况、转移情况、处置情况。辅助管理人员了解全区概况，实现跨业务的综合分析、趋势分析、对比分析等，使领导和管理人员能全面掌握各类相关业务的统计数据。

（1）产废量综合分析

系统提供废物产生分析，主要提供近两年内云南省月度产生情况对比分析、总产生量对比分析、分析上一年度产生总量排名前十的危险废物种类、废物类别总量对比分析、云南省各区域废物产生量分布情况。

系统分析结果以折线图、环图、柱状图、饼状图、表格等形式展示出来。

（2）转移量综合分析

系统提供废物转移情况分析，主要提供近两年内云南省月度转移情况对比分析、转移总量对比分析、分析上一年度各区域联单份数分析、排名前十的危险废物转移情况分析、云南省各区域废物转移分布分析、焚烧处置转移情况、综合利用处置转移分析、填埋处置转移分析。

系统分析结果以折线图、环图、柱状图、饼状图、表格等形式展示出来。

（3）处置量综合分析

系统提供废物转移情况分析，主要提供近两年内云南省各区域经营单位处置量情况分析、次生危险废物产生量分析、各区域经营单位情况分析、处置情况对比分析等。

系统分析结果以折线图、环图、柱状图、饼状图、表格等形式展示出来。

（4）趋势分析

通过对各类信息的采集、分析和汇总，向领导层提供危废管理的“一本账”。包括贮存趋势、产废趋势、经营趋势等，分析方式包括按危废分析、按区域分析、按行业分析。

①贮存趋势分析

统计各个月份企业的危废贮存量，并绘制趋势图，直观展示企业的贮存量发展情况。

②产废趋势分析

统计各个月份企业的危废产生量，并绘制趋势图，直观展示企业的产生量发展情况。

③经营趋势分析

统计各个月份企业的危处置量，并绘制趋势图，直观展示企业的处置量发展情况。

（5）对比分析

对比分析通过产废分析、运输分析和经营分析等，实行核准能力与产废情况对比分析、核准能力与需焚烧危废数量对比、核准能力与需填埋危废数量对比、危废去向统计、实际处理汇总。

①核准能力与产废情况对比分析

系统统计企业的总产废量，并提取该单位经营许可证上的核准量，进行对比，分析核准能力与实际产废量的差距。统计结果以图表的形式进行展示。

②核准能力与需焚烧危废数量对比

系统统计企业的总焚烧危废数量，并提取该单位经营许可证上的核准量，进行对比，分析核准能力与实际焚烧处置量的差距。统计结果以图表的形式进行展示。

③核准能力与需填埋危废数量对比

系统统计企业的总填埋量，并提取该单位经营许可证上的核准量，进行对比，分析核准能力与实际填埋处置量的差距。统计结果以图表的形式进行展示。

④危废去向统计

按照废物转移去向的维度汇总统计危险废物各个去向的转移量、审批量、产生量，分析不同去向的废物量。

⑤实际处理汇总

汇总分析处置单位不同处置方式实际处置量。

5.污染源档案管理分析

全面汇总整理现有污染源数据，对污染源“一源一”档数据档案信息完整性进行分析。通过有效性分析，排查出污染源基本信息是否完整，是否存在联系人、地址等信息缺失情况，对于必须记录的数据而该企业基本信息记录不完整，系统将自动筛选出来改污染源名单，并显示缺失的属性信息；排查污染源业务信息是否完整，包括项目审批信息、排污许可证发放信息、排污申报收费信息、行政处罚信息、信访投诉信息等，对于某项业务信息缺失的，系统将自动筛选出来改污染源名单，并显示缺失的业务类型信息，提供环保部门全面了解整个系统数据产生情况，了解哪些数据没有需要补充采集的，便于日后进行大数据分析打好基础。同时提供环保部门判断分析该企业缺少的业务数据是否是监管不到位，是否该企业存在逃避环境监管的嫌疑，如无排污许可证信息，该企业是否无证排放，无排污收费数据，该企业是否存在偷排现象等等。

（1）基本信息饱和度分析

根据现有污染源基本信息的字段，统计污染源各字段的填写情况，并计算各污染源基本信息的填写饱和度，并给予污染源打上基本信息饱和度的标签值，其中主要包含三块：基本属性饱和度、管理属性饱和度、环境属性饱和度。

（2）业务数据融合质量分析

根据不同业务系统的数据进行融合后，采用值分析、统计分析、频次和直方图分析、相关性分析等方法，分析融合后表数据质量情况，即分析对象是表，变量为表字段，最后通过分析建模得出污染源业务数据质量情况。

（3）企业画像与分析

面向单个企业的行为（包括建设项目信息、排污申报情况、排污收费情况、违法行为、在线监控情况、危废转移情况）分析企业的特征，挖掘企业行为特征，为企业画像，评价企业的环境信用、风险。

# 第五节　环境应急大数据应用

## 一、环境应急大数据应用简介

环境应急大数据应用建设内容包括重污染天气应急管理大数据应用和12369环保举报业务管理大数据应用。重污染天气应急管理大数据应用年度建设内容主要包括重污染天气数据管理系统、重污染天气形势预判系统、重污染天气决策支持系统、现场督察移动终端系统、重污染天气应对评估系统、重污染天气案例管理系统；12369环保举报业务管理大数据应用年度建设内容主要包括12369环保举报业务管理云应用系统、12369环保举报数据管理云应用、12369环保举报大数重污染天气应急管理平台技术需求。

## 二、环境应急大数据应用建设的必要性

近年来，我国重污染天气频发，引起了各级政府、广大群众的强烈关注。目前云南省境内13个主要城市均制定并实施了城市重污染天气应急预案、过程预警和应急减排措施，但由于重污染过程形成时间短、累积速度快、污染程度高、成因来源复杂、特征多变化，并且随着气象条件的变化在区域内城市间传输，亟需基于区域大气污染联防联控的思路，加强科技支撑，实现“精准施策”，开展重污染天气应急应对工作。

我国重污染天气应急管理工作开展的时间较短，应急响应过程中还有很多工作需要完善，如对重污染过程来源与成因缺乏全面认识，缺乏对应急措施费效关系的科学分析，缺乏制定应急措施的基础数据，区域层面上没有形成科学有效的协作机制等。因此，难以为区域重污染天气应对的科学决策提供支撑。

因此，针对区域重污染天气，依托环境保护部生态环境大数据项目建设，利用部里建设的大数据管理平台和“环保云”，通过集成监测数据、预报数据、应急预案数据、预警信息数据、应急措施及执行情况数据、源解析数据、源清单数据、气象数据以及其他相关社会信息数据等，实现对重污染天气的趋势预判、预警发布、决策辅助、实时指挥、减排措施实施、事后分析评估等多种功能，整合区域内环保部门、气象部门、科研机构以及环保组织等多方面力量，建立重污染天气应急管理大数据应用是十分必要的。

## 三、环境应急大数据应用的建设背景

### （一）初步建立了重污染天气应急响应工作机制

在建立了《重污染天气应急响应工作机制（试行）》之后，明确部内各司局关于重污染天气响应的工作职责，提出了信息共享的要求。建立了互联互通的国家、省、市、县四级环境保护专网，可以收集大量环境数据，形成了多城市空气质量预报预警中心。相关城市编制了重污染天气应急预案，并实施了多次重污染天气应急响应，有些城市也开始根据实施效果对预案进行修订和优化。

### （二）已有的科学研究为重污染天气应急管理提供了技术支撑

我国环境监测总站已经具备较为丰富的空气质量预报预警经验，以及污染物源解析的工作经验。通过实施《清洁空气研究计划》，我国环科院、清华大学、北京大学、中科院等科研机构对重污染过程的形成机理有了初步的认识，重污染天气的大型综合观测、空气质量模型模拟、应急调控等能力得到一定提升。京津冀、长三角、珠三角等重点地区已经先后开展源解析工作，得到了大气污染物主要来源的研究结论。

### （三）重污染天气应急管理得到了实践

随着北京奥运会、APEC和阅兵等多次重大社会活动空气质量保障工作的开展，以及2015年以来多次重污染天气的应急响应工作实践，我国的重污染天气应急预案和响应机制也经历了实战应用和不断验证修订，尤其是保障期间实施重点区域应急减排措施，采取了超常规污染控制手段，收到了较好的效果。

但总体来说，当前重污染天气应急管理工作缺乏数据共享，成因分析、指挥调度、决策支撑、效果评估等工作尚未有机整合，制约了重污染天气的精准施策、高效应对和科学防控。因此，迫切需要建立一个以污染排放数据、监测数据、预报数据、措施数据、评估数据以及历史数据为基础的综合信息平台，为重污染天气过程的科学有效防控和空气质量长期改善提供决策支持。

## 四、环境应急大数据应用建设目标

重点针对云南省及周边地区，整合重污染天气应急数据资源，探索使用大数据的方法，展开重污染天气形势预判，提供应急决策支持，实现应急过程的督查督办，并能够对整个重污染应对过程进行评估，从而不断优化与调整重污染天气应急管理的各个环节，全面提升重污染过程分析的科学性、预警信息发布的准确性、应急响应的及时性、决策制定的合理性，逐步提升重污染天气应急管理能力。

## 五、环境应急大数据应用建设内容

重污染天气应急管理平台建设内容包括重污染天气相关数据采集与建库、重污染天气数据管理系统、重污染天气形势预判系统、重污染天气决策支持系统、现场督查移动终端系统、重污染天气应对评估系统、重污染天气案例管理系统、重污染天气应急现场督查移动终端设备采购。

**（一）重污染天气相关数据采集与建库**

重污染天气应急管理平台建设需要实现国控重点污染源在线监控、机动车、源清单、气象资料、空气自动监测站实时/非实时监测、空气质量预报/预警、源解析、重污染天气应急预案、措施实施情况督查、卫星遥感、公共舆情、政策法规等与大气环境管理相关数据的采集、处理、存储及管理。同时，针对不同类型、不同来源的数据，需要明确相应的数据采集和处理方法。数据采集是本期项目建设的重点内容，建立完善的数据采集机制，是各业务系统稳定运行的必备条件。

**（二）重污染天气数据管理系统**

主要包括数据接口和数据管理系统，主要实现与大数据管理平台、互联网等的数据无损交互，同时实现对集成的数据和系统生成数据的动态更新、存储、关联查询和维护等功能。具体如下：

1.数据接口

（1）与大数据管理平台的接口

建设与大数据管理平台的数据接口，实现与大数据管理平台的数据共享，提高数据管理的专业化和日常业务应用便捷化。其中通过大数据管理平台得到的数据包括但不限于：环境空气质量监测数据、预报数据、源解析数据、源清单数据、国控污染源在线监控数据、高架源数据、卫星遥感数据、法律法规数据等，以及通过大数据管理平台从互联网得到的数据。

（2）与互联网数据的接口

建立与互联网的数据接口，对互联网上的相关数据直接进行提取和汇总分析。数据包括但不限于社会舆情数据、大众及媒体评价数据等。

（3）与其他数据的接口

建立通过其他渠道得到的数据接口，主要包括以下两类：一类包括但不限于气象、社会经济、自然地理等数据；另一类为应急中心调查得到的数据，包括但不限于应急预案数据、预警发布数据、响应措施数据、现场督查数据等，通过现场督查移动终端系统或直接录入等方式获取。

2.数据管理

（1）对通过接口得到的数据的管理

对通过与大数据管理平台、互联网和其他数据建立接口收集到的数据进行管理，能够提供数据信息的资源目录编制，实现对数据的动态更新、关联查询、统计分析和定期维护等功能。

（2）对平台产生的数据的管理

能够对平台通过系统分析产生的数据进行管理。主要包括但不限于以下三类：一是对空气预报准确率的评估数据；二是对预警响应及时程度的评估数据；三是对减排效果的评估数据。能够提供数据信息的资源目录编制，实现对数据的动态更新、关联查询、统计分析和定期维护等功能。

**（三）重污染天气形势预判系统**

主要集成我国环境监测总站的空气质量监测和预报数据，同时辅以我国环科学院和中科院等几家科研单位的预报数据，能够实现对空气质量未来3天及更长时间的趋势研判，以及给出预警级别提示等功能。具体如下：

1.空气质量现状分析

建立与我国环境监测总站的空气质量监测数据实时交换通道，实现异构数据库实时交换功能，实时完成包括AQI、PM2.5、PM10、二氧化氮、二氧化硫、一氧化氮在内的各项指标的发布数据交换，与环境监测总站的空气质量监测数据实时保持同步和一致。能够以GIS地图和图表等方式显示区域和主要城市的环境质量状况。

2.空气质量预报分析

建立与我国环境监测总站、我国环科学院、中科院的空气质量预报数据实时交换通道，实现异构数据库实时交换功能，实时获取各单位的空气质量预报数据。系统在开发过程中需要考虑上述三家单位的要求，实现异构数据库实时交换功能，与各单位的空气质量预报数据实时保持同步和一致。能够显示未来5天及更长时间内的环境空气质量预报情况，能够以GIS地图和图表等方式，动态显示区域的空气质量预报状况，以及某一城市的空气质量预报状况。

3.重污染天气预警

按照《环境保护部重污染天气应急响应工作机制（试行）》的要求，遵循环保部2016年2月发布的城市重污染天气预警统一分级标准，当空气质量预报结果达到I级（红色）、II级（橙色）预警级别时，能够自动给出预警启动和解除提醒，并生成预警提示文档模板和短信息模板。

从时间、区域、城市、污染强度、持续时间、预警准确性等多个维度重污染过程进行统计分析，评定区域、城市的污染程度、治理效果，并为下一步制定和改进污染防治措施提供决策依据。包括以下内容：

（1）重污染天气预警发布和解除

比较、分析空气质量预报数据和应急预案、预警级别数据，判断符合相应预警级别的要求时，能够给出发布或解除级别预警的提示；当判断应当发布红色预警时，能够给值班人员短信提醒。

（2）重污染天气应急响应启动和解除

按照《环境保护部重污染天气应急响应工作机制（试行）》的要求，结合空气质量预报数据和预警发布数据，判断符合部内响应级别时，能够给出启动或解除I级或II级响应的提示，并能够给值班人员短信提醒。

（3）预警统计分析

能够提供按时间、区域、城市、预警准确性、污染强度、持续时间、预警准确性等多因素统计分析功能，将统计分析结果以列表、统计图及GIS专题等多种方式展示。利用统计分析结果，实现对区域、城市级的污染程度、治理效果评定，为下一步污染防治政策提供依据。

**（四）重污染天气决策支持系统**

通过集成我国环境监测总站、我国环科院、卫星中心、中科院及其他科研机构的研究成果，能够对重污染天气成因、来源、演变过程、应对措施、预期效果、舆情应对等提出建议，提供技术支持。具体如下：

1.重污染天气成因分析

建立与中央气象台、韩国KMA、美国NCEP、欧洲ECMWF的气象分析资料数据交换通道，获取重污染过程中的气象数据；建立与我国环境监测总站、我国环科院、中科院、清华大学的源清单、源解析数据交换通道，获取重污染过程中各单位的源解析和源清单数据；建立与我国环境监测总站的走航数据交换通道，获取重污染过程中的走航数据；建立与卫星中心的遥感数据通道，获取重污染过程中的卫星遥感数据。

基于上述数据，从以下维度针对重污染天气进行分析：

（1）气象条件分析，包括：气象场、温度、湿度、气压、风向、风速、逆温等。

（2）组分分析：给出重污染发生前、后以及过程中，主要污染物组分（硝酸盐、硫酸盐、钾离子、钠离子、镁离子、氯离子等）的变化情况；并自动识别出重污染过程中的移动组分。

（3）传输路径分析：针对主要城市，在不同参数设置下（时间相关：24小时、48小时和72小时；高度相关：100m、500m和1000m），给出空气污染团后向轨迹分析结果。

（4）污染来源分析：预报未来3天不同地区、不同行业污染源排放对主要城市近地层（约0—100m）和大气边界层（约0—2km）的主要污染物浓度的贡献量和贡献率。能够接入预报系统的模式输出结果，实现针对选定的城市，分析其各项污染物的来源贡献，包括外来源和本地源的贡献率，以及各行业的贡献率。

2.重污染天气过程跟踪

能够以GIS地图和图表等形式实时显示空气质量状况、预警云南省发布状况、措施执行情况、国控污染源在线监控数据、高架源数据、卫星遥感等数据，对发布颜色预警的地区突出标注。

3.重污染天气应对措施建议

系统能够针对重污染应急相关预案和措施进行评价，需评价的预案和措施包括：

（1）红色、橙色预警对应预案效果评价。

（2）应急预案中的每一项具体措施效果评价，如工厂减产、机动车限行。

（3）企业轮流减排效果评价。

（4）精细化减排措施效果评价。

4.重污染天气舆情应对

实时收集、处理来自新华网、人民网、新浪微博的新闻媒体和公众舆情数据，并利用深度学习技术对搜集的大数据进行高速、高效的文本及语义分析。实现重污染相关热点事件的动态追踪与分析，构建事件信息库，协助政府完善环境污染预警机制。

**（五）现场督查移动终端系统**

开发现场督查移动终端系统，安装在现场督查组移动端，能够与后方指挥中心实现数据联通。能够对前方工作组发布工作指令并实时接收现场督查情况；能够向后方报送现场督查情况，同时接收指令。

**（六）能够对重污染天气应对过程中的各项工作进行评估**

包括但不限于空气质量预报准确率，预警发布及时率和准确率，预警措施执行率，以及减排效果评估。

**（七）重污染天气案例管理系统**

建立案例库。能够自动生成重污染天气应对案例，并实现对案例的关联查询、自动匹配和定期维护。能够分析比较、归纳总结不同案例的规律性和差异点，为之后的应对工作提供借鉴。

**（八）重污染天气应急现场督查移动终端设备**

在实际督查管理工作中，需要移动终端硬件设备的支持。根据重污染天气应急管理督查小组的规模，至少需要配备20台移动终端设备，系统选用Windows 8（含）以上操作系统。

# 第六节　网站大数据应用

“十三五”开始之后，我国的环境管理战略将逐渐转变为以质量改善为导向。在以质量改善为主的考核标准，迫切要求管理方式从经验型粗放管理向科学、精细化管理转变。而环境系统的分布性、复杂性和动态性使得过去的管理很难达到量化决策、动态调整等要求。网站大数据作为新的技术手段和思维方式，可将海量、互相关联的环境信息进行有效链接，做到数据驱动环境管理与决策，使得环境管理逐渐向数字化、网络化和精细化转变。以下是可能的应用场景。

## 一、在环境规划编制中的应用

过去利用环境数据进行规划分析，只能简单的回答“环境发生了什么事情”，并且由于涉及要素有限且以历史的统计数据为主，得到的结论很难精准的反映客观情况。利用大数据系统可以带来研究技术方法的变革，其处理迅速、实时展示、多因素分析、智能决策等作用可促进规划编制的变革。纳入考虑的环境统计数据实时性更强，另外大量相互关联的自然、经济、社会等数据也纳入分析，得到结论更快、更精准有效。并且，对于“为什么环境会发生这种事情”，网站大数据系统也进行了回答。

若进一步进行数据挖掘与数据分析，将环境数据与污染扩散模型、预测模型等结合，模拟复杂的环境过程，预测环境系统演变的发展方向，还可预言“将来环境发生什么事情”。比如通过仿真模拟新建项目会对环境产生怎样的影响来调整新建项目的数量、规模、选址、环保要求等。最终网站大数据可成为活跃的数据仓库，用来进行“环境想要什么事情发生”。按照这样的思路利用大数据，可以给环境规划提供科学可量化的决策支持，环境质量目标的实现路径清晰可见。

## 二、在环境质量管理中的应用

一方面网站大数据可应用于环境质量信息的发布。当前城市空气质量信息已基本实现了实时发布，并运用地图进行直观展示，但仍存在监测点布置的科学性不足，密度低等问题。而借助微小传感器以及大数据算法等方式，可得到各细分区域更精确的大气质量状况。微软提出的基于大数据的城市空气质量细粒度计算和预测模型Urban Air是这一方面的成功案例。Urban Air模型利用监测站提供有限的空气质量数据，结合交通流、道路结构、兴趣点分布、气象条件和人们流动规律等大数据，基于机器学习算法建立数据和空气质量的映射关系，从而推断出整个城市细粒度的空气质量。利用少量的环境数据，再结合其他看似与环境数据并不直接相关的异构数据源，就可以建立一个区域的数据分布及空气质量观测值的网络模型，最后得到1km×1km范围的细粒度。基于这样的细分区域的高准确度的数据，可为环境管理者在决策中提供科学依据。水、声、固废、辐射等环境质量信息的发布也可借鉴空气质量管理经验，提升环境管理的精细化水平。

另一方面可用于环境质量的预警预报。预测性分析是大数据分析很重要的应用领域，环境预测性分析常用于空气及水环境质量预测。以空气质量预报预警为例，过去主要依靠对历史气象、空气质量监测数据进行统计分析处理，预报的精度及对污染防治的决策支持作用有限。当前，数值预报结合区域地形地貌特征、气象观测数据、空气质量监测数据、污染源数据等，基于大气动力学理论建立大气扩散模型，可预报大气污染物浓度在空气中的动态分布情况，为区域大气污染联防联控等提供更科学的决策支持。

## 三、在污染源生命周期管理中的应用

通过网站大数据的应用可实现污染源的全生命周期管理，切实提高管理效率。利用物联网等新技术，将污染源在线监测系统、视频监控系统、动态管控系统、工况在线监测系统、刷卡排污总量控制系统等进行整合，形成全方位的智能监测网络，实时收集污染源生命周期的全部数据。然后基于每个节点每时的各类数据，利用大数据分析技术，进行“点对点”的数据化、图像化展示。这有利于快速识别排放异常或超标数据，并分析其产生原因，以帮助环境管理者动态管理污染源企业，有针对性地提出对策。

## 四、在环境应急管理中的应用

环境应急包括日常管理、事中应急和事后评估三个阶段。在日常管理中，主要是环境应急人才建设、大数据感知设备的安装以及相关大数据处理技术的应用能力建设，以建立海量信息的实时收集、高效计算、迅速传递、结果可视化和机器预判的能力。网站大数据通过实时监测和机器决策有利于及时发现风险隐患，降低突发污染事件产生机率。环境事件发生后，大数据管理系统可快速反应，实现各部门信息的融合分析和实时报告，全面感知应急事故的变化过程，并快速集合多项关键指标信息以辅助决策。在事后评估中，运用网站大数据可有效判定应急处置工作的状态与实际效果。总之，网站大数据的应用可提高环境应急的管理效率和智能化水平，从而节省成本和减少不必要的损失。

## 五、在环保公众参与中的应用

随着互联网和GPS设备的普及，NGO或者民众可以发布各类自发式地理信息，比如通过环保随手拍上传的图片等信息。将这些碎片化的异构数据进行整合处理，可验证官方公开数据的质量，或者对已有信息进行详细补充。另外，利用社交媒体上公开的海量数据，也可帮助环保部门了解公众需求，进而提供差异化和精细化的公共服务，改善公众的环保感受。

## 第七节　生态环境大数据应用优秀案例分析

通过对各个大数据应用案例的领域、特征和技术分析，能够总结出大数据应用的一些基本规律。数据整合集中是大数据的前提，云计算是统一的基础设施平台，物联网是重要的数据获取手段和应用领域，关联性分析和可视化展现是大数据与传统信息化应用的主要区别。在当今大数据时代背景下，能否激发和利用隐藏于数据内部尚未被发掘的价值，取决于对大数据及其潜在规律的认识和态度。

也就是说，要实现大数据价值，关键在于形成与之相适应的思维方式。大数据作为新一代信息技术，在生态环境保护领域的应用前景十分广阔，但也面临着基础设施薄弱、数据难以共享、业务协同水平低等困难。尤其是当大数据应用在生态领域时，要围绕国家生态文明建设和环境保护工作重点需求，梳理大数据重点发展和应用领域，充分结合云计算、物联网、相关性分析、可视化展现等新技术，统一基础设施建设，集中管理数据资源，推动系统整合互联和数据开放共享，促进业务协同，消除信息孤岛，为生态环境宏观决策、监管执法和公共服务提供支持。通过大数据发展和应用，推进环境管理转型，提升生态环境环境治理体系和治理能力的现代化水平，是生态环境大数据应用的核心目标。

### 一、大数据与相关性分析

传统的统计分析是根据小样本的精确数据，对整个全局进行分析和预测，所以关注的是数据因果关系分析。大数据是基于整个数据全集之上的分析，改变了传统追求的对因果关系的检验。大数据重点关注的不是数据的因果性和精确性，而是多样性和敏感性，只需要通过对数据的关联性分析，就能找出其中具有规律性的特性，从而能够解决某些特定的、传统分析难以解决的问题。

在环保领域，相关性分析也为空气质量预测提供了新的思路。微软亚洲研究院开发的Urban Air系统，用大数据模型来计算城市空气质量，从而预测雾霾。与传统空气质量模型单纯依靠空气质量监测数据不同，大数据预测雾霾主要是通过两部分数据来预测。

除了现有的空气质量监测站的实时和历史数据外，还有气象数据、交通数据、人口流动数据、POI（信息点）数据和道路网络数据等，不同领域的数据互相叠加、相互补强，从而共同预测空气质量状况。

## 二、大数据与可视化展现

可视化技术是目前解释大量数据最有效的手段之一。通过大数据可视化，可以将生态环境数据挖掘分析结果中的图片、映射关系或表格，以简单、友好、易用的图形化和智能化的形式呈现给更为广大的用户，从而进一步提高生态环境公共服务的质量和水平。

俄罗斯工程师Ruslan Enikeev根据2011年底的互联网数据，将196个国家的35万个网站数据整合起来，并根据200多万个网站链接将这些“星球”通过“关系链”联系起来组成了因特网的“宇宙星球图”（The Internet Map）。

宇宙星球图是大数据可视化的一种典型技术。另一种得到广泛应用的可视化技术是标签云，其设计思路是将不同的对象用标签表示，按照热门程度确定标签字体的大小和颜色。德国研究人员利用大数据为旅游业提供服务，通过从维基百科等互联网站上搜集关于各个景点的相关描述信息，根据信息的具体程度，在地图上该景点的物理位置用标签云方式展现，使旅游者能够通过手机或移动终端方便快捷地查询各景点的主要特点和热门程度，并能够根据用户喜好为其提供旅游路线设计。

在我国，北京公众与环境研究中心通过互联网数据抓取，建立了国内首个公益性的污染地图数据库，制作形成了实时更新的我国水污染地图、空气污染地图和固废污染地图，将环境污染情况以直观、简单、易懂的图表进行展现。点击地图后，就能查看我国各地区环境质量、污染物排放和污染源监管等数据。大数据可视化让社区居民能够了解周边环境危害和风险，扩大了环境信息公开力度，推动了公众参与环境治理。

## 三、大数据与多指标分析

在我国智慧城市已经上升到国家的经济、科技战略层面，水务管理是城市管理的重要组成部分，智慧水务是智慧城市建设的必然延伸，“智慧水务”理念也随之产生。在这个日新月异的时代中，城市水务管理效率和服务水平只有顺应大势，全面应用最新科技与互联网思维才能获得长足提升，利用智慧水务平台从根本上解决人们对城市供水、用水和水污染等问题的诉求与矛盾。污水处理系统是城市水务系统重要组成部分，与整个城市乃至整个国家的生态环境息息相关。

我国的污水处理技术目前已实现完全自动化控制，在计算机自动化控制系统中可以实现对污水处理过程中的突发情况的自动报警、操作和调节等功能。然而，污水处理过程是一个处理工艺及其复杂的生化过程，不可能长期稳定的处于正常状态。管理和操作人员长期以来是根据多年的积累和经验对污水处理过程进行管理，这就要求这些管理和操作人员具有较长时间的实际操作经验和广泛的知识，且要时刻驻守在现场，以处理各种可能发生的问题。从单个污水厂运营的角度来看，目前的处理技术和管理模式基本上可以满足日常污水处理的需求。但从市场的角度来看，需要额外增加很多人工成本来应对各类问题的发生，且问题解决的效率和掌控能力完全取决于现场管理人员所掌握经验的程度。

然而，对于数量庞大的乡镇污水处理厂来说，却是一个需要关注的难题。乡镇污水处理厂具有很多特点，例如小型且高度集成化；分布较广且分散，有些处于偏远地区；水质水量非常不稳定；对运营成本控制比较苛刻；缺少具备经验的专业管理人员等。

这些特点无疑会增加小型污水处理厂后期运营的难度，将会成为需要广泛关注并亟待解决的问题。新兴技术的产生往往是为了帮助人们更好地解决问题。“物联网+大数据”与污水处理系统结合成为智能污水处理系统，将会非常有效的解决这些问题。有一点需要说明，这里所指的大数据，是指基于云存储和云计算平台，对海量数据进行筛选、统计、分析等，最终得到一组具有重要价值的信息。

污水处理厂检测的指标较多，如PH值、流量、氨氮浓度、COD、悬浮固体浓度、溶解氧浓度、ORP、转速等，某个站点出现故障问题将会在检测的指标中体现，污水处理中处理效果不佳、运行费用高和污染环境等现象常常是由运行的异常引起的，对这些异常处理的恰当与及时可以提高污水处理的效率。物联网技术通过射频识别（RFID）、红外感应器、全球定位系统、激光扫描器等信息传感设备实时监测系统各关键环节的指标数据，并实时上传到中央处理系统以分析和存储，一旦出现异常数据，则会产生报警，并根据历史经验数据的分析，输出诊断结果，并自动发送指令让系统进行修复调试，如需要人工干预，则会自动推送信息给相应的管理人员。待这些数据积累到一定规模，达到大数据的级别，则会针对不同需求，建立运算模型和仿真系统，对数据进行筛选、计算、分析，再呈现在仿真系统里，来显示过往运行的综合状况，并预测未来运营的可能的走势。

例如，系统中某一个环节的数据开始出现微小的波动，不足以触发告警，但是根据建模和仿真系统，可以预测并判断出未来该环节是否会出现问题，并给予应对建议，将问题尽量消除在萌芽阶段，从而消除或降低该问题及次生问题所带来的负面影响，并以此降低为解决问题而额外投入的成本，进而保障污水处理运营系统的安全稳定性和污水处理效率。

智能污水处理系统不仅能在大城市的污水处理厂发挥重要作用，更能在无人值守的小微型污水处理厂大显神通，这些污水处理厂数量庞大、分布较广，且有些地处偏远，很难统一管理起来。智能污水处理系统将会实时采集每个污水处理设施的各项数据，基于所建立的模型进行计算、分析，从而得出系统的运行状况，并判断出后续运行的走势。尤其是在不同地域、不同季节、不同环保要求、水质水量非常不稳定的条件下，更能根据实际情况，自动调节加药频率和剂量，从而将运营成本控制在最经济范围内，并且能预测出后续一段时间内各项运营成本的需求信息，以提醒管理人员及时分配资源。

例如河南大河工业水处理大数据云平台是目前应用较好的大数据污水处理管理云平台之一，其可以帮助提高污水综合利用率，降低故障停机频次，提高相关设备的安全可靠运行。同时也可以有效降低人工成本30%以上，并减少药剂、耗材等材料费用20%至30%，实现整体运营成本降低30%以上。

## 第八节　生态环境大数据前景展望

### 一、大数据在解决生态问题上的挑战

虽然大数据为解决各种生态环境问题提供了新的机遇，然而生态环境大数据的大规模应用才刚刚起步。生态环境大数据的真正实施在数据开放和共享、大数据处理技术、资金投入、专业人才、应用创新和数据管理等方面还面临着诸多挑战。

#### （一）缺乏数据共享

生态环境大数据需要整合和集成政府多部门和社会多来源的数据（例如个人和企业等），只有不同类型的生态环境大数据相互连接、碰撞和共享，才能释放生态环境大数据的价值。因此，要想挖掘隐藏在生态环境大数据背后的潜在价值，实现数据共享是关键，也是解决生态环境问题的前提和基础。然而，实现数据共享还面临巨大挑战。首先，我国生态环境大数据包括气象、水利、生态、国土、农业、林业、交通、社会经济等其他部门的大数据，涉及多领域、多部门和多源数据，虽然目前这些部门已经建立了自己的数据平台，但这些平台之间互不连通，只是一个个的“数据孤岛”。大部分数据只是公开，而非开放，即数据只是发布和公开，而无法下载和利用数据，仅限于“看”，而无法真正去“用”，很多生态环境数据还在档案柜里“睡大觉”。其次，数据没有规范化，数据存储格式不一样，即使在同一个行业，数据也是“一人一个模样”，形成了“拥有者不一定觉得有用，看得懂、用得着的不一定能拥有”的局面。我国至今还有大量与生态环境相关的历史资料还不是电子形式，由于缺乏有效的数字化技术和手段，早期积累的很多纸质档案

资料面临破损与消失的风险，这些宝贵档案资料的数字化也是一个较大的挑战。另外，数据开放严重不足，主要表现在数据开放总量偏低，可机读性差，大多为静态数据，且集中在经济发达、政府信息化基础和IT产业发展好的城市。最后，生态环境数据的整合和脱敏也是一项重大挑战，因为开放数据即任何人都能自由下载和利用机器可读的数据格式，所以哪些数据可以公开，哪些数据敏感，需要脱敏等等，这些都是需要耗费巨大人力物力的工作。

**（二）缺乏技术创新和落地**

在数据来源方面，生态环境大数据来源多种多样，既包括各种“空天地”的监测和调查数据，又包含各种影像、声音和视频等非结构化数据，这些庞大的数据杂乱无章、参差不齐，如何将这些多源异构数据转换成合适的格式和类型，并在存储和处理之前对采集的数据进行去粗取精，并保留原有数据的语义以便后面分析，是生态环境大数据面对的一个技术挑战。目前常用的是通过数据清洗和整理技术对其填补数据残缺，纠正数据错误，去除数据冗余，将所需的数据抽取出来进行有效集成，并将数据转换成要求的格式，从而达到数据类型统一、数据格式一致、数据信息精练和数据存储集中等要求。

例如，LSI公司开发了一款多核处理器可对数据进行实时分类，降低网络流量。在数据存储方面，当前生态环境大数据由于各种移动终端和网络的视频、文本、图片、照片等非结构性数据流正在爆发性增长，未来存储技术的效率对于提高大数据的价值至关重要，包括存储的成本和性能。相比于传统的物理机器存储（包括单机文件和网络文件系统），适用于生态环境大数据的分布式存储系统提高数据的冗余性、可扩展性、容错能力、低成本和并发读写能力。例如，LSI的闪存技术可以大大提升数据的应用速度。因此，需要不断研发进行存储技术创新，将操作便捷性的关系型数据库和灵活性的非关系型数据库融合，是未来技术创新的发展目标。在数据分析方面，目前Google的MapReduce系统、Yahoo的S4系统、Twitter的Storm系统、Pregel系统等分别从离线批量计算、实时计算、图数据处理，都是针对不同的计算场景建立了不同的计算平台，管理运营成本很高，所以研发适合多种计算模型的通用架构是生态环境大数据建设和发展的急切需求。

另外，数据分析已经从传统的通过先验知识人工建立数学模型到建立人工智能系统，通过人工智能和机器学习技术分析生态环境大数据是未来解决生态环境问题的关键手段。但对于他们的深度学习还需要大量工程和理论问题，例如，基于深度神经网络的机器学习，其模型的迁移适应能力以及大规模神经网络的工程实现。众所周知，工具、开源以及框架设施是大数据技术发展的方向，因此，当前大数据的技术创新形成了“互联网公司原创—开源扩散—扩散制造商产品化—其他企业使用”的产业链格局。不过，要想实现生态环境大数据的技术和应用一体化发展，企业和政府部门必须抛弃“拿来主义”态度，只有加强对技术开源社区的贡献，才能加强对技术的深入理解，也才能更好的发挥大数据在生态环境领域的应用。同时，还要加强管理制度配套和工作人员能力提升等方面，实现技术落地。

**（三）资金投入不足**

目前，国内外对生态环境大数据的资金投入不足。缺乏大数据重大示范项目，大部分国家缺乏生态环境监测设备、计算机资源和数据资源等基础设施的投入，包括网络服务器、数据处理和存储系统、数据仓库系统、云计算平台等。同时也缺乏对生态环境大数据拓展融资渠道，缺少地方政府、工商企业和有实力、有需求的生产经营主体参与大数据融资，还没有成熟的大数据产业推广模式。

**（四）缺乏大数据专业人才**

大数据时代的到来，对各国现有教育体系提出了全新的挑战。大数据时代需要大量的复合型人才，尤其是生态环境大数据涉及的学科众多，既需要计算机、通讯等工程技术，又需要数学、统计、人工智能等模型技术，更需要生态、环境、气象、水文、土壤等专业知识。当前许多地区的教育体系不符合未来生态环境大数据发展的战略需要，尤其是现有的高等教育体系学科分类明确，独立性比较强，缺乏学科之间的交叉融合。很多地方还没有开设大数据相关的专业和课程，也缺少大数据环境监测、生态信息学和环境信息学等方面人才培养。

**（五）应用活力不足**

我国生态环境大数据的创新应用还很有限，大数据的威力远远未能发挥出来，政府综合运用生态环境大数据的能力较低，没有形成成熟的生态环境大数据产业链和有影响力的数据企业。生态环境大数据在气象、水利、国土、农业、林业、交通、社会经济等各部门的应用才刚刚起步，跨领域的应用寥寥无几。如何促进大数据在生态环境领域中的应用创新，使大数据真正成为提高生态环境监管能力现代化的有力手段，是目前世界各国正在探索的课题。

**（六）缺乏数据管理**

2016年9月5日，国务院公开发布《国务院关于印发促进大数据发展行动纲要的通知》（以下简称《纲要》）。《纲要》系统部署了大数据各项工作，并指出大数据已成为提升政府治理能力的新途径。2017年3月，环保部刚刚发布了《生态环境大数据建设总体方案》，为环保系统开展生态环境大数据建设提供了强有力的政策支持和技术框架。在大数据时代，我国政府严重缺乏对数据的管理，同时在利用大数据治理生态环境问题的方式上也面临严峻挑战。

首先，政府生态环境领域职能部门缺乏大数据思维和意识。我国已经数字化的生态环境数据资源数量和质量都表现出“双低”状态，例如，很多纸质档案资料面临破损与消失的风险，如气象资料。有些政府部门不知道自己有什么数据，自己甚至没有数据清单。另外，生态环境大数据目前还没有形成统一标准的数据格式，地方和各个系统都在制定自己的数据标准，目前急需对数据格式进行统一的标准规范，这是实现数据共享和开放的关键。

其次，政府的现代管理理念和运作方式不适应大数据管理决策的要求。生态环境大数据开发的根本目的是以数据分析为基础，帮助政府在解决生态环境问题的过程中做出明智的决策。因此，要改善我们政府的管理模式，需要管理方式和整体结构与大数据技术工具相适配。例如，在应急管理的事前准备、事中响应和事后救援与恢复的每一阶段都可以引入大数据的应用，每个阶段对大数据的应用程度也会因其需要应对内容的不同而有所差别。如果各个部门不能改变管理模式和协同配合，常造成人为的损害。

例如，2015年以来，我国南方遭遇的台风和强降雨事件，如果人们利用大数据的思维去管理，可以通过收集地面气象站和卫星的温度、风速和降雨量的小时数据，对台风和降雨进行预测时空分布，可以事前疏散大众，挽救国家和人民财产及生命。

最后，生态环境大数据面临严重安全隐患。大数据的安全主要包括大数据自身安全和大数据技术安全，大数据自身安全指在数据采集、存储、挖掘、分析和应用过程中的安全，在这些计算和存储过程中由于黑客外部网络攻击和人为操作不当造成数据信息泄露，外部攻击包括对静态数据和动态数据的数据传输攻击、数据内容攻击、数据管理和网络物理攻击。很多野外生态环境监测的海量数据需要网络传输，这就加大了网络攻击的风险，如果涉及军用的一些生态环境数据，本来人们可以国内共享，但如果被黑客获得这些数据，就可能推测到我国军方的一些信息，后果不堪设想。大数据技术安全是利用大数据技术解决信息系统安全的问题，即黑客利用大数据技术对生态大数据进行攻击，轻松获得很多涉及国家机密和比较敏感的生态环境领域的数据。随着云计算技术的发展，数据在云端的存储存在严重的安全隐患。例如，美国“棱镜门”事件，美国政府就是通过云计算和大数据技术收集大量数据也包括各国生态环境敏感数据。因此，我国未来应加强生态环境大数据安全技术研发、生态环境大数据信息安全体系的建设和管理等方面。

## 二、生态环境大数据前景展望

与传统生态环境数据库相比，生态环境大数据不仅仅是各类生态环境数据的集成，它是对各种生态环境数据进行了深入分析并与其他相关数据进行关联分析后的数据产品，同时生态环境大数据还能对未来生态环境存在的重大风险进行预测预报，并给管理者提供科学的决策。在数据获得方面，除了政府部门的数据外，生态环境大数据也包含各类市场主体、社会组织、科研教育机构等各类团体与个人所拥有的大量与生态环境相关的数据。在数据存储和处理方面，利用各种大数据技术与传统技术相结合处理生态环境的静态、实时和图的海量数据。在数据分析和挖掘方面，借助算法库、模型库、云计算、人工智能、知识库对生态环境大数据进行深度挖掘、认知计算、关联分析、趋势分析、空间分析等各类信息挖掘，实现数据与模型的融合，开发新的数据产品提升大数据的应用价值。在数据解释上，生态环境大数据可以提供给用户可视化大数据挖掘展示。今后要不断加强大数据技术研发、加强资金投入、加强复合型人才培养、加强数据开放共享和加强生态环境大数据管理等方面，最终实现生态环境决策管理定量化、精细化，生态环境信息服务多样化、专业化和智能化，为我国社会经济可持续发展和生态文明建设奠定基础。

此外，鉴于大数据在解决生态环境问题中面临的机遇和挑战，借助云计算、人工智能及模型模拟等大数据分析技术，生态环境大数据未来迫切需要开展以下研究。

**（一）对各种生态环境数据进行数据标准化处理**

由多个部门组成专门机构调研决定数据的技术规范与标准，搜集、整理、加工已有各个部门历史生态环境数据，实现各部门生态环境数据资料的集成。

**（二）依托现代数据存储与处理分析技术**

构建生态环境大数据存储与处理分析平台，实现生态环境大数据的查询、更新和维护、备份等功能，在此基础上，对生态环境数据进行集成分析和信息提取。

**（三）推动生态环境大数据与国内外同类数据平台的对接**

推动生态环境大数据与农业农村大数据、工业和新兴产业大数据、以及医疗健康和交通旅游服务大数据等大数据平台的对接，探索各相关部门数据融合和协同创新应用，实现现代农业可持续发展、减少工业污染及碳排放、流行性疾病的预防以及重点景区生态环境保护、风险预警等；加强国际交流，使我国生态环境大数据分析技术与国际接轨；为解决跨国界跨区域的全球性生态环境问题提供科学依据。

# 结束语

生态环境保护与可持续发展是当代人类发展中非常重要的命题，尤其是现在全球生态面临着非常严重的危机，如果再不加以重视，可能就会引发非常严重的后果。随着大数据技术的出现与发展，使生态环境保护研究变得更加清晰，大数据技术可以从环境影响模拟、环境监察、环境监测等众多方面服务于生态环境保护研究，带来了众多的便利。从云南省的实际情况来看，这几年通过将大数据技术和生态环境保护有机地结合起来，做了很多非常有意义的尝试，也使云南省生态环境保护变得更成功。当然了，在未来的发展过程中，大数据必定能在生态环境保护方面发挥越来越重要的作用，使生态环境保护与可持续发展更加顺利。通过本文的简要介绍，希望能让读者更多地了解有关于大数据与生态环境保护方面的相关知识，也希望云南省乃至全国的生态环境保护研究更加丰富，有越来越多有益于生态环境保护的新举措。

# 参考文献


[1] 傅伯杰，刘宇.国际生态系统观测研究计划及启示[J].地理科学进展，2017，33（7）：893－902.

[2] 詹志明，尹文君.环保大数据及其在环境污染防治管理创新中的应用.环境保护[J]，2016，44（6）：44－48.

[3] 徐子沛.大数据[M].广西师范大学出版社，2016：23—43.

[4] 吴班，程春明.生态环境大数据应用探析[J].环境保护，2016，44（3）：87－89.

[5] 李学龙，龚海刚.大数据系统综述[J].我国科学：信息科学，2016，45（1）：1－44.

[6] 骆永明.我国土壤环境污染态势及预防、控制和修复策略[J].环境污染与防治，2017，31（12）：27－31.

[7] 杨曦，罗平.云时代下的大数据安全技术[J].中兴通讯技术，2016，22（1）：14－18.

[8] 常杪，冯雁，郭培坤，解惠婷，王世汶.环境大数据概念、特征及在环境管理中的应用[J].我国环境管理，2015，7（6）：26－30.

[9] 程学旗，靳小龙，王元卓，郭嘉丰，张铁赢，李国杰.大数据系统和分析技术综述[N].软件学报，2016，25（9）：1889－190.

[10] 石虹.浅谈全球水资源态势和我国水资源环境问题.水土保持研究[J]，2017，9（1）：145－150.

[11] 陶雪娇，胡晓峰，刘洋.大数据研究综述.系统仿真学报[N]，2016，25（S1）：142－146.

[12] 孙忠富，杜克明，郑飞翔，尹首一.大数据在智慧农业中研究与应用展望[N].我国农业科技导报，2016，15（6）：63－71.

[13] 杨晨曦.全球环境治理的结构与过程研究[D].吉林大学博士论文，2017：45—47.

[14] 赵国栋，易欢欢，糜万军，鄂维南.大数据时代的历史机遇——产业变革与数据科学[J].北京：清华大学出版社，2016.

[15] 洪国伟.论生物多样性减少的原因及其保护策略[J].安徽农学，2017，16（2）：47－

49.

[16] 刘智慧，张泉灵.大数据技术研究综述.浙江大学学报[N]，2016，48（6）：957－972.

[17] 茅铭晨，黄金印.环境污染与公共服务对健康支出的影响——基于我国省际面板数据的门槛分析[J].财经论丛，2016（1）：97－104.

[18] 王世伟.论大数据时代信息安全的新特点与新要求[J].图书情报工作，2016，60（6）：5－14.